长江三角洲与红河三角洲全新世沉积演化对比研究

印萍　［越］Phung Van Phach　编著

海洋出版社

2024 年·北京

图书在版编目(CIP)数据

长江三角洲与红河三角洲全新世沉积演化对比研究 / 印萍,(越) 冯文珀编著. -- 北京 : 海洋出版社, 2024. 7. -- ISBN 978-7-5210-1278-1

Ⅰ. P931. 1

中国国家版本馆 CIP 数据核字第 2024UX8342 号

审图号: GS 京(2024)1320 号

责任编辑: 高朝君

助理编辑: 吕宇波

责任印制: 安　森

海洋出版社 出版发行

http://www. oceanpress. com. cn

北京市海淀区大慧寺路 8 号　邮编:100081

鸿博昊天科技有限公司印刷　新华书店经销

2024 年 7 月第 1 版　2024 年 7 月第 1 次印刷

开本:787 mm×1092 mm　1/16　印张:12. 75

字数:220 千字　定价:168. 00 元

发行部:010-62100090　总编室:010-62100034

前　言

地球诞生于45.5亿年前，在这几十亿年的时间里，地球的气候环境不断演化，而这些变化均会记录在沉积地层中，地质学家们为了能描述过去45.5亿年间地球的环境演化过程，根据地层记录的不同气候环境特征和重大事件，将其划分为宙、代、纪、世等地质年代。全新世属于显生宙新生代第四纪，是最年轻的地质年代，开始于约1.17万年前，是一个人类活动高度活跃并将一直持续的地质年代。河口作为陆海交界最敏感的区域，其全新统记录了近百年环境演化情况，更具有分析价值。通过分析全新世期间全球气候变化、海平面上升、流域和海岸带人类活动等对三角洲发育演化的影响，以及近百年的全球变暖、流域和海岸重大工程事件，可以预测河口三角洲和海岸带的演化趋势，进而开展灾害风险分析，提出河口三角洲地区应对全球变化的对策。

2011年10月，我国与越南签署了《关于指导解决中华人民共和国和越南社会主义共和国海上问题基本原则协议》，为了进一步发展两国友好合作关系，在我国国土资源部和越南科学技术部的组织下，开展"长江三角洲与红河三角洲全新世沉积演化对比研究"项目，旨在建立两国高级别合作团队，搭建稳固的合作平台和畅通的沟通渠道，因此在长江三角洲和红河三角洲及近岸海域已有调查研究工作的基础上，开展两个河口的补充调查与综合对比研究。

2015年11月，在北京召开该项目启动仪式，中方实施单位为中国地质调查局。中国地质调查局青岛海洋地质研究所（Qingdao Institute of Marine Geology, China Geological Survey, QIMG）作为承担单位，联合中国海洋大学（Ocean University of China, OUC）、同济大学（Tongji University, TU）共同开展了调查和研究工作。越方实施单位为越南科学技术翰林院，承担单位为越南科学技术翰林院海洋环境和资源研究所（Institute for Marine Environmental Research, IMER）、海洋地质与地球物理研究所（Institute of Marine Geology and Geophysics, IMGG）。自项目正式实施以来，在中国地质调查局青岛海洋地质研究所的大力推动下，中越双方开展了一系列卓有成效的合作研究、联合考察和人员培训，加强了中越双方在海洋领域的合作，促进人员交流，建立良好的沟通和协作机制，为两国沿海社会经济的发展和防震减灾提供科学支撑，奠定了中越双方更深层次的海洋合作基础。

全书共分为9章，其中第1章介绍项目由来和研究内容，第2章为资料收集整理和补充调查概况，第3~8章根据收集和调查资料对全新世演化进行分析，第9章在分析的基础上对研究内容进行总结。

本书编写组在项目实施及编写过程中投入了大量的精力，多方求证并三易其稿，但由于水平有限，书中难免会有不足和错误之处，敬请广大读者批评指正。

作　者

2024年5月

目　　录

第 1 章

概述

1.1 项目由来

2011年10月，中国和越南在北京共同签署了《关于指导解决中华人民共和国和越南社会主义共和国海上问题基本原则协议》，双方积极推进海上低敏感领域合作，包括海洋环保、海洋科研、海上搜救、防灾减灾领域；努力增进互信，为解决更难的问题创造条件。在此基础上，为了进一步发展两国友好合作关系，双方合作开展“长江三角洲与红河三角洲全新世沉积演化对比研究”项目，并于2013年10月在河内签署了上述合作协议，确定了共同开展长江三角洲与红河三角洲的合作对比研究项目。2015年11月，中国和越南在河内发表《中越联合声明》，声明中称，继续推进海上共同开发磋商工作组工作，加强低敏感领域合作，宣布启动中越长江三角洲与红河三角洲全新世沉积演化对比研究项目。项目实施周期为2015—2017年。

2015年11月，项目启动仪式在中国地质调查局举行，这是中越海上低敏感领域合作框架下唯一双边联合宣布启动的项目。

1.2 研究内容

“关于开展长江三角洲与红河三角洲全新世沉积演化对比研究”合作协议，包括以下6个方面的合作。

1.2.1 河口三角洲和邻近陆架海域地貌演化研究

开展河口三角洲和邻近陆架海域的地貌特征研究，划分主要地貌单元，分析主要地貌演化阶段及其控制因素，研究河流和海洋动力在河口三角洲不同发育阶段对地貌演化特征的影响。开展两个河口三角洲的地貌特征对比研究，预测河口三角洲的演化趋势。

1.2.2　河口三角洲晚更新世和全新世层序地层学研究

广泛收集长江三角洲、红河三角洲近年来开展的陆域和海域的地球物理和地质钻探资料，补充浅地层剖面和地质钻探调查，开展资料联合解译，建立三角洲平原—河口—水下三角洲—陆架的连续剖面。构建河口三角洲晚更新世—全新世层序地层框架，分析末次冰盛期以来沉积地层与海平面上升的响应关系，对比主要的海平面快速上升事件和间断在两个河口三角洲地区形成的沉积记录，研究海平面上升的区域响应。利用盆地地层学数值模拟技术，模拟晚更新世—全新世河口三角洲发育过程。

1.2.3　全新世岸线变化及控制因素研究

综合分析地震、岩芯、沉积、地形地貌等资料和数据，确定河口三角洲和陆架的古海岸线标志，结合精确的测年资料，恢复冰后期古海岸线的位置，开展全新世岸线摆动和海平面变化响应的研究。

收集研究区历史时期海图、地形图、海岸带多时相高分辨率遥感数据，开展遥感解译和野外实地验证，研究近30年来长江三角洲和红河三角洲岸线变迁特征，结合流域和海岸带的工程建设、开发活动和城市化建设及水文要素的变化，分析岸线变化影响因素。研究自然因素和人类活动对海岸线稳定性的影响，预测岸线发育趋势，提出重点岸段海岸在灾害治理中的对策建议。

1.2.4　河口水下三角洲及邻近陆架海域表层沉积物特征研究

收集整理近年来在研究区水下三角洲和邻近陆架海域获取的表层沉积物、柱状样调查和分析测试数据，补充柱状取样和测试工作，分析水下三角洲和邻近陆架海域的海底沉积物类型和物质组成。

1.2.5　河口和陆架区沉积动力学调查和数值模拟研究

开展河流下游、河口、水下三角洲和邻近陆架海域的水动力和水环境调查。选择典型断面开展枯水和洪水季节的水文、泥沙和水环境参数的走航调查和大面站观测，以河口区沉积物的输运和远端搬运为目标，开展水下原位监测，观测河流入海沉积物的运移过程和影响机制。

分析研究河口三角洲海域沉积动力因素(温度、盐度、洋流和悬浮体等)的特征及其时空分布规律；利用最新的海洋动力和水文泥沙数值模拟技术，构建和完善两个河口三角洲和邻近海域的区域沉积动力模型，开展河流入海物质在海岸带和陆架的搬运规律和归宿的数值模拟研究，探索河流入海物质跨陆架输运特征和机制，以及它们对全新世内陆架沉积体的物质贡献。

1.2.6 全球变化和人类活动对河口三角洲演化影响研究

开展全球气候变化和近百年人类活动对河口三角洲的影响分析，重点开展长江三角洲海岸带地区土地利用方式研究，分析人类活动对环境现状和演化的影响。利用^{210}Pb 和^{137}Cs 测年技术，分析两个水下三角洲现代沉积速率，分析河流入海物质在海域的扩散、搬运和沉积规律，对比河口水下三角洲的演化规律和控制因素。结合氧化还原敏感性元素(RSE)和有孔虫分布特征，分析、重建长江口低氧环境与气候变化和人类活动的关系。

第2章

资料来源

2.1 已有研究资料

本项目合作调查研究区域为长江三角洲和红河三角洲及邻近陆架海域。物源和人类活动研究将涉及河流流域。

河口三角洲具有独特的沉积环境，对海陆变化的反应十分敏感，并真实地记录在其地层序列中，是研究海面变化、环境演变、河口过程和沉积学的重要根据。

2.1.1 长江三角洲

长江是世界第三大河流，起源于青藏高原，年均径流量约为 9.25×10^{11} m^3，年输沙量为 4.86×10^8 t，流经 6 300 km，于长江口注入东海，连接着青藏高原和中国东部边缘海。

长江水下三角洲形成于全新世海侵发生以后，来自长江的陆源物质不断堆积，导致三角洲的形成。从长江口向东到水深 30～40 m 以内的泥质沉积，为现代长江三角洲的沉积体系（李广雪等，2009）。源于长江的细粒物质，除形成现代长江三角洲河口沉积以外，那些还来不及沉降下来的细粒物质在沿岸流的作用下沿着海岸往南延伸，并通过台湾海峡，其末端可到达南海海域。现代长江水下三角洲的表面地形平缓，延伸坡度约 35′，沉积厚度 10～40 m，细砂、粉砂和粉砂质淤泥组成完整的三角洲沉积体系。受三角洲沉积体系的影响，长江口及其邻近海域呈西北水体较浅、南部水体较深的地形特征，即自大陆海岸由北部向东、东南方向缓缓倾斜。

多年来学者们对长江河口地区第四纪古环境演变研究非常重视，成果丰富，研究内容涉及第四纪沉积地层层序、长江口和长江三角洲的发育模式、古气候古环境演化等方面。第四纪地层学研究结果表明，末次冰消期以来，海平面迅速上升，长江下切河谷开始充填，之后大致经历了三个阶段：海侵河床充填层序形成阶段、河口湾-海湾沉积阶段和三角洲发育阶段。冰后期海平面上升和海侵过程中，下切河谷因溯源堆积而受到充填，被淹没而形成河口湾。从沉积地质学的角度来看，河口湾是三角洲发育的前身，三角洲是河口湾充填的结果，只有径流作用占优势的河控型河口湾才能转化成三角洲。长江河口段古河谷冰后期沉积旋回，由海侵层序和海退层序构成，最大海侵面为海侵层序和海退层序的界面，最大海侵面位于前三角洲相和浅海-河口湾相之间的泥质层，时限约为7 000 a BP，界面之下为海侵沉积序列，由完整的下切河谷充填序列组成，自下而上可能由河床相、河漫滩-河口湾相和浅海相(或潮成沙脊，或砂泥质沉积，或三角洲相沉积)组成；其上为海退沉积序列，在陆区三角洲发育有完整的进积型三角洲沉积，而在海区三角洲则形成滨海、浅海沉积，主要形成于海平面上升停滞或沉积速率高于海平面上升速率之时。冰后期最大海侵以来，全球海平面总体处于稳定状态，长江三角洲的发育很大程度上受控于构造背景和泥沙通量。长江三角洲主体位于构造沉降带内，持续的构造沉降为三角洲的发育提供了充足的沉积空间，在长时间尺度上对三角洲的发育起着控制作用。最大海侵之后，河口湾逐步转变为三角洲，而且相对稳定的海平面、充足的泥沙以及沉积空间使长江三角洲一直处于较高的建设状态。

现今长江三角洲是在7.5~7 ka BP随着海平面上升速率减小，河口沉积速率超过海平面上升速度开始发育的，先后经历了红桥期、黄桥期、金沙期、海门期、崇明期、长兴期6期河口沙坝发育阶段；长江三角洲古下切河谷区冰后期沉积划分为河流相、河口湾相、浅海相和三角洲相4种沉积相类型(图2-1，图2-2)。大量钻孔剖面表明，长江三角洲的南翼和北翼均存在基底硬土层，与上覆层呈突变接触关系；三角洲主体部分的底部具冲刷面，侵蚀面埋深60~90 m，缺失硬土层，三角洲两翼的硬土层顶板和主体部分的底部侵蚀面构成统一的不整合面，它们均属冰后期海侵沉积旋回，可互相对比。下切古河谷是15~8 ka BP沉积物堆积的主要场所，沉积速率高达8~15 m/ka。至8 ka BP，古河谷基本被填平，长江泥沙开始在河口更大范围内堆积，经历了河口湾-浅海、滨浅海、潮滩沉积环境演变过程；在硬土层发育地区往往缺失末次冰消期和全新世早期沉积物，沉积物大多形成于8 ka BP以来。

自全新世以来，长江古河口沉积速率的变化与全球气候、海平面以及长江泥沙沉积中心的变化有着密切的关系，全新世早期10~8 ka BP，长江口下切古河谷是长江泥沙的主要堆积中心，河口快速充填，沉积速率可高达10~15 m/ka，几乎与东海海平面的上升速率相同，长江高含沙量的沉积物被限制在下切河谷区域内沉积下来，河床快速抬高；然而8~7 ka BP期间，随着河口被开放的海洋环境所替代，充填速度突然下降到最低值1.1~2.5 m/ka，下降的主要原因在于此时海侵达到最大，海水溢出长江古河谷，长江口地区已形成一个宽广的、基底平缓的河口湾，海洋作用强于河流作用，泥沙被大量扩散，以及由于海平面上升导致最大沉积中心

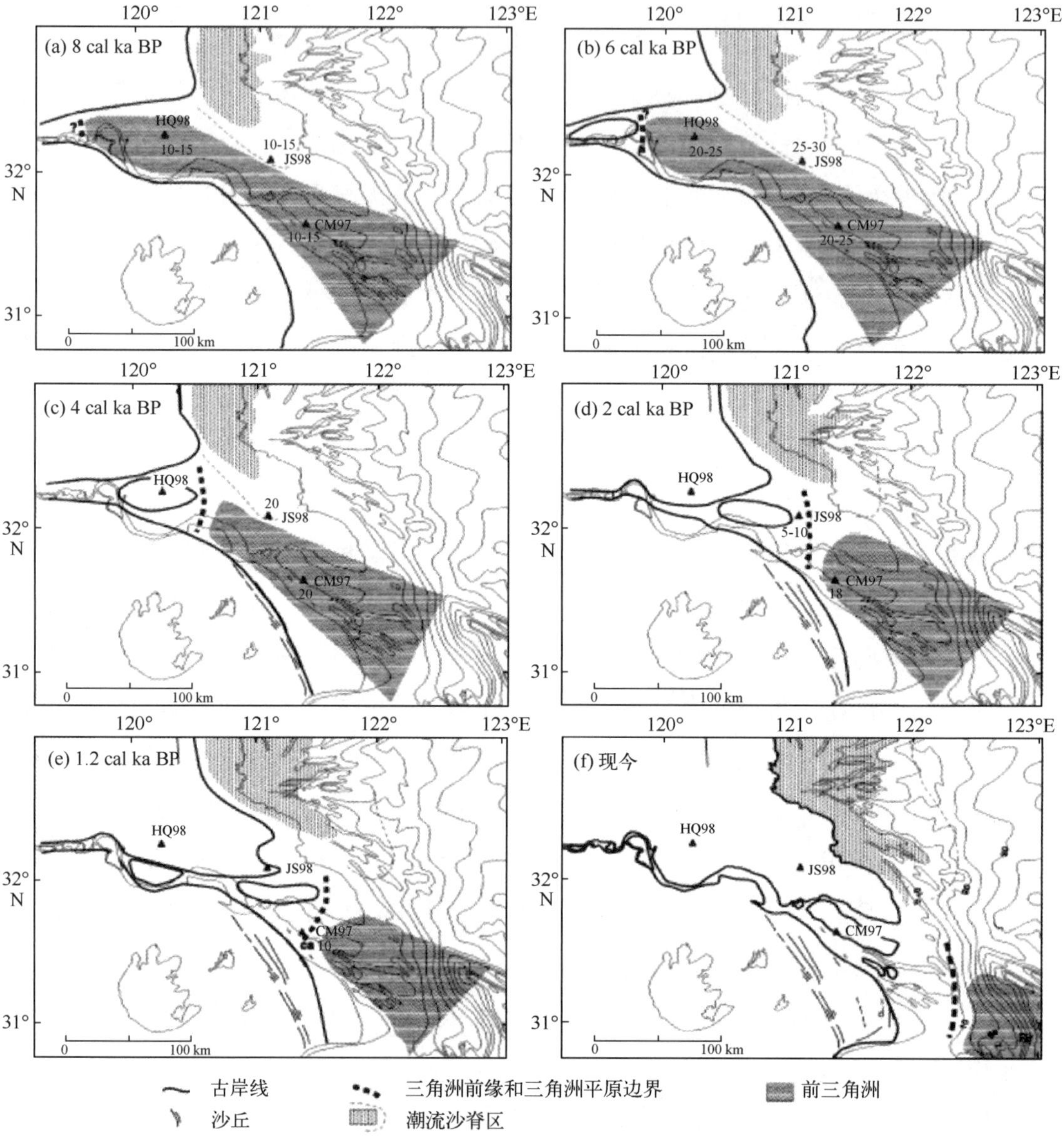

图 2-1　长江三角洲全新世演化示意[据 Saito 等(2001)和 Hori(2002)改绘]

向陆地的移动。另外，古气候研究表明，8~7 ka BP 期间全新世大暖期开始，推测气候转暖使长江流域植被覆盖率增加，从而使入海泥沙减少、变细，可能是导致该时期低沉积速率的又一因素。7~4 ka BP 由于江汉盆地的分流，河口沉积速率为 10~8 ka BP 期间的一半；河口地区 4~2 ka BP 期间沉积速率继续明显减小，自 2 ka BP 以来，受人类活动的剧烈影响，长江河口及水下三角洲地区的堆积速率再

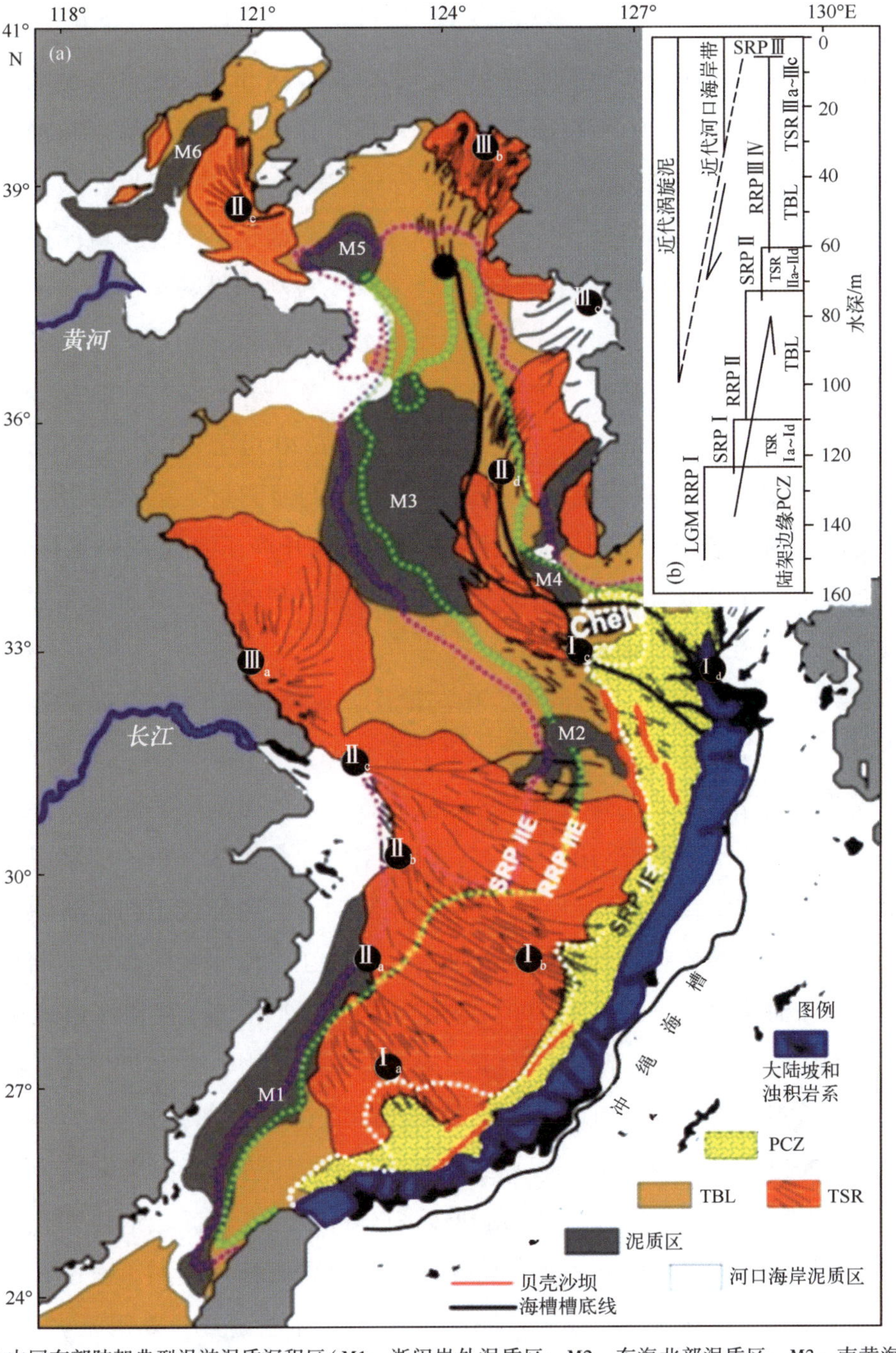

M1～M6为中国东部陆架典型涡漩泥质沉积区（M1：浙闽岸外泥质区；M2：东海北部泥质区；M3：南黄海中部泥质区；M4：韩国西南岸外泥质区；M5：北黄海中部泥质区；M6：渤海泥质区）；Ⅰa～Ⅰd为SRPⅠ时期形成的典型潮流沙脊体系；Ⅱa～Ⅱe为SRPⅡ时期形成的典型潮流沙脊体系；Ⅲa～Ⅲc为RRPⅣ到SRPⅢ时期形成的典型潮流沙脊体系；TBL为海侵边界层；PCZ为古海岸带；TSR为潮流沙脊。

图2-2　长江三角洲和邻近陆架地区地貌对冰后期海平面变化的响应［据Li等（2014）改绘］

次显著增高。

人类活动同样是河口演化的重要影响因素。17—18 世纪，长江流域的人口几乎增加了 8 倍，此时在坡地上大规模种植玉米和地瓜导致土壤侵蚀进一步加剧，入海泥沙再次增加。近 50 年以来，人类活动更是比历史上任何时期都强烈，长江入海泥沙可能达到了最丰富的时期，因此三角洲加速向海增长。随着流域泥沙的进一步输入，加积和进积作用共同发生，三角洲最终将成为潮间带甚至出露。不过由于气候变化和上游水库截沙，目前长江入海的泥沙量已经减至不到过去的一半，这必然也会导致沉积作用的减缓甚至发生侵蚀。

长江三角洲海洋地质调查研究工作主要集中在 20 世纪 80 年代之后，在 80 年代至 90 年代，以国土资源系统为主，运用浅地层剖面测量、重磁测量、钻探等手段围绕地层结构、基岩特征和水下地形冲淤等问题开展了大量调查工作。进入 21 世纪，许多学者和单位对长江三角洲及滨外区开展沉积动力调查研究和 1：25 万环境地质、1：100 万区域地质调查。

2003—2006 年和 2006—2009 年，中国地质调查局实施了“长江口滨外区沉积物本底调查与沉积动力研究”和“长江口以北沙泥质海岸带地区环境地质调查与评价”项目，主要在长江口滨外区开展了海区底质调查、浅地层剖面、测深与旁扫声呐调查、多船同步沉积动力调查与遥感调查，以及室内综合测试分析。编制了调查区重要金属元素的分布图，对长江口滨外区的沉积和动力情况形成了初步认识，展示了其环境沉积特征与趋势。取得了三峡大坝蓄水前长江三角洲入海口枯水期小潮第一手资料。国家海洋局主持完成的“908 专项”(2004—2009 年)在长江口地区开展了包括海底底质、地形地貌、浅地层、重力磁力、海洋动力、海洋化学等在内的调查研究工作，重点开展了河口海域的环境调查和评价工作。

2012—2015 年，中国地质调查局组织实施了“长江三角洲海岸带综合地质调查与监测”项目。项目系统开展长江三角洲经济区陆域 1：5 万区域地质调查，近岸海域 1：10 万海岸带环境地质调查和 1：25 万综合地质调查与监测。通过开展海岸带地质、地球物理、地球化学、遥感、海洋沉积动力环境调查，查明区内海底地形、地貌、海底沉积物类型、地层结构及其分布规律、环境地质因素分布特征和构造及地质灾害特征等基础地质信息，分析长江三角洲海岸带地质环境演化规律和人类活动对地质环境的影响，探索海岸带地区海陆相互作用的机制和影响因素以及海岸带地质过程对全球变化的响应。在现代长江三角洲地区重点开展近岸及滨外区地形和地貌调查、重点区水深变化监测、水下三角洲底质类型调查、水下三角洲第四纪地层格架调查、海岸变迁、地面沉降监测、河口及近岸沉积动力调查、区域活动断裂构造调查、人类活动对长江三角洲发育演化影响研究等。

2015 年中国地质调查局在长江三角洲地区进一步开展海岸带综合地质调查，实施"长江口等重点海岸带综合地质调查"项目和"长江三角洲环境地质综合调查"项目，进一步开展陆域重点区块的 1：5 万水工环综合调查和海域 1：10 万综合地质调查工作，围绕南通、上海、舟山群岛、温州近岸海域部署重点工作。本项目在已有工作的基础上，结合"长江口等重点海岸带综合地质调查"项目和"长江三角洲环境地质综合调查"项目的工作部署，围绕本项目的合作研究目标，重点补充调查工作，提高长江三角洲全新世演化的综合研究，开展与红河三角洲的有效对比。近年来开展的调查研究工作程度见图 2-3。本项目自启动到结题不到 3 年，时间紧，任务重，两个三角洲的对比研究未能全面深入展开，有待在后续工作中进一步深化。

2.1.2　红河三角洲

越南在红河三角洲平原地区已经开展了多项地质调查和研究工作。1959—1965 年中越共同开展了北部湾的综合地质调查，实施单位为越南科学技术翰林院海洋环境和资源研究所、中国科学院海洋研究所。此次调查获取了北部湾 129 个表层沉积物和 116 个柱状沉积物样品，主要调查区为水深 30 m 以外的海域，1~30 m 水深的近岸海域没有开展调查。

1999—2001 年，日本地质与地理信息研究所和越南地质矿物部北方测绘队在该地区开展国际合作，在红河三角洲平原钻取 7 个钻孔（ND-1、DT、CC、VN、HV、NB 和 GA，位置见图 2-4），7 个钻孔长度为 30~70 m。Tanabe 等（2005）通过这 7 个钻孔沉积物分析了末次冰盛期以来的沉积物组成特征，应用层序地层学方法，识别出清晰的海侵面和最大洪水面。由此划分的低位体系域、海侵体系域和高位体系域分别记录了~15 cal ka BP、15~9 cal ka BP 和 9~0 cal ka BP 的沉积环境和层序，进而揭示了 9 ka 以来河口形态的演变规律和影响因素（图 2-5）。

2001—2005 年，根据中越科技合作第四次和第五次协定的安排，越南科学技术翰林院海洋环境和资源研究所与中国科学院海洋研究所实施了"河口和邻近海域陆海相互作用"合作项目，开展长江口和红河口的合作研究工作，但受到多种因素的影响，没有开展实质性的调查工作，只限于信息交换和学术研讨。

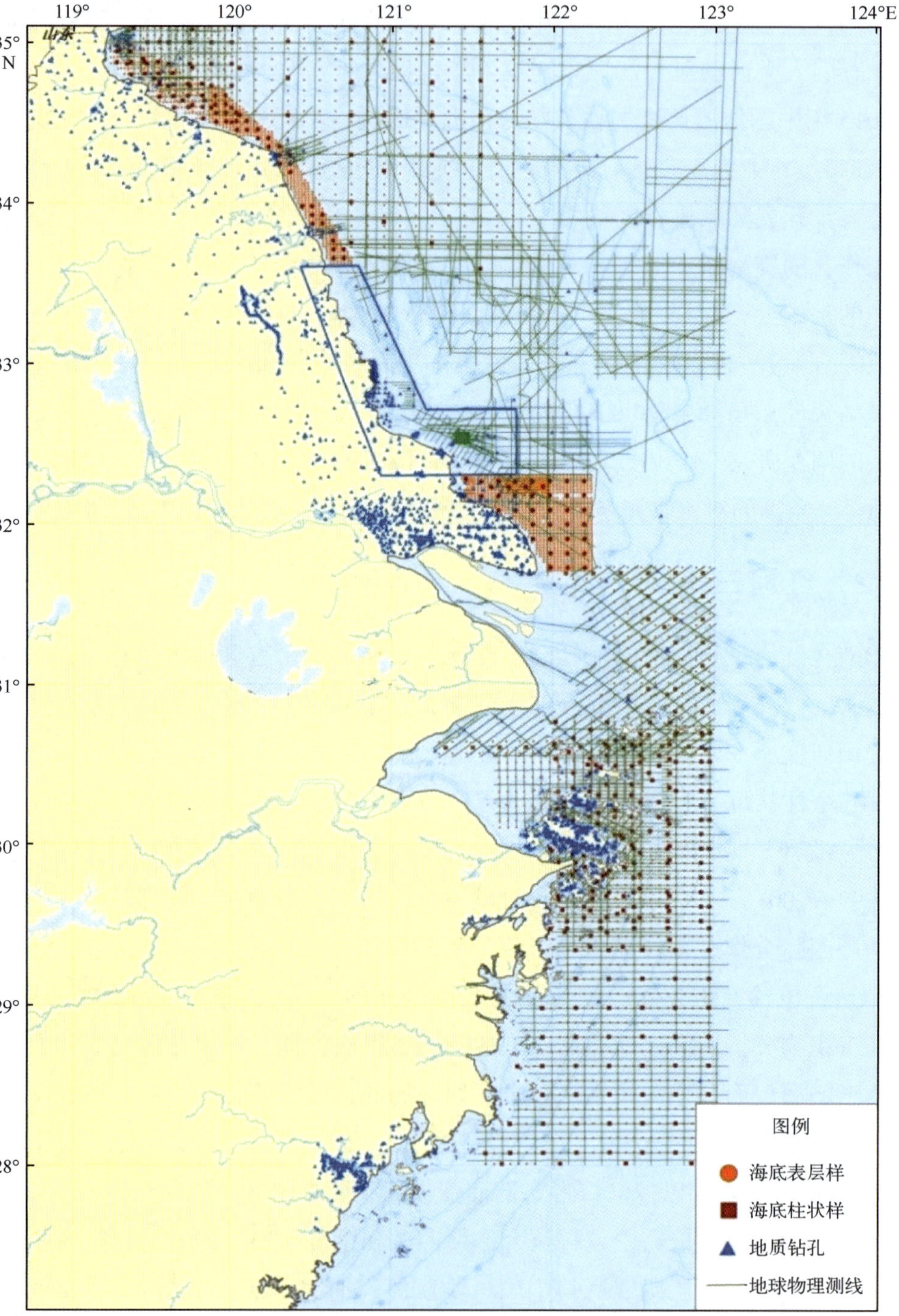

图 2-3　长江三角洲及邻近海区已有工作基础示意

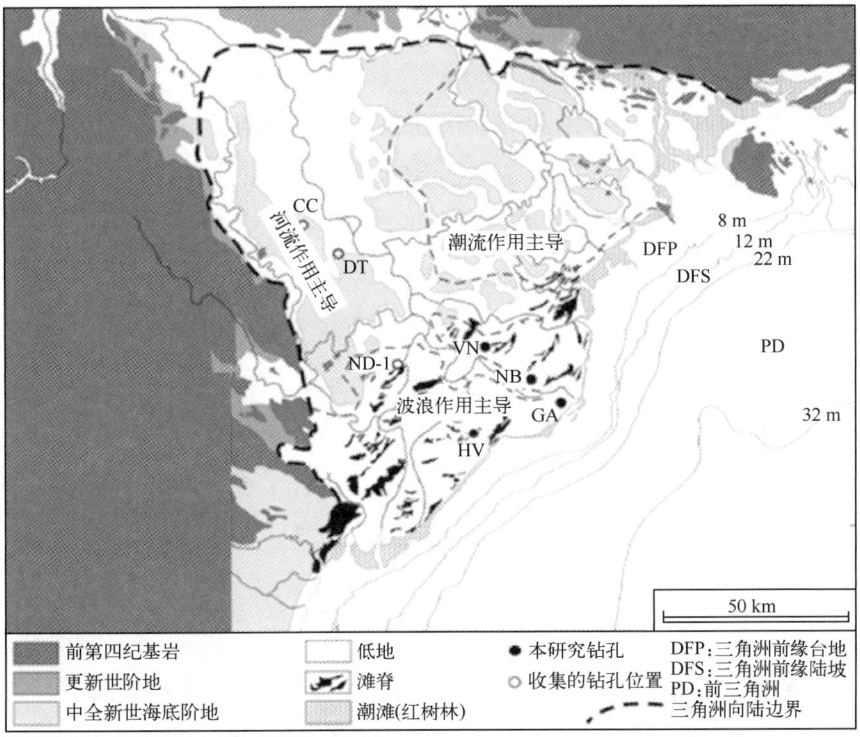

图 2-4　红河三角洲及邻区地质地貌(Tanabe et al., 2005)

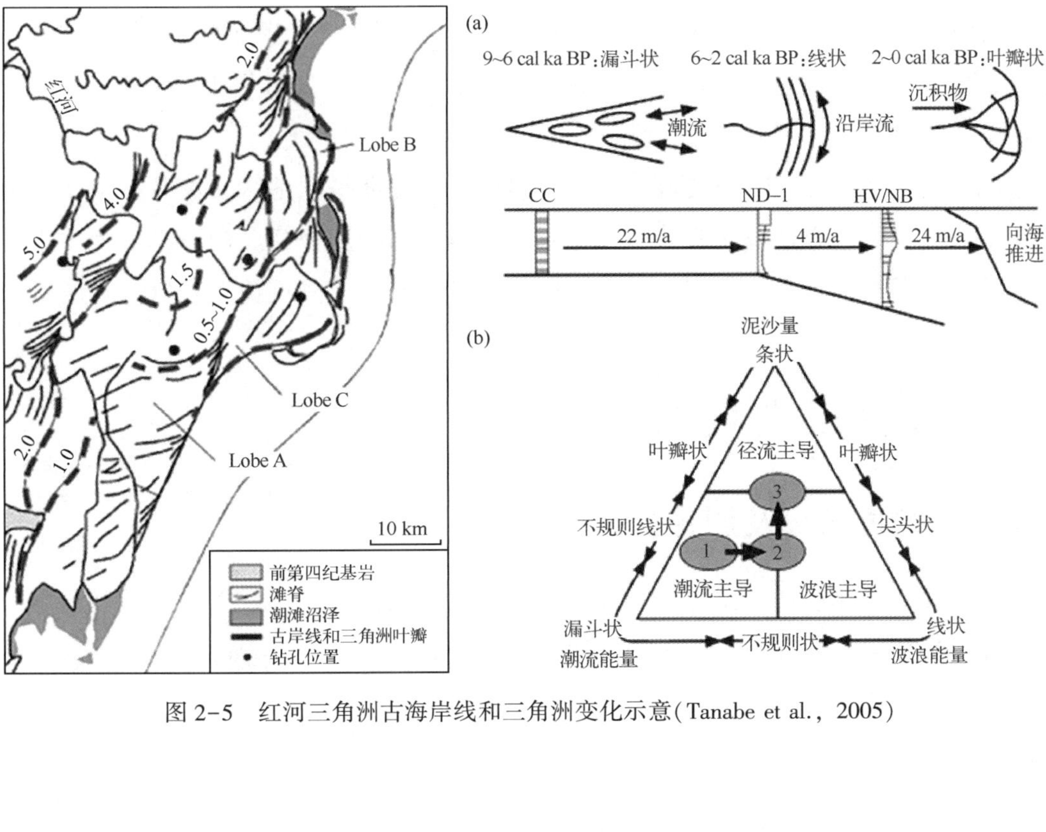

图 2-5　红河三角洲古海岸线和三角洲变化示意(Tanabe et al., 2005)

2007年5月，华东师范大学、日本名古屋大学和越南科学技术翰林院地理研究所对红河水下三角洲北部地区进了国际联合调查，利用Vista Cetrex GPS手持定位仪进行定位，使用抓斗取样器采集表层沉积物样品。采样点分布范围主要在红河三角洲前缘和前三角洲地貌单元，水深从近岸至水深30 m，共获得24个样品。宋兵等(2009)通过粒度分析等手段，探讨了该区沉积物主要类型、分布特征和沉积环境。该区表层沉积物类型主要为砂、砂质粉砂和黏土质粉砂三个主要类型。沉积物粒度总体上从西向东由砂渐变为黏土质粉砂，呈现出由近岸三角洲前缘相的粗粒级沉积物向前三角洲-浅海相细粒级沉积物变化的趋势。

2011年，越南北方水文地质与工程地质部和瑞士水产科学与技术联邦研究所在整个红河三角洲地区开展了水文地质调查，布置了5条典型的贯穿整个三角洲平原地区的地质断面，揭示了该区第四纪时期4个不同的含水层(Winkel et al., 2011)。

2010—2011年，美国北卡罗来纳大学与越南海防海洋资源研究所在红河口近岸20 m以浅的海域先后开展了两个航次的调查工作，共采集短柱状样19个(长度为13~78 cm不等)和超浅地层剖面约1 100 km。通过对岩芯沉积物组成、沉积速率和浅地层剖面解释分析，揭示了红河口水下三角洲特征和全新世泥质沉积特点。

2011年5月，越南海洋环境和资源研究所与中国同济大学开展了在红河北部海岸的合作调查。另外越南与荷兰(1996—1998年)和日本(2001—2005年)也开展了红河三角洲的合作调查和研究工作。

综上所述，红河三角洲的调查工作大多位于三角洲平原地区，涉及红河三角洲水下部分的地质调查研究非常有限。相对于越南南部的湄公河三角洲，红河水下三角洲的研究远远不足，导致红河三角洲海域的对比研究无法与长江三角洲对等。

2.2 研究区调查内容

2.2.1 站位布设及调查内容

根据项目总体设计，2015—2017年中越项目在长江三角洲及邻近海域开展了地质钻探、浅地层剖面调查、沉积动力调查、遥感地质解译(图2-6)。

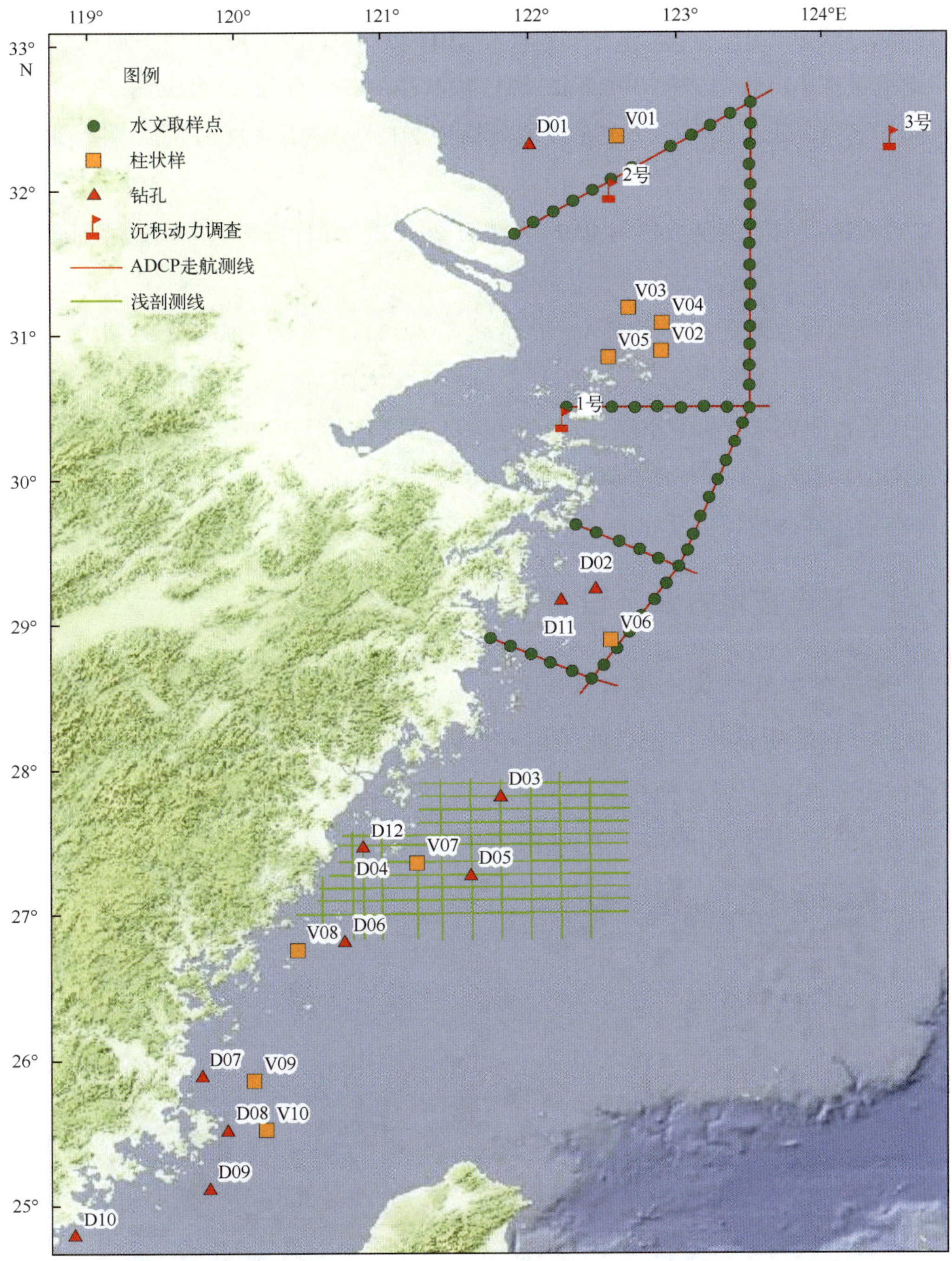

D04 钻孔与 D12 钻孔为同一位置，重复打孔。

图 2-6　长江三角洲外业调查区域示意

(1)地质钻探：共完成地质浅钻 12 口，总进尺 423.4 m。地质钻探共分 4 个航次完成，其中 2015 年 12 月 5—19 日和 2016 年 4 月 19—30 日两个航次，共完成了地质钻探 10 口(总进尺 301.8 m)和柱状取样 10 站位；2017 年 9 月 13—21 日、9 月 30 日至 10 月 2 日两个航次完成地质钻探 2 口(总进尺 121.6 m)、柱状取样 2 站位。

(2)浅地层剖面测量：2016 年 7 月 31 日至 10 月 30 日，共完成浅地层剖面测量 3 140 km。

(3)沉积动力调查：共完成 ADCP 走航 3 600 km，水文大面站 124 站位，海底沉积动力观测站 3 站位。其中，ADCP 走航和水文大面站调查分夏季航次(2016 年 7 月 15 日至 8 月 25 日)和冬季航次(2016 年 11 月 23 日至 2017 年 1 月 23 日)开展。2017 年 8 月完成了 3 个坐底三脚架监测站布放。

(4)遥感地质解译：共完成遥感地质解译 15 景，总面积超过 5×10^4 km^2。

2.2.2 调查技术方法及设备

1)地质钻探及柱状地质取样

执行此次地质钻探和柱状地质取样的调查船为主要执行地质取样和地质钻探的“勘 407”海洋工程地质综合调查船，总吨位 930 t，排水量 1 500 t，船总长 54.96 m，型宽 11.6 m，吃水 3.8 m(图 2-7)。

图 2-7 “勘 407”海洋工程地质综合调查船

导航定位系统由“勘407”轮船导航仪、综合导航计算机、电罗经等组成。采用星站差分GPS SF-3050双频RTG接收机为主导航，Star Fire标称定位精度(RMS)：水平<15 cm，高程<30 cm，速度精度0.01 m/s。信标接收机作为备用设备，定位精度优于5 m，导航系统采用HYPACK导航软件。作业前，对SF-3050 DGPS和航海罗经均进行了校准，作业时，定位仪实时监控船位，并根据要求实时打印钻孔的位置，定位点号、定位时间、定位点坐标、接收卫星个数等信息自动记入数据文件中。

柱状取样采用DDC-Z-3型振动活塞取样器，待船稳定在设计点允许的偏差范围内时，下放柱状取样器，待取样器着底后，定位打点记录该时位置。同时启动振动马达按钮，振动马达开始高频率振动。振动马达下的取样管在整体重力和高频率振动的综合作用下，贯入地层。该设备采用交流垂直振动器，利用高频锤击振动将取样管贯入沉积物中获取柱状样品，样品直径为69 mm。样品管的两端用塑料盖封装，然后用塑料胶带密封，以防水分蒸发。包装后在管上依次标明上下端、站位号、样品长度等，再将其置于适当安全的环境中，避免日晒雨淋和其他意外损坏。

地质钻探采用HGD-600型海洋工程勘察钻机，采用孔底锤击绳索取芯方式，待船稳定在设计点允许的偏差范围内时，动力头带动装有钻头的Φ127钻杆扫孔，同时使用优质泥浆冲孔，一方面将孔内残留的废泥带出钻孔，另一方面保持孔压，减少孔壁和套管间的阻力。岩芯上来后再扫孔，把已取到样的层段清扫干净，然后再取样。如此往复，达到预定孔深。该方法的岩芯管外径为89 mm，所取样品直径为74 mm。取芯管上来后，用专门的液压装置从取芯管将岩芯推出，在地质编录表内描述顶部和底部的岩性，并且做到定名准确，描述全面，详细记录重要的地质现象或特征。样品描述后，先对样品进行拍照，然后进行包装封存，标明孔号、回次号、回次起—止孔深、上下标志等。样品依次整齐堆放、固定，避免日晒雨淋和其他意外损坏。

2）浅地层剖面测量

浅地层剖面调查于2016年7月31日至10月13日、2016年10月26—30日分两个航段完成，共3 140 km。浅地层剖面测量采用“业治铮”号海洋地质调查船(图2-8)，该船长57.0 m，吃水2.7 m，总吨位62 t，满载排水量705 t。

定位系统采用美国SF-2050M型GPS导航系统。该系统集成接收探头内集成的24通道双频接收器、双通道WAAS/EGNOS SBAS接收器、STAR FIRE L-波段

图 2-8 “业治铮”号海洋地质调查船

三种接收器。定位精度水平≤10 cm，垂直≤15 cm，速度≤0.01 m/s。测量过程中，Haida 海洋测量软件可实时显示船舶方位、偏航状态及 GPS 接收卫星信号状态等情况。能与测深仪的打标信号同步，同时记录打标时间、坐标和标号，生成航迹图。

浅地层剖面测量采用英国 AAE 公司 SBP 型地层剖面仪，配备强震板和电火花两种震源，并具有数字处理和存储功能。震源控制为 CSP－D2400，震源功率 100~2 000 J，配备 20 单元组合检波水听器，垂向分辨率小于 0.5 m。

水深测量采用挪威 KONGSBERG SIMRAD AS 公司生产的 EA 400 双频回声测深仪，由显示单元、处理单元、主发射接收器单元、换能器单元组成。发射频率最大 20 Hz，量程：5~15 000 m，精度小于 0.1 m。

3)沉积动力调查

沉积动力调查分夏、冬两个季节完成，夏季航次调查时间为 2016 年 7 月 10 日至 8 月 25 日，总计 47 天。冬季航次调查时间为 2016 年 11 月 23 日至 2017 年 1 月 13 日，总计 52 天。

沉积动力使用“浙嘉渔科 001”号科学调查船(图 2-9)，该船总长 40.3 m，型宽 8 m，吃水 3.2 m，船舶排水量 678 t，配备 A 型吊架、地质绞车、多功能绞车、CTD 绞车、救生筏等。

图 2-9　“浙嘉渔科 001”号科学调查船

调查定位采用美国 Trimble 公司的 SPS-GA530 卫星/信标差分 GPS 系统，该仪器差分速度精度：0.1 kn(0.1 MPH，0.16 km/h，5.6 cm/s)，差分定位精度优于 1 m。外业开展前进行了大于 25 h 的 DGPS 接收机静态稳定性实验。在测量过程中，Haida 海洋测量软件可实时显示船舶方位、偏航状态及 GPS 接收卫星信号状态等情况。能与测深仪的打标信号同步，同时记录打标时间、坐标和标号，生成航迹图。

调查采用海鸟公司(Seabird)生产的 SBE19 plus CTD 水质剖面仪，主要观测参数包括温度、盐度、深度、浊度等。其中深度测定范围 0~600 m，分辨率 0.002%，精度±0.1% FS；温度测定范围-5~35℃，分辨率 0.000 1℃，精度±0.005℃；电导率测定范围 0~9 S/m，分辨率 0.000 05，精度±0.000 5；盐度测定范围 0~40，分辨率 0.000 1，精度±0.01；浊度测定范围 0~1 FTU，分辨率 0.003 FTU，精度±2%；叶绿素测定范围 0~400 ppb，分辨率 0.001 ppb，精度±1%。

断面走航测流和海上定点测流均使用 300 k ADCP。监测型 ADCP 是 RDI 公司 ADCP-骏马牌哨兵系列的一种直读式海流剖面仪。

悬浮体水样使用 ECO-55 型自动采水器取样，该采水器由美国 Seabird 公司生产，设备悬挂于绞车的钢缆上入水采样，备用采水器为美国 Seabird 公司生产的锤击式卡盖采水器。

本次外业调查布放 3 个三脚架，用于分析长江入海物质在海域的扩散、搬运和沉积规律及控制因素。3 个三脚架均集成了浪龙、威龙、多参数水质仪和潮位仪（图 2-10），投放深度分别为 20 m、30 m 和 50 m。

图 2-10　三脚架系统投放现场

第 3 章

河口三角洲和邻近陆架海域地貌演化研究

3.1 海平面上升与三角洲演变

末次冰期海平面下降到低于现今海面约 135 m，长江三角洲地区以及东海陆架大部分区域暴露地表，遭受侵蚀或成土作用。在古长江的侵蚀下，研究区形成了宽 60~70 km，深 60~90 m 的下切河谷和多期次的河流阶地。同时期，红河三角洲地区也存在同样的古下切河谷，其位置位于红河三角洲西南侧，深度为 30~80 m。两大三角洲末次冰盛期发育明显的下切河谷，冰后期层序属于典型的 I 型层序。而后随着冰后期海平面的上升，两大河谷快速被海水覆盖，形成巨大的喇叭形的河口湾。大约 8.5 ka 前，由于海平面上升减缓，河流携带的大量沉积物开始在河口区快速堆积，两大河口湾开始向三角洲转变，经过几千年的不断堆积，逐渐形成现今的长江三角洲和红河三角洲。通过对长江三角洲和红河三角洲地区钻孔资料的对比分析，构建了末次冰盛期以来两大三角洲的层序地层格架。

1) 长江三角洲

末次冰期以来海平面开始下降，约 18 cal ka BP 海平面下降至现在陆架水深约 135 m 处，长江三角洲及陆架区裸露成陆地，下切河谷发育，古河间地形成硬黏土层，共同构成 I 型层序界面。之后海平面上升，分别在 15 cal ka BP 和 8 cal ka BP 达到最大海退和最大海侵。据此三个层序界面将长江三角洲末次冰盛期地层划分为低位体系域、海侵体系域和高位体系域。低位体系域(18~15 ka BP)，主要发育河流下切过程的滞留沉积，以及海平面缓慢上升初期向上变细为特征的河流相沉积层序。海侵体系域(15~8 ka BP)，早期海侵开始影响研究区，发育潮汐河流相；中期海岸线移至现今长江三角洲顶点扬州—镇江一带，发育河口湾-浅海相沉积。高位体系域(自 8 ka BP 以来)，海平面趋于稳定，进行三角洲建设，发育典型三角洲向上变粗的沉积层序，顶部潮滩相、三角洲平原相又发生向上变细旋回。8~6 ka BP 沉积中心多集中在镇江—南京河段，且以加积为主，岸线变化缓慢；6~4 ka BP，加积和侧积同时进行，岸线开始加速向海移动；近 4 ka 以三角洲进积为主，4~2 ka BP 沉积速率相对缓慢，之后加速向海推进(图 3-1 上)。

2) 红河三角洲

类似于长江三角洲，红河古下切河谷冰后期地层主要发育晚更新世—全新世的河流-河口湾-三角洲沉积物，而同时期河间地则暴露地表遭受风化剥蚀。红河三角洲末次冰盛期以来层序演化也可以划分为以下三个阶段。低位体系域(18~15 ka BP)，三角洲东南部钻孔 ND-1 显示古红河下切深度应该在 70 m 以上，该钻孔揭示红河古河谷冰后期层序覆盖于 MIS 3 地层之上，下切河谷充填形成向上变细为特征的河流相沉积层序。海侵体系域(15~8 ka BP)，早期厚层的河漫滩沉积物退积在海侵体系域的底部，而后海侵开始影响研究区，发育潮汐河流相；中期海岸线移至现今红河三角洲顶点，发育河口湾-浅海相沉积。高位体系域(自 8 ka BP 以来)，海平面趋于稳定进行三角洲建设，发育典型三角洲向上变粗的沉积层序。8~6 ka BP 古河谷地层虽以加积为主，但由于古红河河谷较为狭窄，岸线依然快速向海推进，速率约为 22 m/a；近 6 ka BP 以三角洲进积为主，其中 6~2 ka BP 沉积速率相对缓慢，之后加速向海推进(图 3-1 下)。

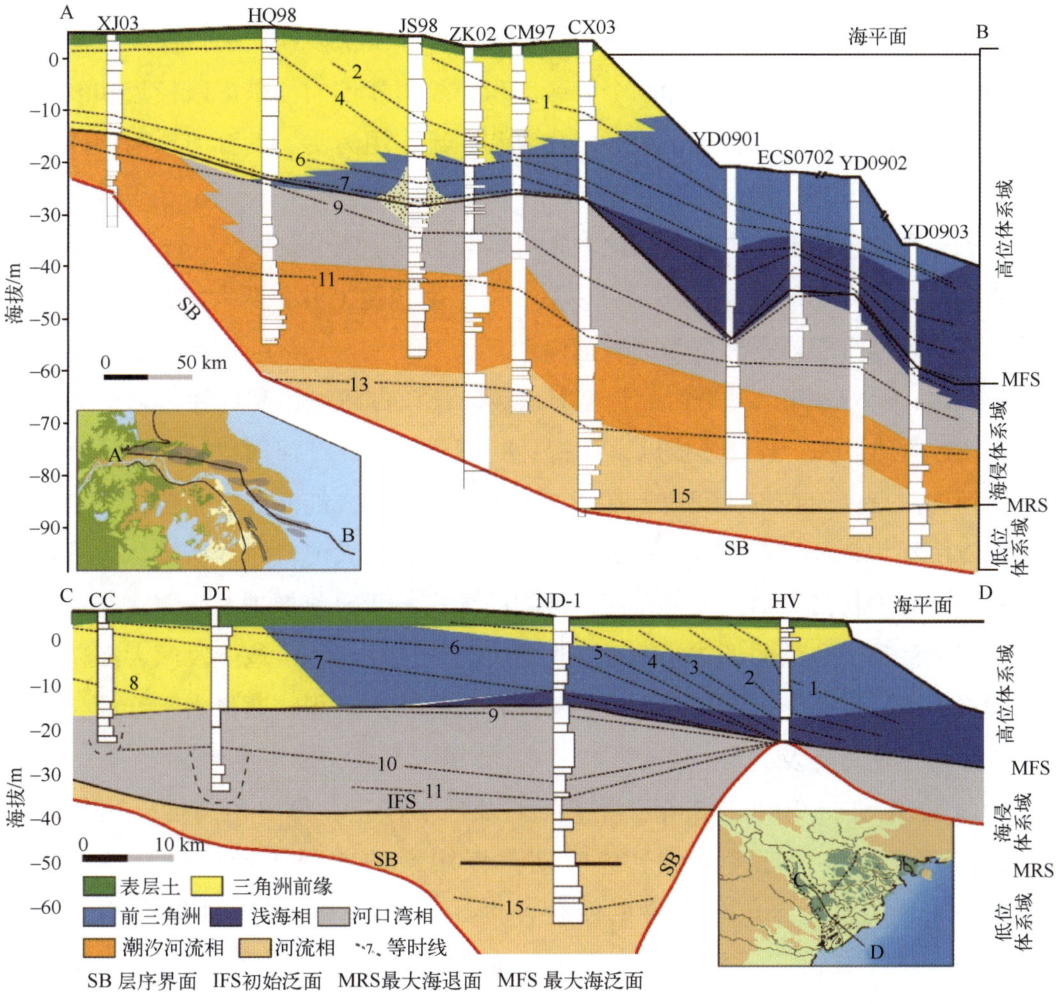

上、下图分别为长江三角洲和红河三角洲古下切河谷充填层序

图 3-1　末次冰盛期以来层序地层解释[修改自苏建锋等(2017)和 Tanabe 等(2005)]

3.2 全新世三角洲沉积地貌演化

长江三角洲与红河三角洲是世界上主要的大河三角洲，由全新世高海面之后入海泥沙堆积形成。在全新世早期海平面快速上升至接近最高海平面时，当前三角洲所在区域均被海水淹没，形成巨大的河口湾(图 3-2)。8.5 ka BP 海平面上升减缓或接近停止，由于河流携带的大量泥沙在河口堆积下来，开始进入早期三角洲建设阶段。

长江三角洲属径流和潮流共控的三角洲类型，以发育多期次河口沙坝并不断向北并陆为特征；红河三角洲南北两个分区沉积地貌明显不同，南区以径流和波浪作用为主，发育沿岸沙脊为特征，北区以径流和潮流作用为主，发育河口湾型沙坝为特征。

两大三角洲全新世以来地貌演化大致可划分为以下四个阶段。

阶段一(~9 ka BP)新仙女木事件以后，海平面快速上升，两大河谷迅速被海水淹没，早期河流沉积体系转变为河口湾体系。

阶段二(9~6 ka BP)海平面上升速率减缓，长江古河口湾和红河古河口湾大约在 8 ka BP 达到最大，长江形成以镇江-吕四-泰州为界，红河河口湾沉积已经出现在现今河内附近。而在古河间地上都开始发育潮坪沉积，红河古河间地以大量的红树林潮滩沉积为特征(图 3-2)。随着海侵达到最大，两大河口湾开始转化为三角洲沉积特征，其中长江三角洲主要以河口沙坝的形式不断向前推进，而红河三角洲则是以河口湾湾顶三角洲的形式开始对细长的古河口进行充填，该阶段两大河口湾都是以加积为主，但由于古河口湾规模的不同，虽然长江沉积物通量大于红河，但其海岸线推进速率远不及后者。

阶段三(6~2 ka BP)，该阶段海平面上升基本停止，海平面高度已达到现今海平面高度，从堆积速率来看，该时期都以缓慢的前积或者加积为特征。长江三角洲可能主要由于气候条件的变化，例如 4.2 ka BP 冷事件的影响，沉积物供应较少，加之长江沉积物大量在下游湖泊区域堆积，导致该阶段长江三角洲进积速率较低。而红河三角洲除了上述可能原因外，最主要特征是该阶段细长的古河口湾基本被填平，古海岸线由原来喇叭形转变为平直行的海岸，强烈的海洋动力作用，使得该阶段沉积物保存效率较低，此时，红河三角洲沿岸沉积

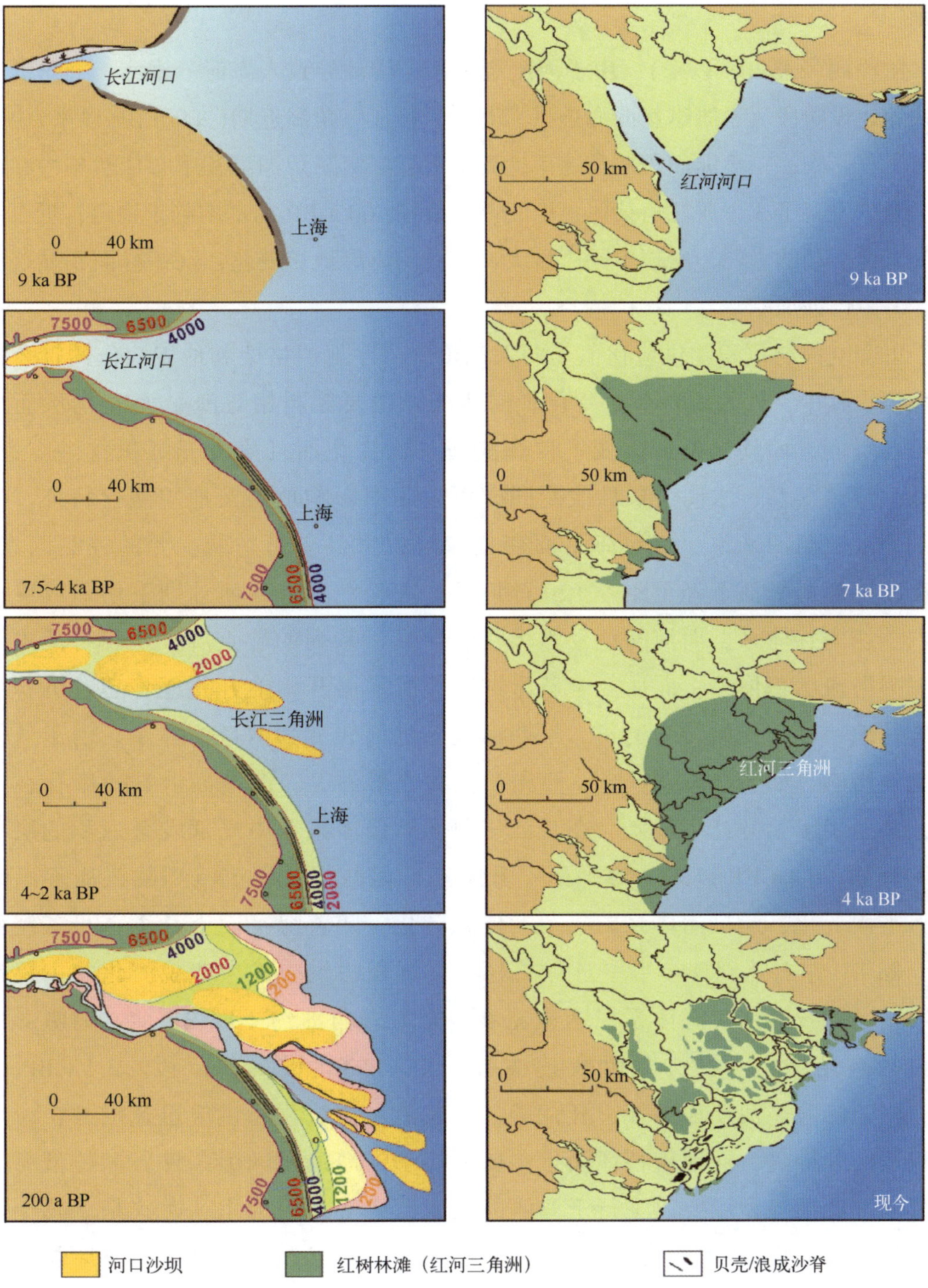

左侧图为长江三角洲，右侧图为红河三角洲。

图 3-2　全新世海岸线及沉积地貌演化示意[修改自 Fan 等(2017)和 Tanabe 等(2005)]

地貌东北部以红树林潮滩为主，沉积中心主要在中南部地区，形成一系列沿岸沙坝。

阶段四(2 ka BP 以来)，由于河流流域人类活动导致入海泥沙剧增，三角洲进入快速建设阶段，岸线迅速向海推进。其中，长江三角洲近期(200 a BP 以来)由于河口工程影响，三角洲面积增长速率达到最大；红河三角洲沉积中心依然集中在南侧，至少发育了 3 个亚三角朵体，而北侧岸线在 500 a BP 前基本趋于稳定；近百年来受人类活动的影响，出现不同区域大冲大淤的海岸地貌变化，红树林面积显著减少，海岸侵蚀加剧。

可容空间与沉积物供应比值是两大三角洲层序地层格架和地貌演化的首要控制因素。其中，外因如海平面变化、构造沉降主要控制相对海平面变化从而产生可容空间，而气候条件改变不仅影响海平面变化而且可改变沉积物供应量。此外，河道摆动、水动力条件改变同样可以局部影响地层及地貌演化特征。但对于两大三角洲来说，相对海平面变化和沉积物供应仍是最主要的控制因素。末次冰盛期海平面下降至距今 120 m 以下，古长江和古红河分别下切形成巨大的古下切河谷体系，而河间地暴露风化，形成一系列的硬土层，地貌特征主要表现为河流沉积体系。而后至全新世期间，海平面开始上升并逐步超过沉积物供应，地层堆叠开始转为退积，早期河流相进而转变为河口湾体系。由于气候变化的影响，如 8.2 ka BP 冷事件和新仙女木事件等，海平面上升速率存在波动，甚至由于上升速率较慢，在长江三角洲海侵体系域中局部发育退积的层序地层特征。8 ka BP 以来，海平面上升速率开始减慢，河流沉积物供应逐渐超过海平面变化，河口湾体系向三角洲体系转化。随着海平面上升进一步减缓并在 6 ka BP 左右达到现今水平且保持稳定，沉积物供应成为地貌演化的主要控制因素，狭长的河口湾体系快速被充填。红河三角洲约 4 ka BP 前，喇叭形的河口湾被填平，水动力条件快速主导了之后的缓慢沉积阶段。2 ka BP 以来，剧烈的人类活动如围垦、开荒等，造成流域内沉积物供应迅速增加，海岸线快速向外推进，而地貌特征演化主要受控于沿海的水动力条件，潮控型海岸发育潮坪而浪控型主要以平行于海滩的浪成沙脊等地貌为主。尤其是近几十年来，在人类聚集的河口区，人类活动已经开始超越自然因素成为地层地貌演化的主要塑造营力。

3.3　水下三角洲沉积通量估算及对比

约 7 cal ka BP 以来，海平面达到现今水平，并长期保持稳定(Li et al., 2014)。从上节讨论可知，海平面稳定阶段，长江口沉积通量主要受控于气候变化和人类作用。为了简单评估人类活动对长江口沉积通量的影响，搜集了水下三角洲区域近些年来发表的钻孔数据资料，结合本研究钻孔数据资料，估算长江水下三角洲区域近 7 ka 和近 2 ka 的沉积通量(图 3-3)。搜集钻孔的 ^{14}C数据均进行了统一校正，因 CJK06 孔和 DZS1-2 孔未给出测年误差值(徐涛玉，2013；张志忠等，2015a，2015b；邹亮等，2015)，无法进行校正，直接引用。7 cal ka BP、5 cal ka BP、2 cal ka BP、1 cal ka BP 年龄值及其对应深度均采用线性内插的方法获得。将深度及大地坐标值导入 Surfer 软件，采用克里格插值，插值网格为 30 m×30 m，进而进行体积计算，最后用 Surfer 软件绘制等厚度图(图 3-4)。

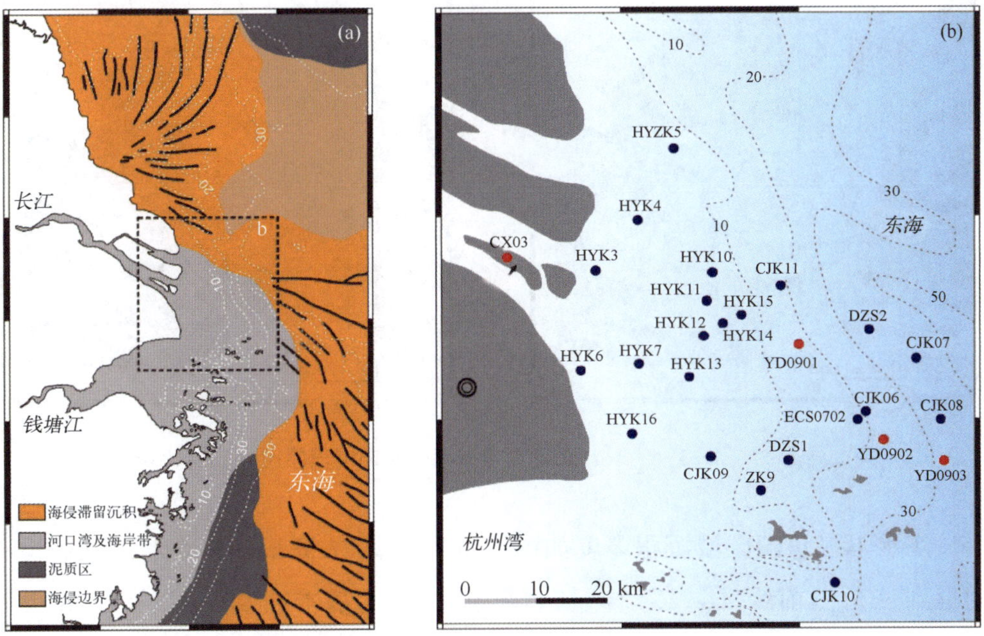

图 3-3　长江水下三角洲钻孔分布

HYK 孔(赵宝成，2013；张瑞虎，2011)；ECS0702 孔(Xu et al., 2020)；CJK 孔(徐涛玉，2013；Xu et al., 2013, 2016)；ZK9 孔(Zhan et al., 2010)；DZS1 孔(张志忠等，2015a，2015b)；DZS2 孔(邹亮等，2015)

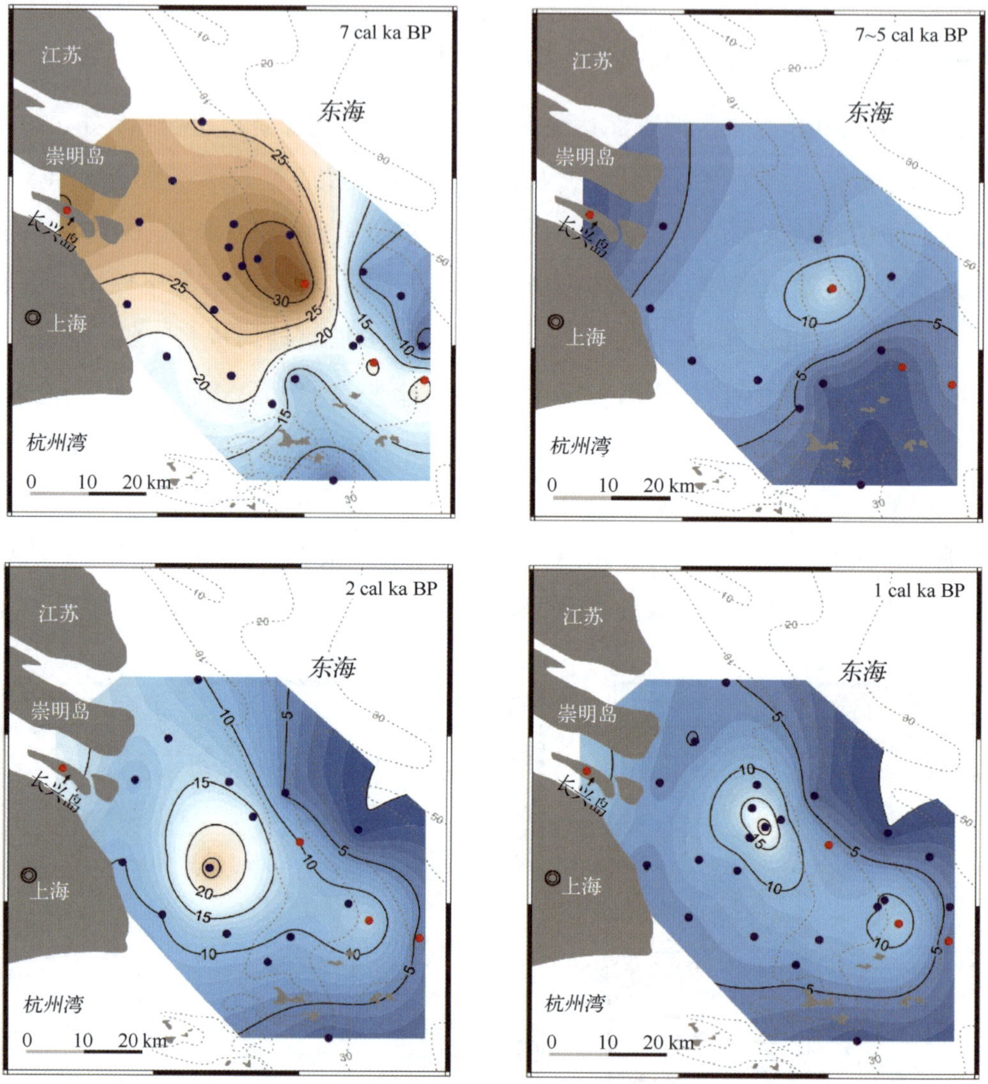

图 3-4　长江水下三角洲不同时期沉积厚度

长江水下三角洲区域沉积厚度如图 3-4 所示。7 cal ka BP 以来，沉积物从口门附近到三角洲前缘区域逐渐减薄。沉积物厚度基本在 20 m 以上，沉积物在口门附近厚度最大，可达 33 m(YD0901 孔)。至 122.5°E 以外海区，厚度明显减薄，基本在 15 m 左右，31°N 附近存在一条“沉积物通道”，厚度高于周围区域，可能发育成嵊泗群岛与古河间地之间的长江古河谷。2 cal ka BP 沉积厚度集中在 10~15 m，沉积中心位于现今九段沙区域，属新一期的河口沙坝，厚度最大可达 27.23 m，与 7 cal ka BP 相似，沉积厚度等值线在 31°N 向海凸起。1 cal ka BP 以来，沉积物厚度集中在 5~10 m，分布特征与 2 cal ka BP 分布特征类似，沉积中心略微北移，在 YD0901 孔沉积厚度较大。比较上述 7 cal ka BP、2 cal ka BP、1 cal ka BP 沉积物厚度可发现，2 cal ka BP、1 cal ka BP 年均沉积物厚度明显较 7 cal ka BP 大，究其原因可能有以下几点：①大部分钻孔在 4~3 cal ka BP 存在沉积间断，一定程度上拉低年均沉积厚度值；②2 cal ka BP 以来人类活动的影响愈发显著，农耕社会的发展使得水土流失量增大，沉积物供应充足导致沉积厚度变大；③由于资料所限，沉积物厚度未进行压实校正，故压实作用可能会令早期沉积物厚度更薄；④三角洲堆积前使外逃物质增加；⑤近千年来，由于黄河改道于苏北注入南黄海等影响。

取长江三角洲沉积物的平均干容重为 1.6 g/cm^3，则长江水下三角洲区域 7 cal ka BP、5 cal ka BP、2 cal ka BP、1 cal ka BP 以来沉积物总量分别为 3 782×10^8 t、967×10^8 t、1 704×10^8 t、1 096×10^8 t，年均沉积通量分别为 0.54×10^8 t、0.48×10^8 t、0.85×10^8 t、1.10×10^8 t。李保华等(2002)计算了长江三角洲陆上部分 7 ka BP 以来年均沉积通量约为 1.14×10^8 t，这样算来，长江三角洲地区 7 ka BP 以来总的年均沉积通量约为 1.68×10^8 t。研究表明长江每年向东海泥质区输送沉积物约占其年输沙量的 32%，据此推算，长江7 cal ka BP以来年均输沙量约 2.47×10^8 t，与前人计算结果大体一致(李保华等，2002；Liu et al.，2010a)，而明显低于现代长江年均输沙量 4.83×10^8 t(Milliman et al.，1984)。长江水下三角洲区域约占 21.86%，参照该比例，2 cal ka BP 以来长江年均输沙量为 3.88×10^8 t，1 cal ka BP 以来长江年均输沙量为 5.03×10^8 t，与受水利工程剧烈影响之前的长江年均入海泥沙通量相接近(1956—1985 年为 4.81×10^8 t)。可见，2 cal ka BP 以来长江年均泥沙通量有显著增大，约为 7 cal ka BP 的 1.58 倍，而 1 cal ka BP 以来更是增长至 2.03 倍。另外，考虑到沉积中心迁移的问题，1 cal ka BP 以来长江水下三角洲区域的沉积物捕获率必定高于 7 cal ka BP 以来，甚至接近现代。吴华林(2001)通过分区域估算，认为现今长江水下三角洲区域约堆积了大通站泥沙通量的 31%，由此计算出年均输沙量为 3.55×10^8 t。综上所述，长江 1 000 年来年均输沙量为(3.55~5.03)×10^8 t(表 3-1)。

表 3-1 长江水下三角洲不同时期沉积通量估算

年龄区间	净体积/m^3	干容重/(t/m^3)	总重/t	年均沉积通量/t
1~0 ka	6.849×10^{10}	1.6 (胡广韬等，1984)	1.096×10^{11}	1.096×10^{8}
2~0 ka	1.065×10^{11}		1.704×10^{11}	8.521×10^{7}
7~0 ka	2.364×10^{11}		3.782×10^{11}	5.403×10^{7}

值得注意的是，上述输沙量估算很可能不仅仅是长江来源，古黄河的影响亦不可忽视(Zhou et al., 2013)。约 1 cal ka BP 以来，黄河经历过多次改道，沿岸流携带大量物质输入研究区，所以长江实际的年均输沙量应小于上述估算值。

第4章

河口三角洲晚更新世和全新世层序地层学研究

4.1 长江古下切河谷层序地层特征

4.1.1 钻孔搜集

为了更全面、准确地恢复长江古下切河谷充填层序特征及演化过程，2009 年 4—5 月由同济大学海洋与地球科学学院和浙江省地质勘查局合作，在长江水下三角洲实施了 3 个钻孔，即 YD0901～03。同时对 CX03 孔补测了^{14}C 数据。除此之外，本书还搜集了从三角洲顶部至水下三角洲外延之间其余 6 个包含精确^{14}C 定年的钻孔数据，开展长江古下切河谷高分辨率的层序地层学研究(图 4-1，表 4-1)。

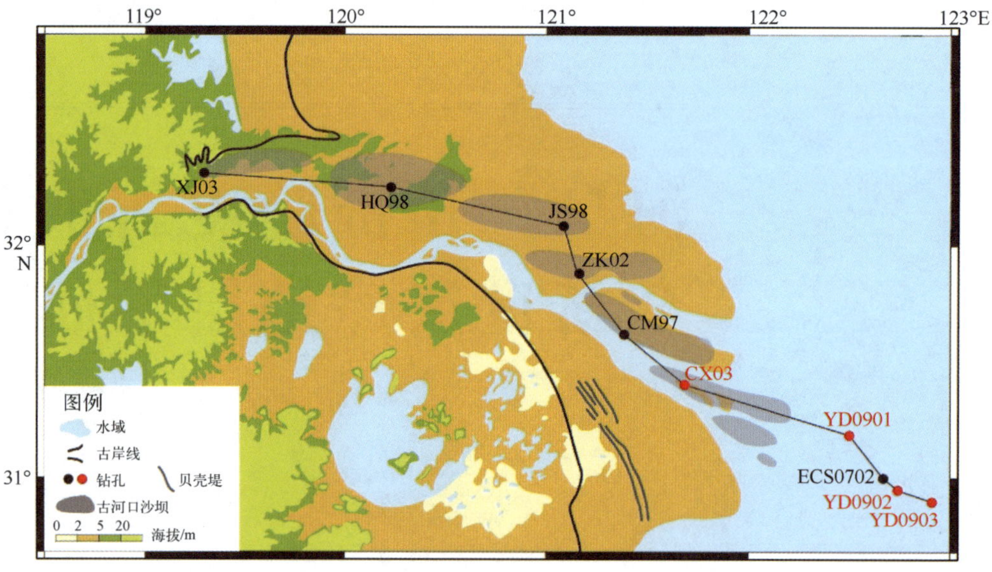

图 4-1　长江三角洲地形及钻孔分布

表 4-1　长江三角洲和河口区钻孔信息

钻孔	高程/m	纬度(N)	经度(E)	孔深/m	资料来源
XJ03	4.8	32°18′35″	119°17′44″	37.2	Song 等(2013)
HQ98	5.91	32°15′	120°14′	60.5	Hori 等(2001b)
JS98	4.2	32°05′	121°05′	61.5	Hori 等(2001b)
ZK02	2.3	31°53′	121°10′	128	林春明等(2016)

续表

钻孔	高程/m	纬度(N)	经度(E)	孔深/m	资料来源
CM97	2.48	31°37′	121°23′	70.5	Hori 等(2001b)
CX03	3.2	31°24′	121°41′	89.9	李保华(2005)；李保华等(2010)
YD0901	-21	31°11′1.768″	122°30′0.655″	65.23	本研究
ECS0702	-22	31°00′0.246″	122°40′0.648″	35.6	Liu 等(2010b)
YD0902	-23	30°56′59.93″	122°44′20.91″	69.1	本研究
YD0903	-36	30°53′54.28″	122°54′33.00″	60	本研究

4.1.2　沉积相划分方法

长江三角洲地区末次冰盛期以来，经历了早期的河流体系，中期海侵的河口湾体系以及晚期的三角洲体系。参阅前人研究结果，结合钻孔样品分析数据，采用岩芯描述、粒度分析、地化分析、有孔虫和放射性碳测年等多指标综合分析，将长江三角洲地层沉积相简单地自下而上划分为河流相、潮汐河流相、河口湾相、浅海-前三角洲相等 5 种类型(图 4-2 至图 4-6)。

4.1.3　海平面变化特征

长江三角洲地区以及东海陆架区都不发育红树林或者珊瑚等较为理想的海平面变化指标，研究区缺乏精确的海平面变化曲线。Liu 等(2004)提出末次冰盛期以来阶梯式的海平面变化特征，但因测年材料和取样位置而受到质疑(Xue et al., 2015)。为了全面刻画与进一步研究末次冰盛期以来研究区的海平面变化，本书搜集了东部沿海潮坪沉积，巽他陆架红树林、珊瑚等(Hanebuth et al., 2000; Woodroffe, 2009)，新加坡红树林沉积以及大溪地珊瑚沉积等高质量的海平面变化数据，重建了末次冰盛期以来研究区的海平面变化曲线(图 4-7)。总的来说，末次冰盛期以来海平面变化大致可划分为以下七个阶段：23~18 ka BP 末次冰盛期、3 个缓慢上升期(Ⅰ：18~15 ka BP；Ⅱ：12.9~11.2 ka BP；Ⅲ：8.2~7 ka BP)、2 个快速上升期(Ⅰ：15~12.9 ka BP；Ⅱ：11.2~8.2 ka BP)和高海面时期(7 ka BP 至今)。

图 4-2　钻孔典型沉积相岩芯照片

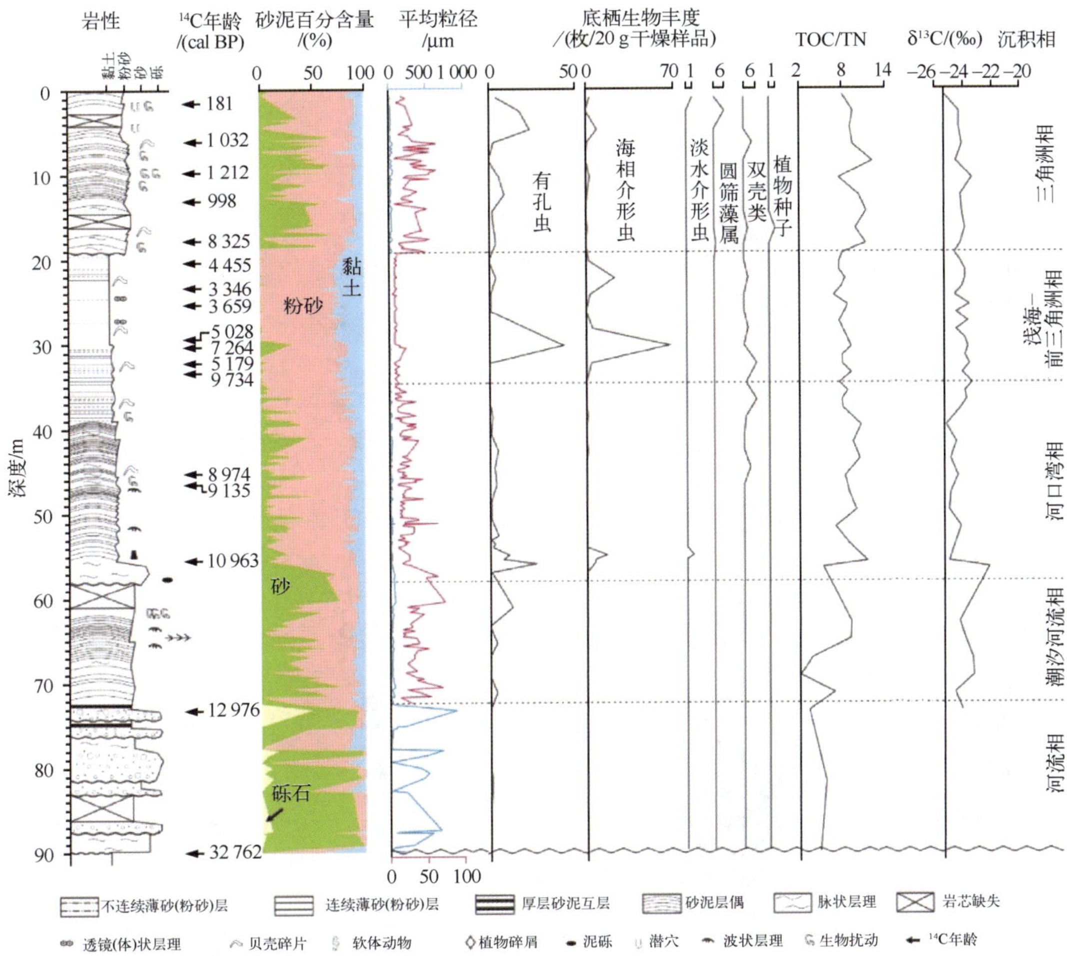

图 4-3　CX03 孔综合柱状图[据李保华等(2005)修改]

东海陆架区在末次冰盛期海平面下降到最低，约低于现今海平面 135 m (Li et al., 2014)。冰盛期之后冰盖消解海平面开始上升，末次冰盛期之后至 15 ka BP 之间，由于老仙女木事件的影响(Koutavas et al., 2003)，海平面上升速度缓慢小于 5 mm/a。冰融水事件 1a 和 1b 对应于海平面快速上升期Ⅰ和Ⅱ，上升速率分别为 14 mm/a 和 16 mm/a 左右。由于新仙女木事件和 8.2 ka BP 冷事件，两次缓慢上升期海平面上升速率仅为 6~8 mm/a。7 ka BP 至今，海平面基本维持在现今的水平(图 4-7 右)。

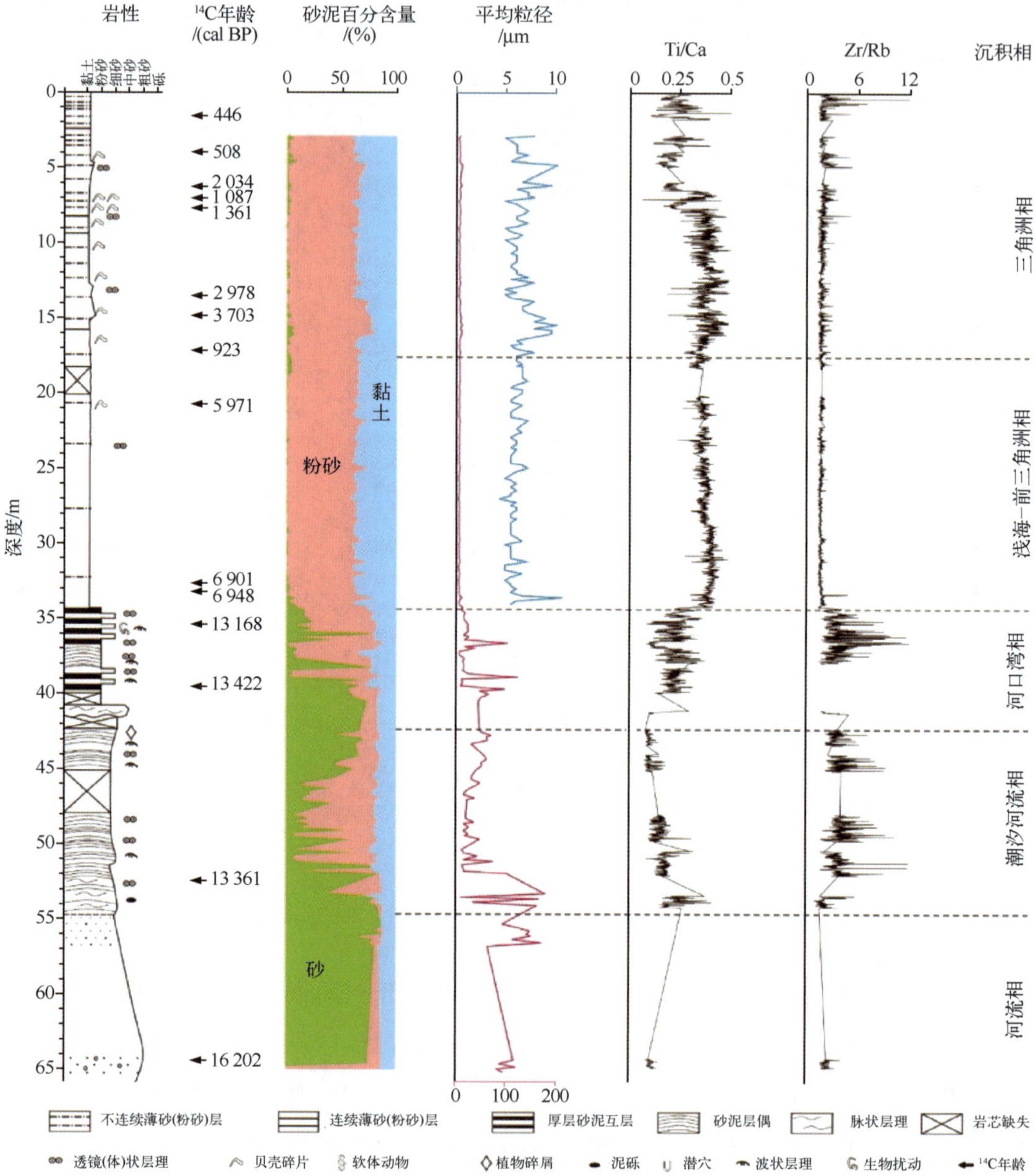

图 4-4　YD0901 孔综合柱状图

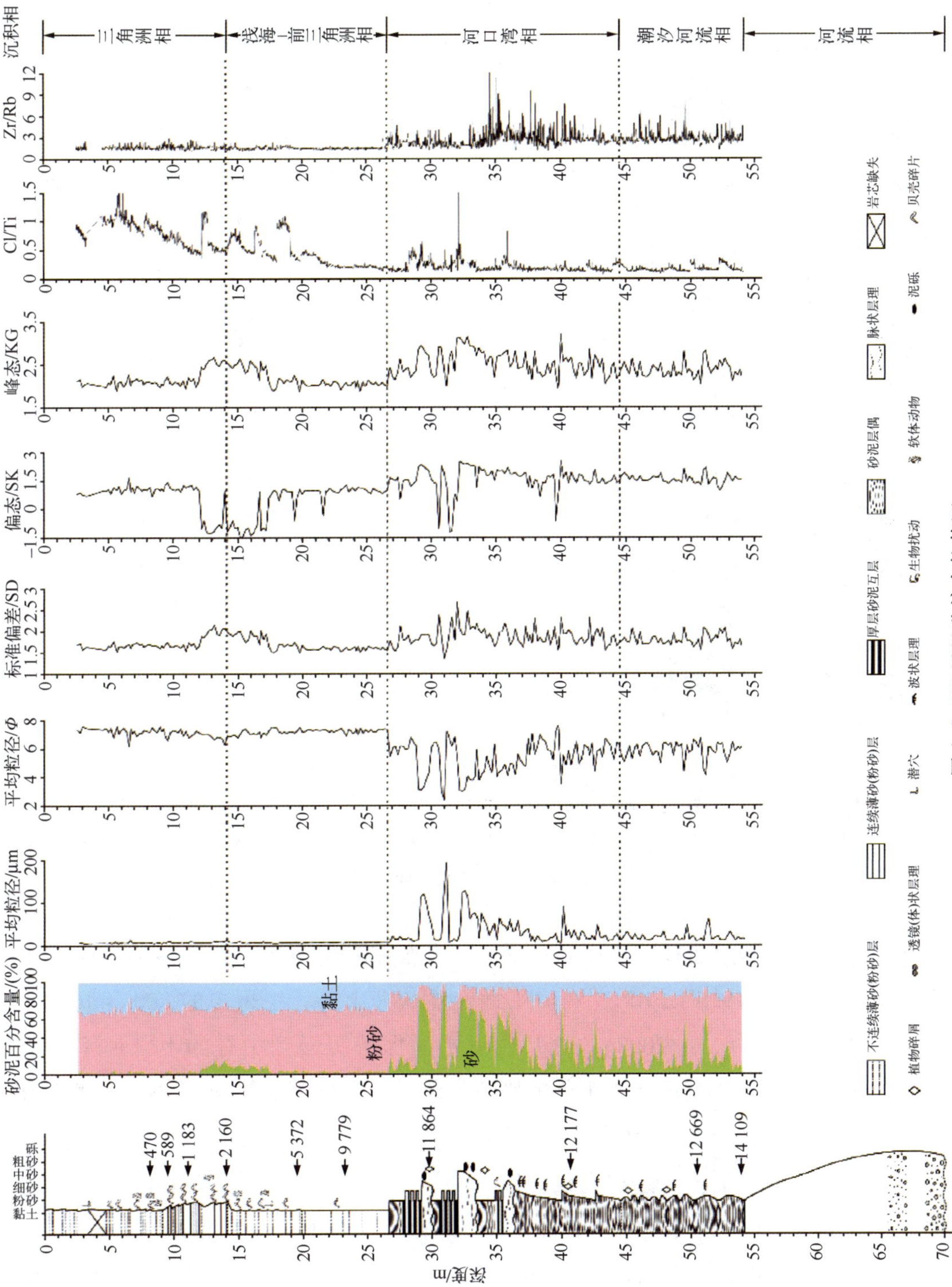

图 4-5　YD0902孔综合柱状图

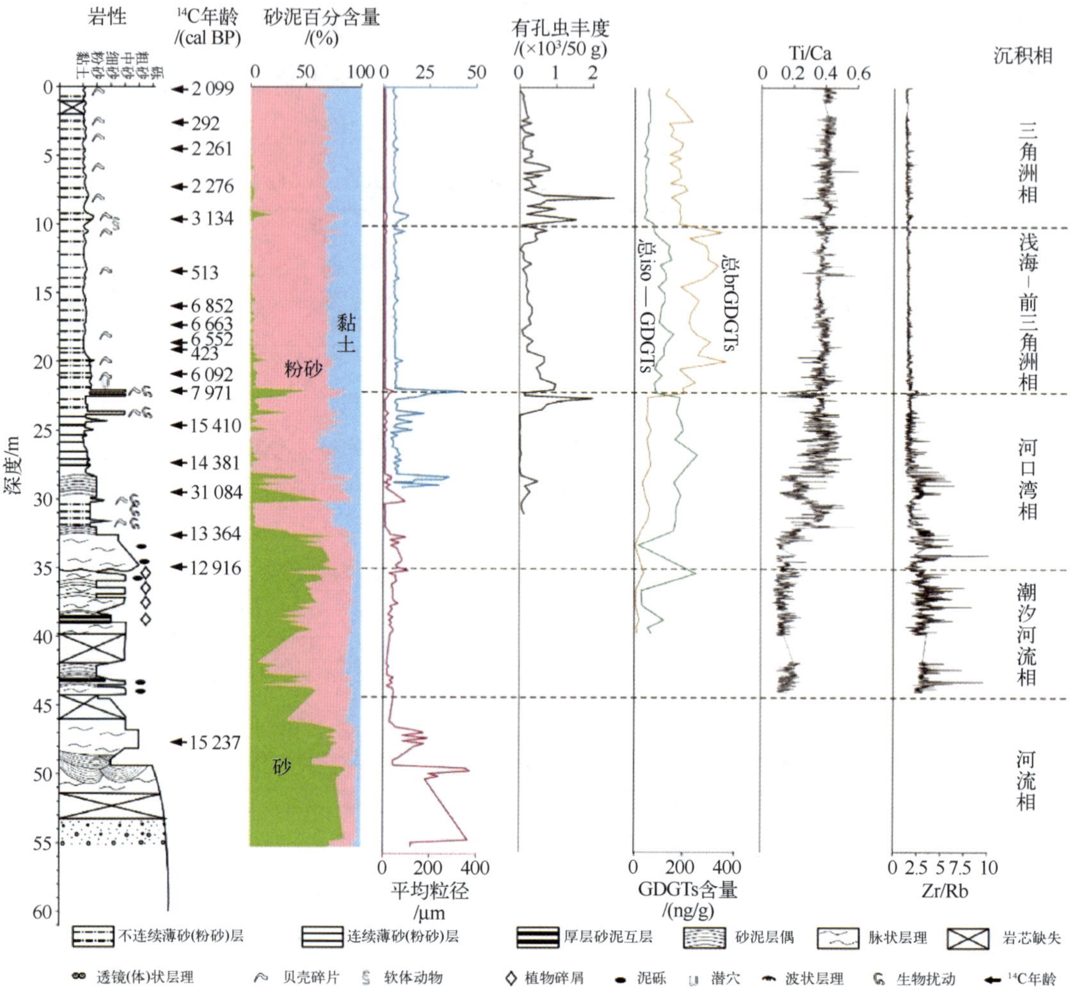

图 4-6　YD0903 孔综合柱状图

南海周边海平面数据显示(图 4-7 左)，末次冰盛期南海东部巽他陆架海平面约为-123±2 m，至 19.6 ka BP 左右海平面突然快速上升，在短短的 800 年间上升约 10 m（Hanebuth et al.，2008）。之后，海平面保持缓慢到中等的上升速率，至 14.5 ka BP 左右，由于受冰融水事件的影响，海平面开始再次快速上升，速率约为 14 mm/a。直至新仙女木事件发生，海面上升又进入缓慢期。而进入全新世以来，南海地区的海平面上升过程大致可以分为三个阶段：阶段一(9～6 ka BP)、阶段二(6～4 ka BP)、阶段三(4～0 ka BP)。阶段一期间，海平面由距现今海面-15 m 上升至+3 m，上升速率约为 6 mm/a；阶段二海平面相对稳定，基本维持在海平面 3 m 以上；而进入第三阶段海平面开始缓慢下降，并逐渐达到现今海平面高度，平均下降速率约为 0.6 mm/a（Tanabe et al., 2003）。

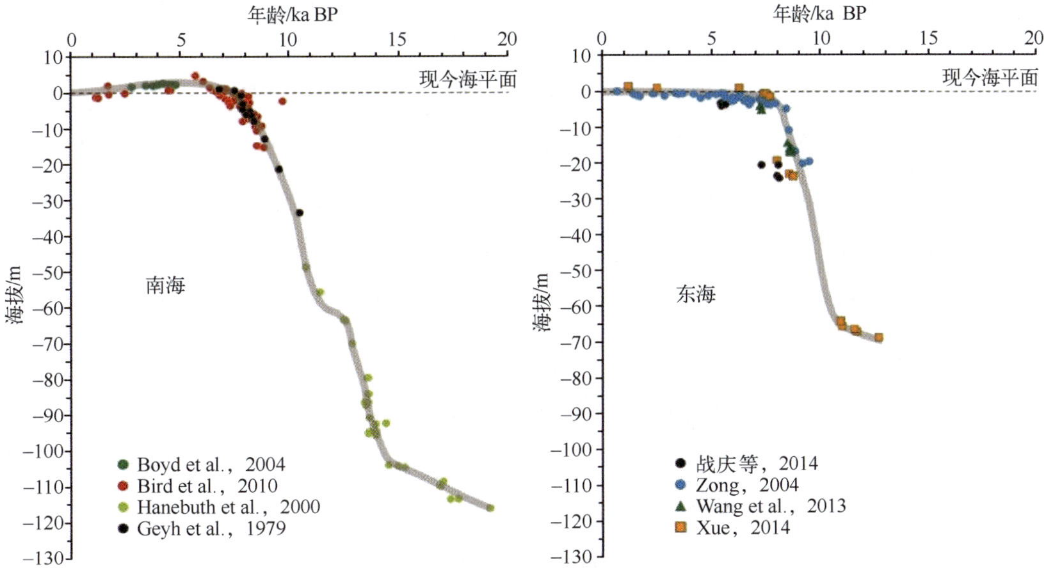

图 4-7　末次冰盛期以来海平面变化曲线及阶段划分

4.1.4　末次冰期以来长江三角洲层序地层演化特征

长江三角洲末次冰盛期后发育明显的下切河谷，冰后期层序属典型的 I 型层序。末次冰盛期以来，长江三角洲经历了由低海面到高海面半个海平面周期的沉积过程，时间跨度上只有 2 万年，据层序等级划分标准，该层序属六级层序，然而，我们更倾向于海平面旋回的高海面时期应属于氧同位素 5 期的高海面时期，因而，长江三角洲末次冰盛期以来沉积层序属五级 I 型层序。长江三角洲地区晚更新世以来，基本处于构造稳定期，整个研究区仅有微弱的沉降（Chen et al., 2000），海平面的演化控制着冰后期层序内部格局。为了重建研究区层序演化对海平面波动的响应过程，本书采用层序地层的方法进行研究（Posamentier, 1988；Allen et al., 1993；Catuneanu et al., 2006, 2009, 2011）。基于搜集到的周边地区海平面变化数据，重建了末次冰盛期以来研究区详细的海平面变化曲线（图 4-7）。通过分析钻孔中沉积相的分布规律，尤其是高分辨率的 ^{14}C 数据，识别出了层序底界面、最大海退面、最大海泛面，并据此将冰后期层序划分为低位体系域、海侵体系域和高位体系域。

1）层序界面

层序底界面是长江三角洲末次冰盛期以来沉积层序与下伏晚更新世沉积的分界面，主要为末次冰期海平面下降，古长江下切形成的不整合面，其发育时间持续到末次冰盛期(23~19 ka BP；Li et al.，2014)。研究区层序底界面可在区域范围内追踪，在三角洲平原区分两种类型，河谷区界面之上发育河床相砾石层，如钻孔CX03(图4-8)，底部砾石层与下伏细颗粒沉积物之间即为层序底界面，下伏地层测年数据显示为32.76 cal ka BP。古河间地或者古河流阶地，因河流沿河谷继续下切而暴露，常发育硬黏土层(李保华等，2010)。该界面可在水下三角洲甚至中、外陆架被追踪到，水下三角洲由于浅层生物气影响，地震数据未能很好地揭示该界面，钻孔中则有与三角洲平原区类似的特点，不整合面之上常见砾石层，常见富含铁矿斑点(覃建雄等，1998)，局部可见硬黏土层(Xu et al.，2016)；中、外陆架地震数据显示该界面为凹凸不平的侵蚀面。

此次研究所用的钻孔中，仅CX03孔和ZK02孔穿透该界面(图4-8)，有相似的沉积特征，界面之上为砾石层，界面之下则为黏土或者粉砂粒级的细颗粒沉积，两者之间存在明显的冲刷面(李保华，2005；林春明等，2016)。层序底界面所在深度由海向陆逐渐变浅，在平原河谷区界面埋藏深度集中在距现今海平面60~80 m(Li et al.，2002b)，水下三角洲区域其深度多大于90 m(Xu et al.，2016)。该不整合面在钻孔中的识别仍有很大不确定性，长江下切河谷是多次河流下切作用下的产物，在河谷就容易出现多期河流砾石层叠置，这些沉积层中往往缺乏用于定年的测年材料，因此，多数情况该界面被置于有一定厚度的细颗粒沉积与砾石层之间，而上覆砾石层是否为最新一期的砾石层尚不确定。

最大海侵面是沉积物堆积样式由低位体系域正常退积向海侵体系域进积转变的界面，也常被称为海侵面、低位体系域顶界面等(Catuneanu et al.，2011)。该界面位置仍存很大争议，有人主张将它置于河流相和河口湾相之间(Van Wagoner et al.，1990；Allen et al.，1993；Xu et al.，2016)，有人认为应放在河床沙砾沉积层的内部，以区分河流下切滞留砾石沉积和海侵早期溯源堆积形成的河床沉积，后者说法更为合理，虽然该界面在地震剖面上可以根据同相轴的终止类型加以区分，但是由于至今未有可靠的方法可以准确区分这两种沉积，所以钻孔中仍然难以确定海侵面的准确位置。

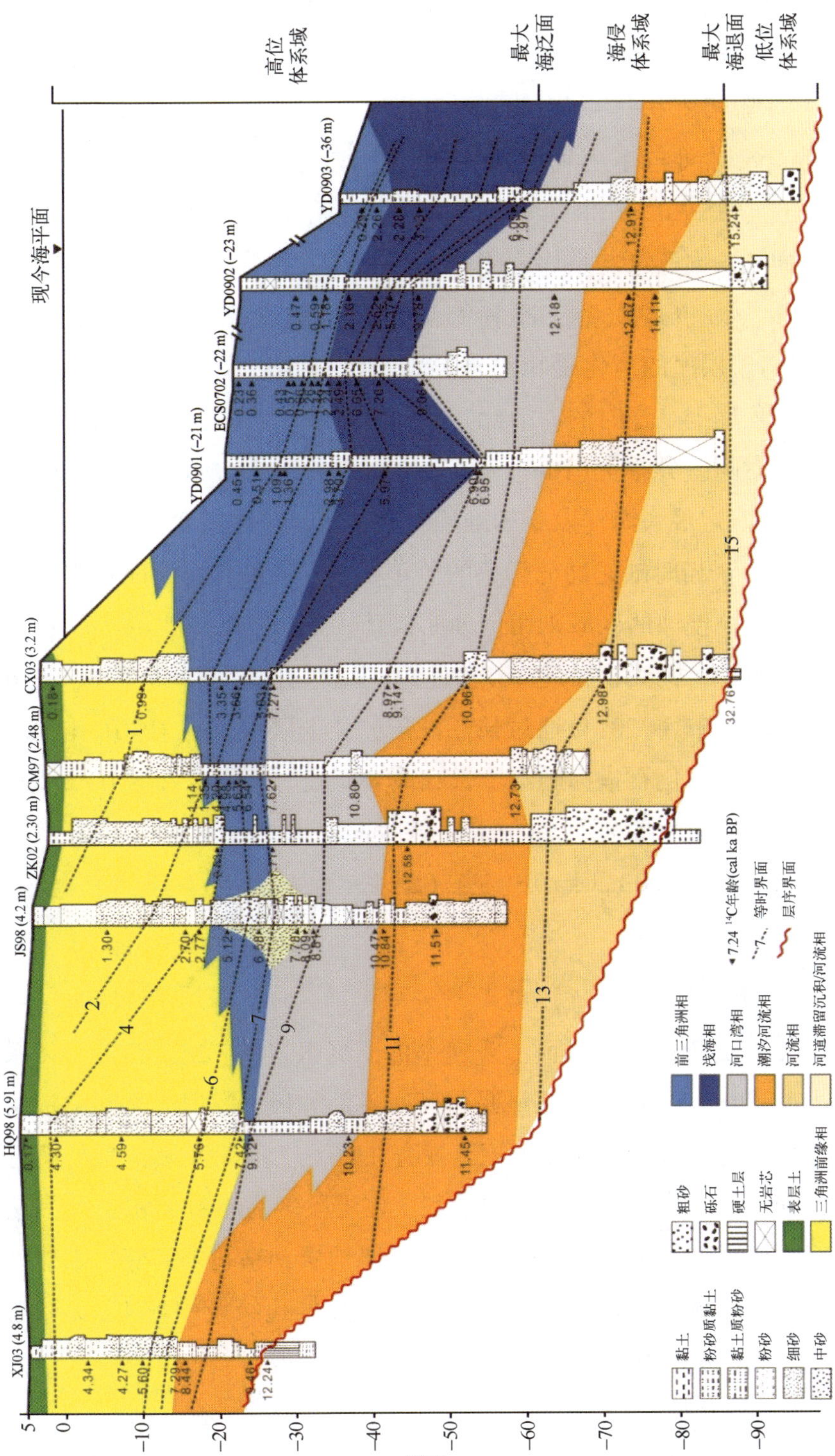

图 4-8　长江古下切河谷冰后期地层对比

本书钻孔包含高分辨率的^{14}C测年数据，当通过沉积相划分最大海退面行不通时，考虑到层序界面的等时性，试图从年龄数据上来划分最大海退面。Li 等(2014)通过东海陆架沉积体系研究，确定了 15.4 ka BP 为低位体系域向海侵体系域转化时间，该时间与本书所用的海平面快速上升阶段开始时间相吻合(图 4-7)，因此，选取 15 cal ka BP 等时界面作为最大海退面。该界面在钻孔深度 85 m 处(图 4-8)，向陆方向逐渐与层序底界面重合。

最大海侵面是海侵进积型层序和海退正常退积型层序的分界面(Catuneanu et al., 2011)，由于层序的演化是相对基准面与沉积物供应的共同结果，因此所确定的界面在一定程度上是穿时的。因此，不同学者针对不同区域研究所得出的长江三角洲最大海侵时间差异很大(Hori et al., 2001c; Li et al., 2002a; Li et al., 2014; 宋兵，2014)。要确定最大海侵发生的准确时间，还是应从三角洲顶部区域找答案。李从先等(1998)由于当时缺乏高分辨率的测年数据，将最大海泛面置于海相泥质层中，对于中段泥质被侵蚀的区域则用侵蚀面代替。正是侵蚀产生的小间断，即便有高分辨率的年龄数据，仍无法确定最大海侵发生的具体时间(图 4-8，钻孔 XJ03、HQ98 和 CX03 等)。宋兵(2014)通过长江三角洲顶部区域钻孔 HG01 孔，结合高分辨率定年数据和微生物化石指标确定了长江最大海侵时间发生在 8.0 cal ka BP，作者赞同该结论。本书最大海泛面便是采用该时间，向海区延伸可见其年龄逐渐减小，至水下区域大致在 7.0 cal ka BP 左右(图 4-8)。

2)体系域

(1)低位体系域。

18~15 cal ka BP 期间，海平面上升速率低于沉积物供应速率，低位体系域便开始发育(Li et al., 2014)。低位体系域是层序底界面和最大海退面之间的地层，研究区主要为河床滞留砾石沉积和河床沉积。发育在水下三角洲区域，为早期海平面缓慢上升引起的河流回水作用形成的溯源堆积。该层段多为粗粒沉积，大多钻孔缺乏准确的定年数据，仅在 YD0903 孔发育约 10 m 厚地层，钻孔未见底，未能确定其准确厚度。该时期低位体系域发育在冲绳海槽附近陆架边缘及斜坡上，形成斜坡扇、进积楔等沉积(Li et al., 2014)。

(2)海侵体系域。

海侵体系域位于最大海退面和最大海泛面之间，形成于 15~8 cal ka BP，该阶段海平面主要为快速上升阶段(图 4-8)，仅在 13~11 cal ka BP 期间，由于受到新仙女木事件的作用，海平面上升相对缓慢，由此在研究区自下而上发育了河流相、潮汐河流相、河口湾相和浅海相。海侵层序厚度约占末次冰盛期以来沉积层序的50%以上。海平面的快速上升超出沉积物的供应速率，导致准层序的堆叠样式以退积为主。13～11 cal ka BP 期间，海平面上升速率减缓，在 YD0902 和 CM97 孔分别发育较厚层的河口湾相和潮汐河流相，其厚度与海平面上升的高度相当，推测认为海平面上升减缓，沉积物供应充足。该时期准层序以加积为主，HQ98、JS98 和 ZK02 孔在该时期出现了含砾石砂层，表现为河流作用明显加强，陆架区域该阶段仍表现为海侵状态，但海侵速率却有明显下降(Li et al., 2014)。

(3)高位体系域。

最大海泛面之上为高位体系域，是三角洲体系的发育阶段，整个三角洲发育分为6期亚三角洲相，地层厚度约 25 m，向海有略微减薄(图4-8)。早期(8～5 cal ka BP)海平面上升速率减缓并逐渐达到现今高度并保持稳定，沉积物堆积速率缓慢，准层序主要以加积为主，但在 YD0901 钻孔中，7～5 cal ka BP 期间沉积速率却明显高于邻近其他钻孔。自 5 cal ka BP 起，准层序开始快速向海进积，4～3 cal ka BP 研究区几乎不发育地层，而 2 cal ka BP 向海进积速率达到最大。钻孔揭示了该层序包含沉积相类型有：浅海相、三角洲前缘相、河口沙坝相、三角洲潮坪相、表层土和潮流沙脊相，其中，潮流沙脊相仅出现在钻孔 JS98 孔中(Hori et al., 2002)，厚度约 15 m。

3)层序地层演化过程分析

(1)层序底界面的形成(18 cal ka BP 以前)。

末次冰期海平面下降到低于现今海面约 135 m(Li et al., 2014)，长江三角洲地区以及东海陆架大部分区域暴露地表，遭受侵蚀或成土作用。在古长江的侵蚀下，研究区形成了宽 60～70 km，深 60～90 m 的下切河谷(Li et al., 2000)和多期次的河流阶地。此时，长江三角洲地区及东海陆架处于大范围侵蚀状态，古长江将大量沉积物输送到冲绳海槽附近堆积(Li et al., 2014)，形成强制海退体系域。古河间地及河流阶地因长时间的风化作用，普遍发育硬黏土层(陈报章等，1991；Li et al., 2002a)。对比来看，古河谷主要为河流侵蚀形成的滞留砾石沉积，如 CX03 和 YD0902 钻孔底部的砾石层(图4-8)。

(2)低位体系域的形成(18～15 cal ka BP)。

18～15 cal ka BP 以来，海平面开始以较小的速率上升，诱发河流均衡剖面发生调整，首先在下切河谷内形成可容空间，河床开始由侵蚀转变为沉积，在砾石层上堆积中–粗砂质的河床相沉积。李从先等(1998)认为，该古河谷充填机制是基准面变化引起的回水作用导致的。因此，研究区开始逐渐发育典型河流沉积体系，包括河床(点坝、心滩等)、河漫滩等沉积相，古长江下切河谷开始被逐渐充填。

(3)海侵河口湾体系的演化(15~8 cal ka BP)。

海侵体系域的演化受控于海平面变化，大致划分为三个阶段：海平面快速上升Ⅰ期(15~12.9 cal ka BP)、海平面缓慢上升期(12.9~11.2 cal ka BP)和海平面快速上升Ⅱ期(11.2~8 cal ka BP)。随着海平面的上升，古河谷逐渐被海水覆盖，沉积环境从先前的河流相转变为半封闭的潮控型河口湾(Li et al., 2000; Xu et al., 2016)。沉积相充填自下而上为河流相、潮汐河流相和河口湾相。

15~12.9 cal ka BP为海平面快速上升阶段，YD0903钻孔中测年数据显示14.8 cal ka BP潮汐作用开始影响研究区古下切河谷。14.8~13 cal ka BP，海侵到达并淹没水下三角洲区域钻孔，该阶段为快速海侵期，对应于冰融水事件MWP-1A，仅受到1.8 ka潮汐作用影响便从YD0903延伸至CX03附近，由此推算海岸线向陆推进速度可达71.9 km/ka。期间，三角洲平原区钻孔以含砾石中、粗砂质河流相沉积为主(图4-8)，如ZK02和CX03钻孔底部沉积，YD系列钻孔开始发育潮汐河流相，局部发育河口湾相，表明该阶段末海岸线基本已经到达研究区。12.9 cal ka BP受新仙女木事件的影响，海平面转为缓慢上升阶段，期间海平面上升约15 m。YD0901钻孔在该阶段分别发育厚层潮坪沉积，而CX03孔该时期沉积厚度达20 m，与海平面上升高度和潮差之和相当，推测该时期海平面上升缓慢，沉积物堆积速率不断赶上海平面上升速率，是连续加积的产物。此外，在HQ98、JS98和ZK02钻孔中，都发育厚度不等的含砾石中粗砂沉积层，砾石含量可达15%(Hori et al., 2002；林春明等，2016)，属河流相沉积，推测认为海平面上升减缓，加之气候等因素引起河流负载能力明显增强，将砾石层输运至研究区并发生堆积。该时期XJ03孔依旧处于古河流阶地之上，遭受风化剥蚀，发育硬黏土层。

新仙女木事件之后，冰融水事件MWP-1B促使海平面再次进入快速上升阶段，海平面由11.2 cal ka BP约-58 m快速上升至8 cal ka BP的-8 m左右，海侵达到最大(宋兵，2014)。古河谷及古河间地被海水淹没，形成以镇江—扬州为顶点的古河口湾，该阶段钻孔主要发育河口湾相沉积。9 cal ka BP等时界面发现，ECS0702 孔和 YD0902 孔该时期地形明显高出周围区域(图 4-8)，通过岩芯分析结合海平面变化数据，推测该钻孔为潮流沙脊沉积，结合古河口湾潮流模拟结果(朱玉荣，1999)，提出古河口湾口门外存在辐射沙脊的沉积相模式。据此认为，长江古河口湾沉积相平面演化模式大致由陆向海为河流相、潮汐河流相、河口湾潮坪相、河口湾湾顶潮流沙脊相、河口湾中部细粒沉积相和口门外潮流沙脊相。其整体相模式类似于现今钱塘江河口湾相模式(Fan et al.，2012)，不同的是河口湾口门附近，在潮流作用的改造下，发育辐射状的潮流沙脊。证实了 Hori 等(2001c)提出的长江古河口湾口门外可能发育潮流沙脊的沉积模式。

(4)三角洲体系的演化(8 cal ka BP 以来)。

约 8 cal ka BP 古河口位置退至镇江—扬州一带，海平面上升速率明显减小，长江携带来的巨量沉积物堆积于此，其堆积速率远远超过海平面上升所创造的可容空间速率，从此长江三角洲开始发育。长江三角洲的发育是以多期次的亚三角洲依次排列组合而成。长江携带大量物质入海，在河口区堆积形成河口沙坝，长江又是中等强度的潮汐河口，由于科氏力的作用，长江口涨潮流偏北，落潮流偏南，加之河流作用，北汊道逐渐被废弃，与北岸相连形成三角洲平原，南汊道成为主要流路并发育新一期河口沙坝。按照这样的模式，自最大海侵以来，长江三角洲共发育了 6 期亚三角洲：红桥期、黄桥期、金沙期、海门期、崇明期和长兴期。

通过各期次沙坝钻孔精确的^{14}C 数据分析，确定了各期次沙坝发育的时间大致为：红桥期(7.3~4.0 cal ka BP)、黄桥期(7.3~4.3 cal ka BP)、金沙期(5.5~1.3 cal ka BP)、海门期(2.6~1.0 cal ka BP)、崇明期(1.2~0.2 cal ka BP；张军宏等，2009)和长兴期(1 cal ka BP 至今)。从其演化年龄可见，红桥期与黄桥期几乎同时发育，与理论上不同期次的亚三角洲相年龄应有老有新相矛盾，推测认为古河口湾面积宽广，又属于强潮型河口，在潮汐作用下，河口区同时发育多个河口沙坝(Choi et al.，2004)。然而，同样的数据宋兵(2014)认为红桥期应发育在 6~5 cal ka BP，此外，劳金秀(2009)通过研究该区域钻孔，发现红桥期所处的位置在全新世中期形态上类似于古河道沉积，可能为支流汇入长江的通道，这就引发了对红桥期具体发育时间或者红桥期沙坝是否存在的讨论。想解决该问题还需要进一步研究。

另外值得提出的是 JS98 钻孔，8 cal ka BP 开始发育厚约 15 m 的河口沙坝相沉积。李保华等(2010)认为该潮流沙脊为古河口湾向三角洲转化的伴生产物；黄慧珍(1981)认为长江三角洲演化过程中，其北侧近岸有伴生潮流沙脊出现；赵娟等

(2004)研究认为长江古河口湾发育有潮流沙，只是由于河流后期强烈的改造作用，未能完好保存。由此，结合钻孔沉积相分析和现代长江口沉积特征分析，提出长江三角洲演化平面相模式，类似于 Choi 等(2004)提出的潮控型三角洲沉积相模式，不同的是长江口并非简单的潮控型三角洲，河口区河流作用同样较强，三角洲前缘河口沙坝形态较为单一。

结合三角洲层序划分和演化模式，对长江三角洲高海面以来演化过程进行简单讨论。长江三角洲高位体系域早期海平面上升速率减缓，沉积环境由河口湾开始向三角洲转变，至 6 cal ka BP 地层主要以加积或略微的进积为主。该期间在河流以及潮汐作用下，钻孔中普遍存在沉积小间断，时间间隔普遍在1 500~2 000 a，而在 YD0902 孔中，该间断持续将近 4 000 a。6 cal ka BP 开始三角洲明显向海推进，至 4 cal ka BP 前三角洲退至现今河口区的位置。4~3 cal ka BP，几乎所有钻孔中都没有发现沉积物堆积，仅在 CX03 孔发育 5 m 左右的沉积，从沉积相分析认为这些沉积物可能是沿岸流带来的。从 2 cal ka BP 以后，三角洲快速向海进积，JS98 在1 cal ka BP已演化成陆，三角洲前缘快速推进得更为明显。Hori 等(2003)研究发现，自 6 ka 以来三角洲前缘平均推进速率约 50 m/a，而 2 ka 以来推进速率可达 83 m/a。水下三角洲区域钻孔 1 cal ka BP 以来沉积速率较钻孔中任一时期都高。

4.2 长江水下三角洲和东海内陆架沉积演化

4.2.1 末次冰盛期侵蚀界面界限

末次冰盛期时，海平面下降 120~125 m，陆架暴露，河流侵蚀基准面降低，受古长江下切作用，在长江三角洲地区形成了具有层序界面意义的侵蚀界面 SB_1(图 4-9)，宽 60~70 km，下切深度 60~90 m，呈“U”形或“V”形侵蚀下伏地层，可较好地连续追踪。Wellner 等(2003)绘制了末次冰盛期时长江古河谷的范围(图 4-10)。王张华等(2008)通过数百个钻孔末次冰盛期标志性地层的识别，即第一硬土层及下切古河谷中的河道滞留相沉积，重建了长江口末次冰盛期的古地形。

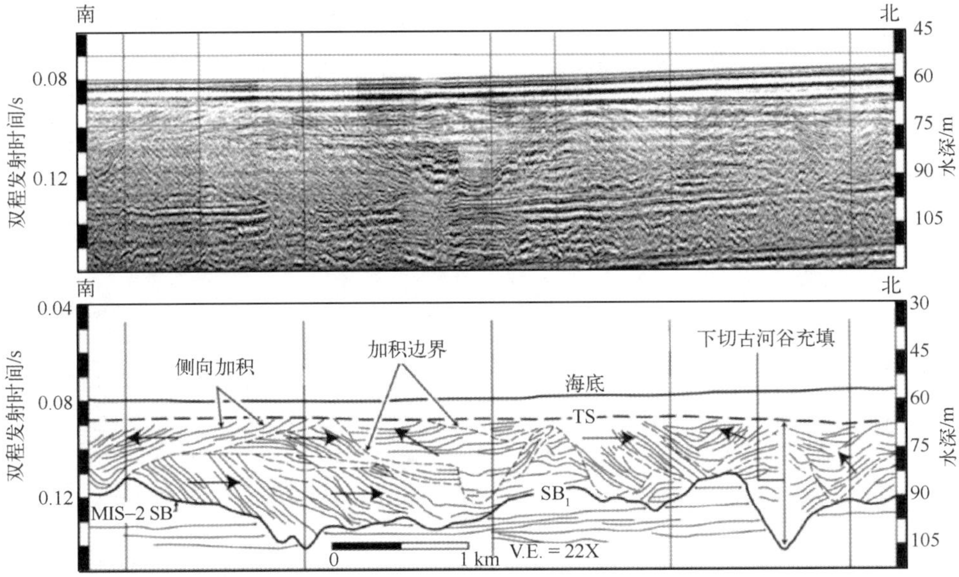

图 4-9　长江三角洲地区末次冰盛期 SB_1 层序界面

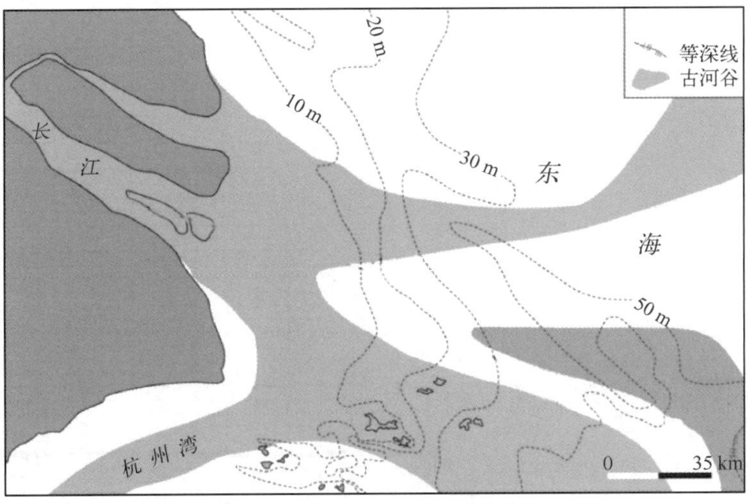

图 4-10　末次冰盛期长江古河谷范围(灰色区域)(Wellner et al., 2003)

4.2.2　晚更新世—全新世层序地层框架

晚更新世以来，长江三角洲地区层序地层演化经历了两个沉积过程，氧同位素 5 期(MIS5)至末次冰盛期(MIS2)的强制海退过程和 MIS2 以来的海侵-海退过程，分别形成了强制海退体系域和低位体系域-海侵体系域-高位体系域层序。

长江三角洲地区高分辨率浅地层剖面的上部(二次波之上的地震反射资料，其双程反射时间大多不超过 80 ms)，地震层序显示 4 个主要的地震反射界面(从上到下定名为 T0~T4)，这些界面在调查区为连续分布或被切削，在全区可追踪；这些地震界面之间的地震单元从上到下命名为 SU1~SU5(图 4-11 至图 4-16)。

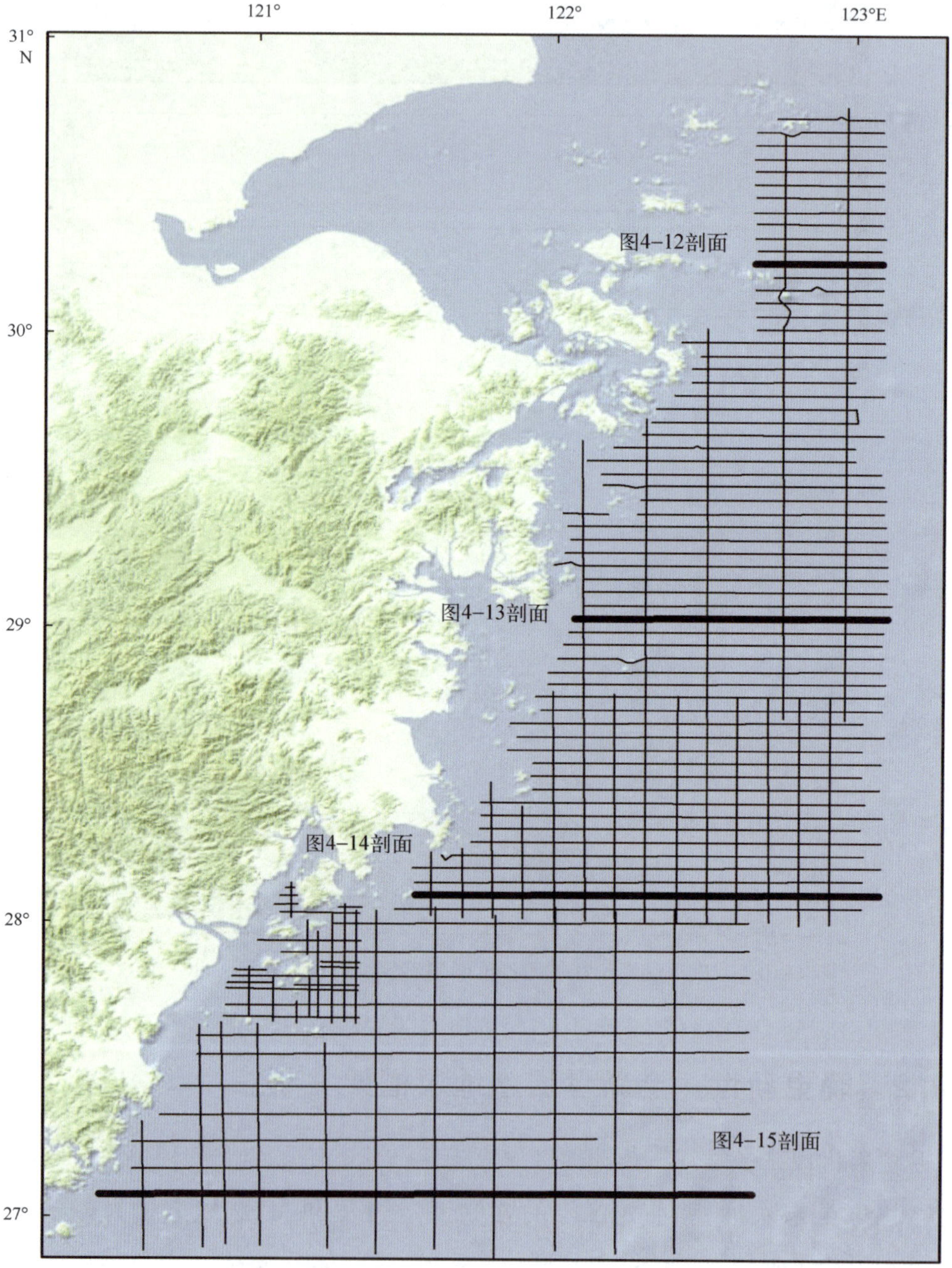

图 4-11　研究区浅地层剖面测线和典型剖面位置

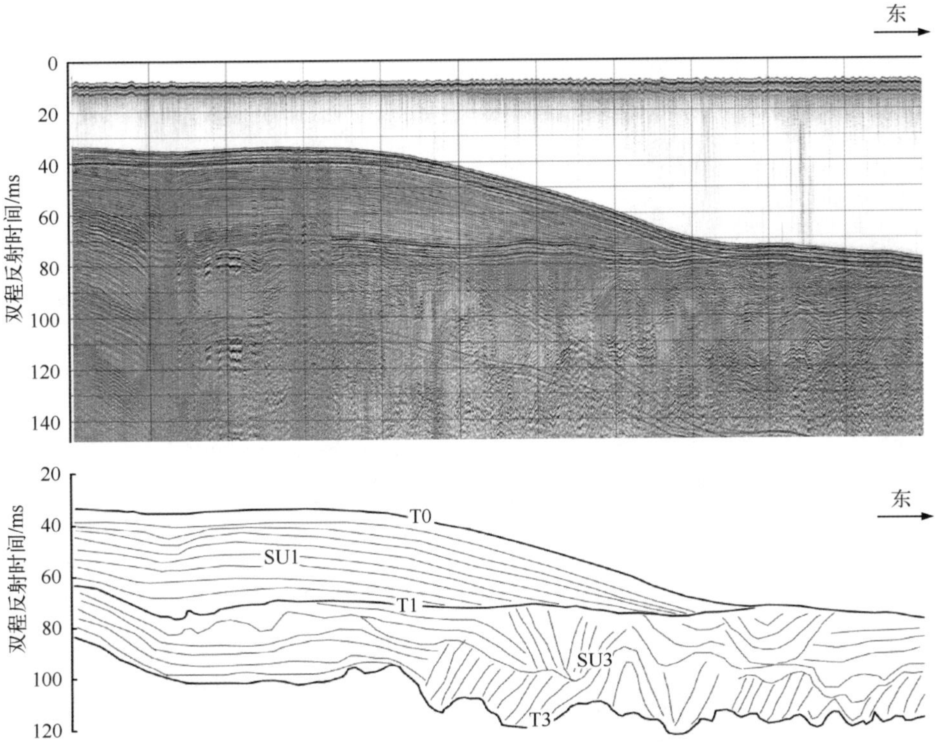

图 4-12　长江三角洲地区 WE 向浅地层剖面 a

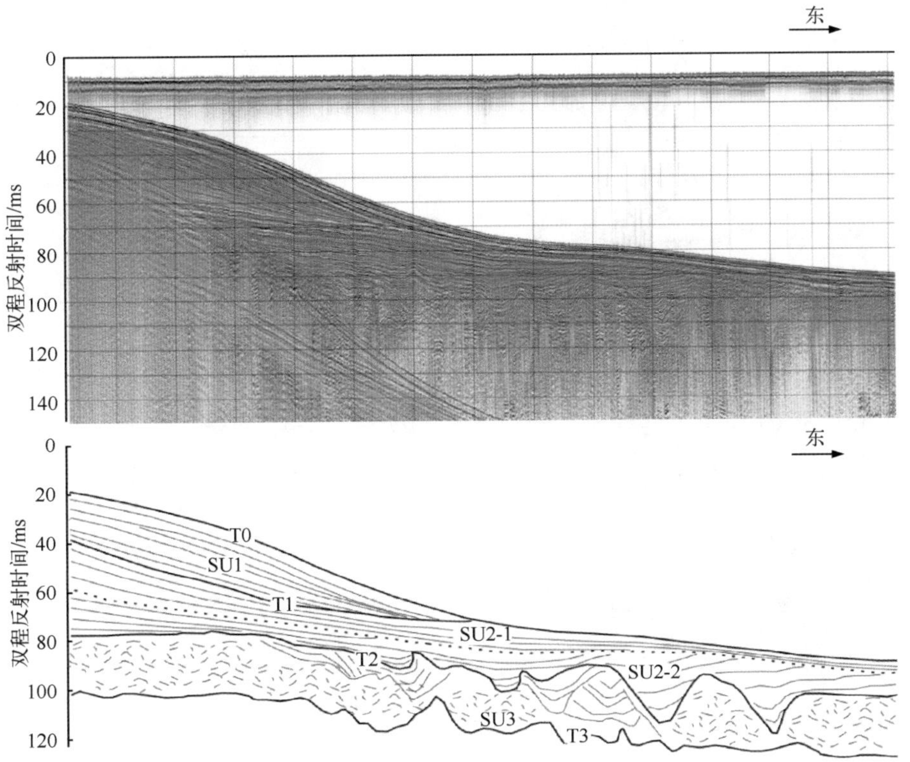

图 4-13　长江三角洲地区 WE 向浅地层剖面 b

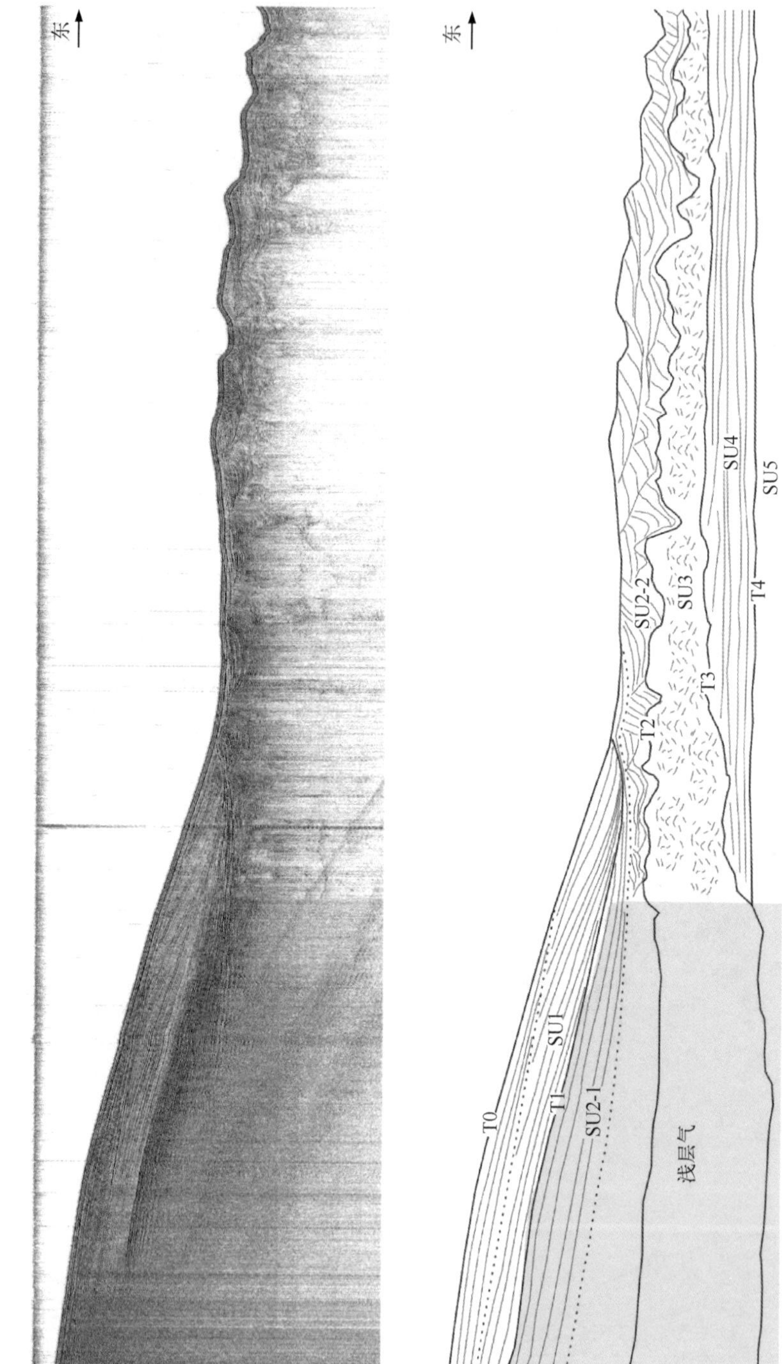

图4-14 长江三角洲地区WE向浅地层剖面c

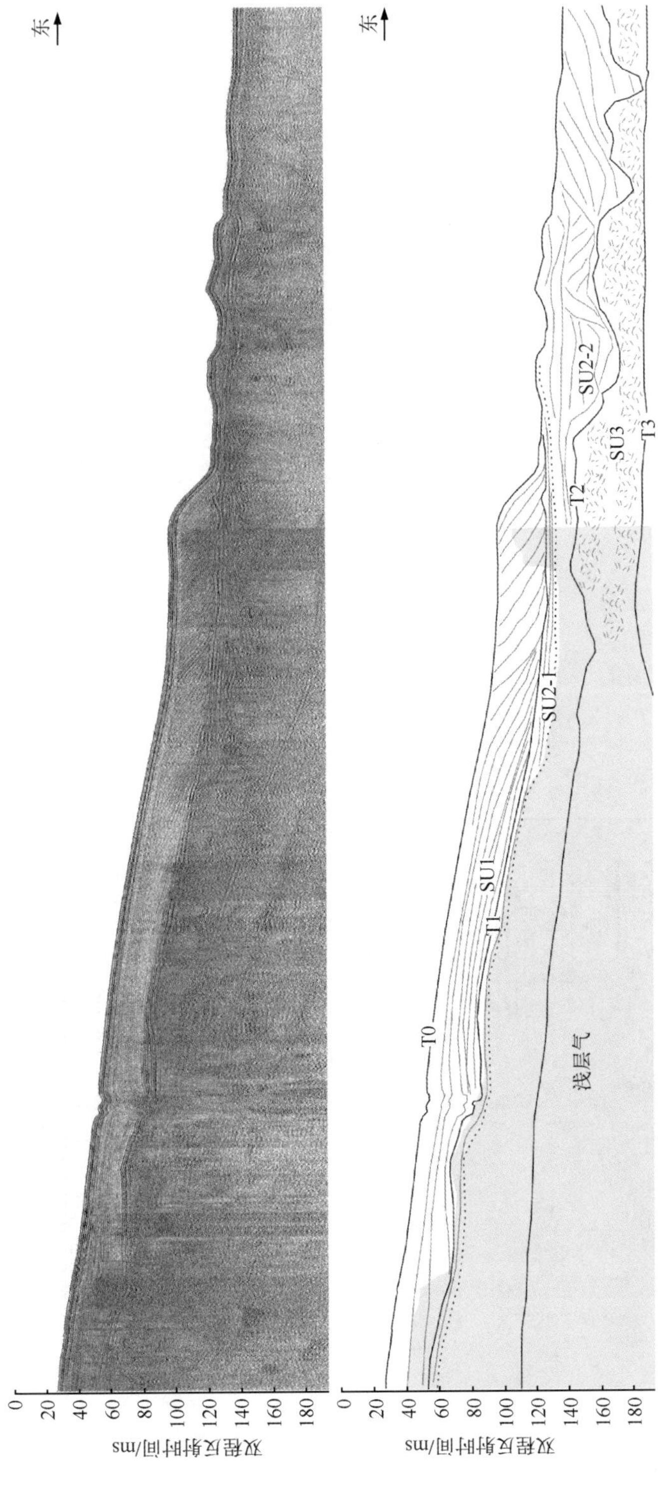

图 4-15　长江三角洲地区WE向浅地层剖面d

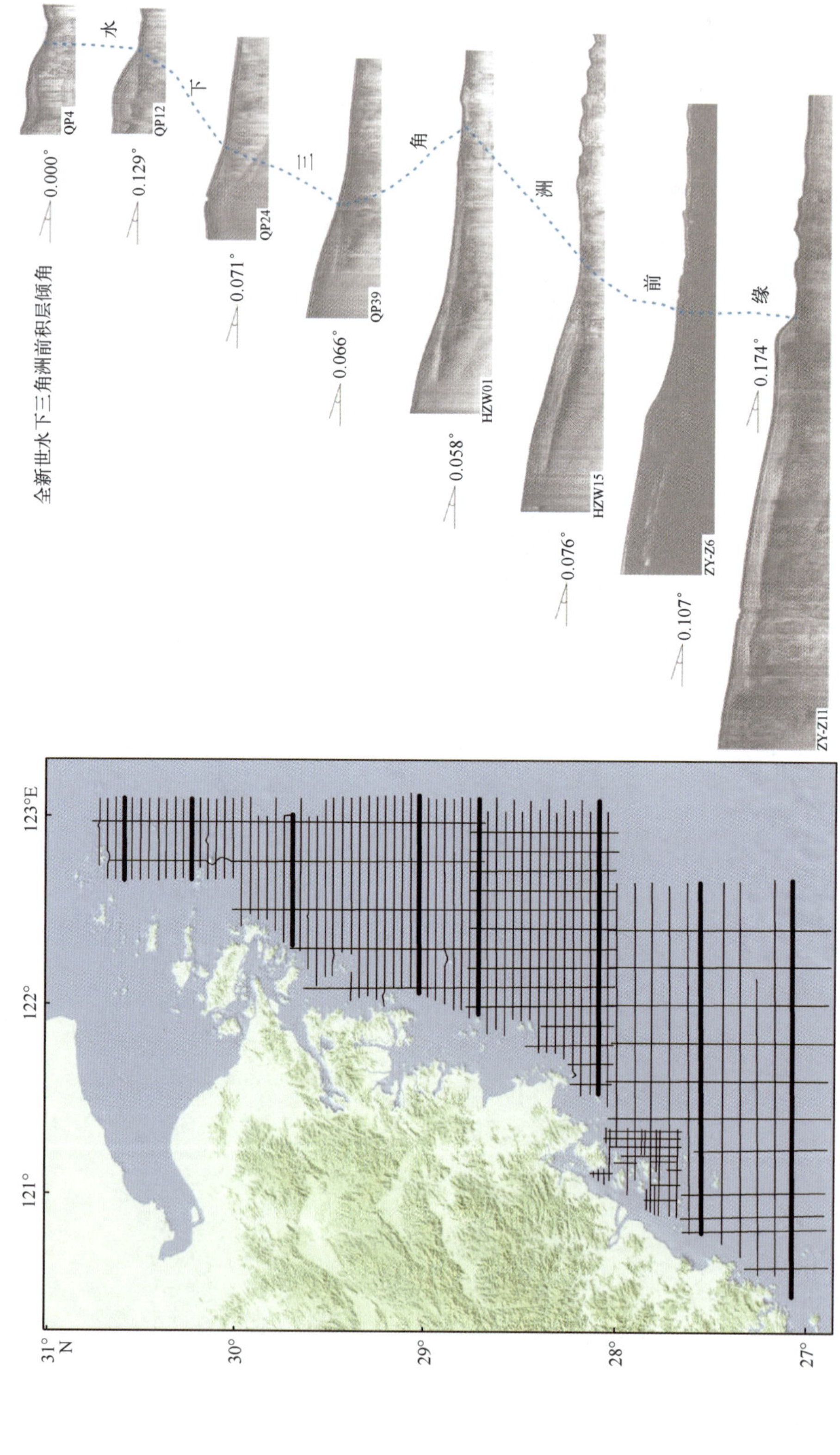

图 4-16　长江三角洲地区从北向南典型剖面和全新世水下三角洲前积层倾角变化

SU5：位于T4之下，主要显示杂乱的地震反射结构。T4为一个中等振幅、在研究区内有所起伏的侵蚀面，它削截SU5顶部的地层。

SU4：位于T3和T4之间，以中-高振幅近似水平-微起伏的水平反射层为主，夹有不规则的杂乱反射层，其厚度大多变化于20~30 m。T3是一个高振幅、起伏明显的侵蚀面，常下切于SU4之中。

SU3：位于T3和T2之间，显示明显的杂乱反射结构，其厚度大多变化于5~30 m。T2为一中-高振幅、起伏明显的侵蚀面。根据区域对比，SU3被解释为末次冰期晚期(主要是氧同位素3期中—晚期至氧同位素2期)海岸带-陆架下切河谷充填-河道沉积。

SU2：位于T2和T1之间，大多可划分为上部的SU2-1和下部的SU2-2两个亚地震单元，它们之间被一侵蚀面分开。SU2-2由下部的多个相互切割的反射层组(下切河谷顶部的充填沉积)和上部的近似水平、向陆地方向超覆的反射层构成，代表了MIS2晚期至早全新世的海侵沉积，厚度一般为2~20 m。SU2-1显示向东-东南或向西倾斜的反射层，其倾角大多小于5°，在横向上SU2-1可以向东追索到研究区东部的潮流沙脊-沙席，厚度一般5~15 m。T1为一中等振幅的侵蚀面。

SU1：位于T1和T0(海底)之间，对应于泥质沉积，其内部发育向东-东南倾斜的反射层，其倾角从北向南先变小后变大，杭州湾外厚度较薄处，反射层近似水平，厚度较大处，倾角可达0.129°，倾角向南逐步变小，在瓯江口外减小到0.058°，而后向南开始变大，研究区最南端为0.174°。SU1总体上呈楔形：在研究区的近岸部分最厚，最大厚度超过40 m，其向远岸方向厚度变薄，在研究区的东部变薄至3 m以内。

4.2.3 末次冰盛期以来地层层序、海平面升降和下切河谷形成关系

下切河谷的形成和充填与海平面变化、气候控制的输沙量、沉积物补给和陆架地势都有直接的关系。末次冰盛期前海平面下降，长江河流侵蚀基准面降低，河流下切，下切河谷开始形成和发育。海平面下降至最低位置后，河流摆动，巨大的下切河谷形成，其底部可能存在薄层的滞留沉积(含沙砾层)。末次冰消期海平面上升，长江下切河谷开始充填，依次形成河床-河漫滩相沉积、河口湾相沉积和三角洲相沉积。

1) 下切河谷形成阶段

26~18 ka BP，海平面从现今海平面以下 40~90 m 下降到最低 120~125 m，距离现代海岸线约 550 km，海平面下降速度超过 1.6 cm/a，海岸线向海推进速度约 80 m/a。陆架暴露，在河间地形成了古土壤层。在长江古河谷中，由于河流的下切作用形成的层序界面 SB_1，是一个不整合面，最大下切深度 60~90 m。期间气候由温热变为干冷，河流输沙量和搬运能力下降，降低了河流的侵蚀能力。盛冰期时，气候相对变暖和中国内陆冰川融水使得下切河谷中河流的侵蚀和搬运能力增强，但平坦的陆架地形又阻碍了河流向海的下切作用，河流开始摆动，侧向侵蚀和堆积，单个的下切河谷形成巨大的下切河谷体系，最宽超过 330 km。在下切河谷底部可能保留了薄层的河流滞留沉积，属于低位体系域。

2) 下切河谷充填阶段

18~11 ka BP，海平面开始以较小的速率上升，河流均衡面发生调整，首先在下切河谷内形成可容纳空间。入海河流的纵比降减小，出现回水，使得河流流速降低，发生沉积，这种沉积作用溯河而上，形成溯源堆积。下切河谷开始由侵蚀转变为沉积，这种沉积作用主要发生在下游河段的河谷内，两侧的河间地仍暴露于地表，处于持续成壤阶段。14.8~13 ka BP，海平面快速上升，溯源堆积形成的河流纵剖面依次叠置，沉积物以退积作用为主，造成向上变细的河流层序，由于溯源堆积超过涨潮流影响的范围，河床砂质沉积物中一般不含海相微体化石。随着海平面上升，河口逐渐向陆移动，海洋因素的影响逐渐向陆延伸，河漫滩沉积中出现某些海相微体化石，同时发育典型的潮汐纹层。受海影响的河漫滩沉积向上逐渐转化为河口湾沉积。随着水深增大，泥质纹层加厚，砂质纹层变得薄而稀疏。下切河谷充填期间形成的河床-河漫滩相沉积是海平面上升引起的，发生在海侵期间，因此属于早期海侵体系域，沉积作用以加积、退积叠置为主。海平面上升较慢时，以加积作用为主，海平面上升较快时，以退积叠置为主。

3) 河口湾形成

11~8 ka BP，海平面继续上升，海水漫出古河谷，形成早期河口湾。古河间地逐渐被海水淹没，古土壤层相继停止发育，开始早期成岩作用。当海侵到达最大范围时，形成以镇江、扬州为顶点的长江巨大河口湾。在此期间，形成河口湾相沉积，属于晚期海侵体系域。随着海平面上升速率减小，河口沉积率超过海平面上升速度，三角洲开始发育，形成三角洲相沉积，属于高位体系域。

4.2.4　晚更新世—全新世河口三角洲发育过程

本工作自开展以来，先后对东海陆架 12 个浅钻开展了综合分析研究工作，这里选取其中 4 个代表性钻孔(D02 孔、D03 孔、D04 孔和 D05 孔)分别进行详细描述。

4.2.4.1　D02 孔

D02 孔，坐标 29°20′31.87″N，122°26′51.50″E，位于浙江中部海域，水深 28.4~31.2 m，岩芯长 41.2 m。

利用岩芯沉积物中的有孔虫、较完整的贝壳和螺进行 AMS^{14}C 测年，一共获得了 5 个样品的测年结果(表 4-2)。

表 4-2　D02 孔 AMS^{14}C 年龄

深度/m	材料	^{14}C 年龄/(a BP)	日历年龄/(a BP)
8.12	混样	1 180±30	654(550~737)
12.02	压扁卷转虫	1 250±30	711(630~821)
14.75	混样	1 310±30	767(672~884)
17.73	混样	1 890±30	1 347(1 260~1 475)
21.38	压扁卷转虫	7 670±30	8 042(7 942~8 153)

根据 D02 孔岩芯沉积特征，其沉积序列可划分为 4 个沉积单元。从上到下依次为 DU1(0~18.75 m)、DU2(18.75~21.6 m)、DU3(21.6~31.6 m)和 DU4(31.6~40.2 m)(图 4-17)。

1)DU4(31.6~40.2 m)

主要以灰色、灰黄色细砂为主，夹粉砂条带，未见砂质贝壳碎屑和明显层理。本单元不含微体古生物化石，为陆相沉积。根据邻近钻孔建立的地层框架，本单元为低海平面的河流相沉积，大致对应 15.4~12.9 ka BP。

2)DU3(21.6~31.6 m)

上部(21.6~24.5 m)以灰色、灰黄色细砂为主，夹粉砂透镜体，颗粒相对较粗，中下部(24.5~31.6 m)以灰色粉砂为主，夹较多细砂透镜体和细砂条带。偶见

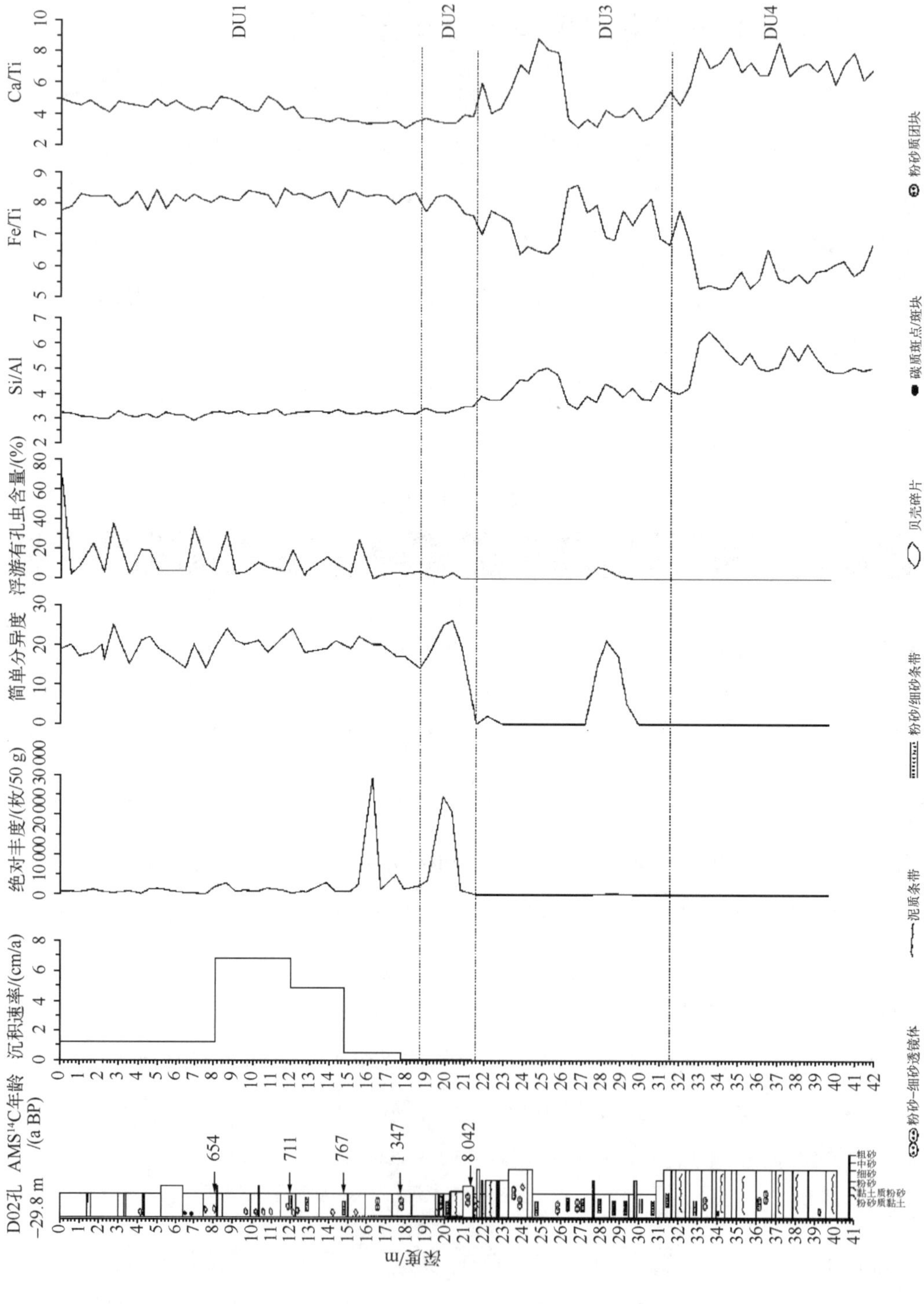

图 4-17 D02孔岩芯综合柱状图

贝壳碎屑，无明显生物扰动痕迹。本段基本不含底栖有孔虫，仅在 27.75~29.35 m 层段出现少量底栖有孔虫，绝对丰度较高，每 50 g 干样中个体数平均为 169 枚，最多达 270 枚。简单分异度较低，平均 14。浮游有孔虫的百分含量非常高，从 50.00%至 88.89%，平均 73.26%。

27.75~29.35 m 层段有孔虫组合以 *Cavarotalia annectens*、*Spiroloculina communis* 和 *Ammonia beccarii* vars. 占优势，平均含量分别为 39.11%、13.03%和 10.88%，其他常见种为 *Elphidium advenum*、*Ammonia beccarii* 和 *Cribrononion subincertum*，平均含量分别为 6.76%、5.71% 和 3.51%。

27.75~29.35 m 层段有孔虫组合中出现较多的广盐种 *Cavarotalia annectens*，中陆架种 *Spiroloculina communis*，浅水种 *Ammonia beccarii* vars.，沿岸水代表种 *Elphidium advenum*。根据测年结果和邻近钻孔揭示的沉积环境，本单元应为 12.9~8.0 ka BP 时期形成的河流相沉积，底部和顶部粒度突然变粗可能是受新仙女木事件(12.9~12.3 ka BP)和 8.2 ka BP 冷事件(8.4~8.2 ka BP)影响。27.75~29.35 m 层段可能是因受到当时海侵影响形成。

3) DU2(18.75~21.6 m)

上部以灰色黏土质粉砂为主，岩性均一，下部转为黏土质粉砂夹粉砂透镜体或细砂条带，颗粒变粗，偶见贝壳碎屑，无明显层理和生物扰动痕迹。本层底栖有孔虫绝对丰度含量最高。每 50 g 干样中平均有孔虫个体数 12 517 枚，最多达 24 622 枚。简单分异度很高，平均值为 22。浮游有孔虫的百分含量非常低，平均 1.89%。

该段底栖有孔虫组合以 *Elphidium advenum*、*Florilus scaphus*、*Ammonia maruhasii* 和 *Ammonia compressiuscula* 占优势，平均含量分别为 13.25%、9.17%、8.56% 和 8.37%，其他常见种为 *Planulina wuellerstorfi*、*Ammonia pauciloculata*、*Quinqueloculina lamakeriana*、*Ammonia beccarii* vars.、*Florilus atlanticus* 和 *Quinqueloculina akneriana*，平均含量分别为 6.71%、5.12%、4.81%、3.86%、3.28%和 2.96%。

该阶段有孔虫组合中浮游有孔虫含量较高，底栖有孔虫中出现较多的沿岸水代表种 *Elphidium advenum*，低盐沿岸水代表种 *Florilus scaphus*，中陆架种 *Ammonia compressiuscula*，温带广温种 *Ammonia maruhasii*，推测该段为内陆架浅水环境，局部段落可达到中陆架环境，但环境波动较大。根据本层位测年结果和邻近已有钻孔成果，推测该层主要形成于距今 8.0~2.0 ka BP 的浅海环境。

4) DU1(0~18.75 m)

以灰色黏土质粉砂为主，颗粒极细，偶见粉砂条带和贝壳碎片，无明显层理和生物扰动痕迹。底栖有孔虫绝对丰度在本单元含量最高。每 50 g 干样中平均底栖有孔虫个体数为 2 229 枚，最多达 29 184 枚，最低 93 枚。简单分异度较高且相对稳定，平均值为 19。本单元浮游有孔虫的百分含量最高，平均 12.4%。底栖有孔虫以玻璃质壳类的轮虫亚目占绝对优势；其次为瓷质壳，大多在 20%以上，含量最高的样品为 37%；胶结质壳含量也较高，平均在 10%左右。轮虫亚目中又以螺旋壳类为主，平旋壳类很常见，列式壳含量相对较低，大多在 15%以下，瓶虫类含量最低，均在 2%以下。

该段底栖有孔虫组合以 *Ammonia maruhasii*、*Elphidium advenum*、*Quinqueloculina lamakeriana* 和 *Ammonia paucicloclata* 占优势，平均含量分别为 15.96%、14.09%、12.72%和 9.27%，其他常见种为 *Florilus scaphus*、*Cribrononion vitreum*、*Ammonia compressiuscula*、*Sigmoilopsis asperula*、*Elphidium magellanicum* 和 *Protelphidium tuberculatum*，平均含量分别为 7.74%、6.57%、5.40%、4.54%、2.55%和 2.35%。其他较少见的属种有 *Lagena* sp. 和 *Glandulina ovula* 等，这些属种主要见于滨海和陆架浅水地区。

该阶段有孔虫组合中出现较多的广温种 *Ammonia maruhasii*，沿岸水代表种 *Elphidium advenum* 和 *Ammonia paucicloclata*，暖水种 *Quinqueloculina subungeriana*，推测为受海水和沿岸流交互影响的陆架浅水环境，环境变化较为复杂。根据测年结果，本层主要是 2 ka BP 以来受人类活动影响显著的浅海沉积。

4.2.4.2 D03 孔

D03 孔，坐标 27°53′41.72″N，121°47′55.95″E，位于浙江中部海域，水深 41.3~44.1 m，岩芯长 41.2 m。利用岩芯沉积物中的有孔虫、较完整的贝壳和螺进行 AMS^{14}C 测年，一共获得了 12 个样品的测年结果(图 4-18，表 4-3)。

根据 D03 孔岩芯沉积特征，其沉积序列可划分为 4 个沉积单元。从上到下依次为 DU1(0~4.25 m)、DU2(4.25~20.2 m)、DU3(20.2~32.9 m)和 DU4(32.9~41.2 m)(图 4-19，图 4-20)。

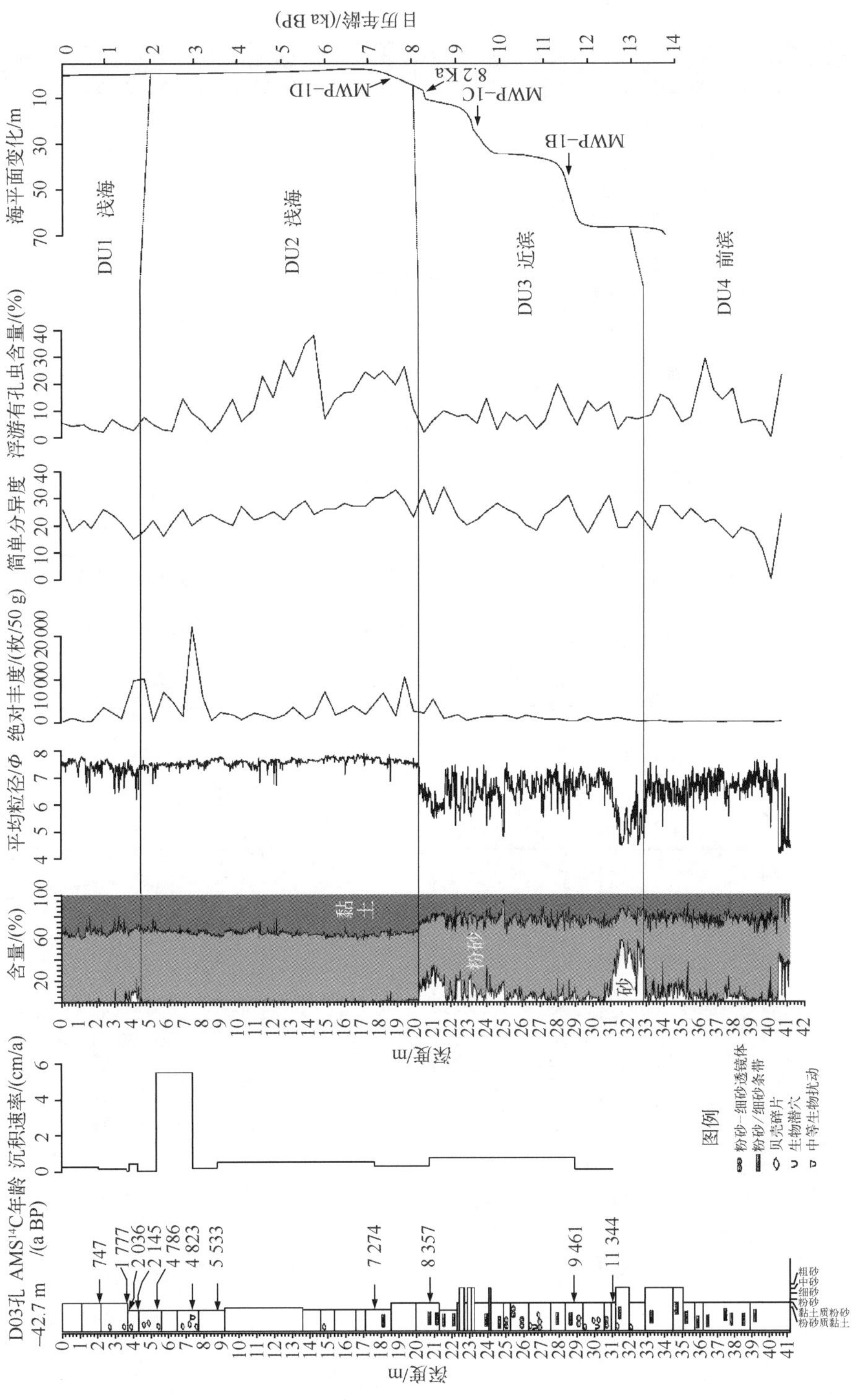

图 4-18　D03孔岩芯综合柱状图

表 4-3　D03 孔 AMS^{14}C 年龄

深度/m	材料	^{14}C 年龄/(a BP)	日历年龄/(a BP)
2.07	压扁卷转虫	1 290±30	747(660~870)
3.67	螺	2 270±30	1 777(1 635~1 897)
3.80	压扁卷转虫	2 490±30	2 036(1 890~2 165)
4.28	压扁卷转虫	2 570±30	2 145(2 005~2 289)
5.35	混样	4 660±30	4 786(4 614~4 903)
7.39	螺	4 690±30	4 823(4 673~4 960)
8.79	混样	5 260±30	5 533(5 434~5 637)
12.23	混样	5 100±30	5 370(5 258~5 483)
17.64	混样	6 830±30	7 274(7 166~7 382)
20.75	混样	7 980±30	8 357(8 228~8 461)
28.95	混样	8 880±30	9 461(9 361~9 538)
31.09	混样	10 420±30	11 344(11 192~11 639)

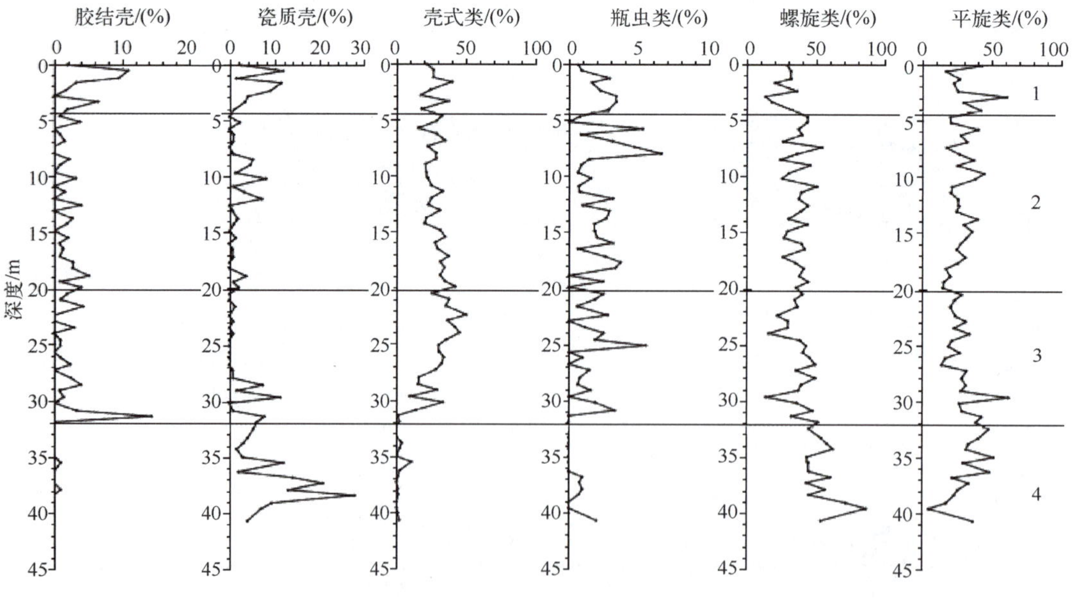

图 4-19　D03 孔底栖有孔虫不同壳体含量变化

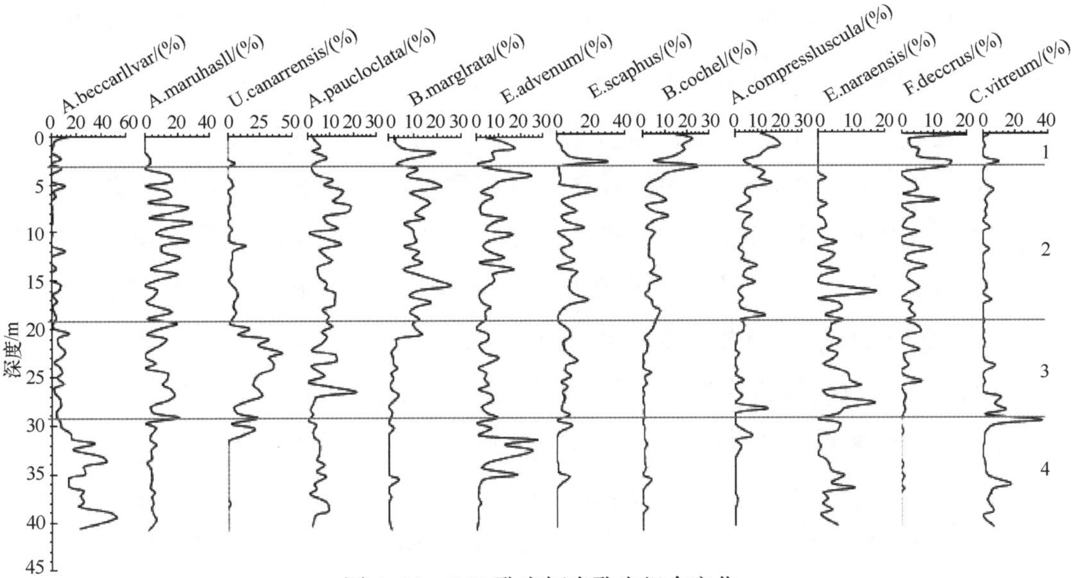

图 4-20　D03 孔底栖有孔虫组合变化

1) DU4(32. 9~41. 2 m)

主要以灰色、灰黄色黏土质粉砂为主，夹粉砂条带，40. 5 m 以下，细砂组分增多，以砂质粉砂为主。粒径平均值为 6. 5Φ。底栖有孔虫绝对丰度从 290 枚/50 g 到 3 091 枚/50 g，平均 1 216 枚/50 g，是整个钻孔中最低的段落。简单分异度波动较大，从 24 下降到 11 再增至 27。浮游有孔虫的百分含量波动较大，从 5. 04%增至 29. 08%再下降至 6. 61%，平均 11. 74%。

该段平旋类和螺旋类有孔虫含量较高，瓷质壳次之，胶结壳和瓶虫类有孔虫最低。有孔虫组合以 *Ammonia beccarii* vars. 占优势，平均含量为 29. 19%，其他常见种为 *Quinqueloculina argunica*、*Cribrononion subincertum*、*Elphidium advenum*、*Ammonia pauciloclata*、*Elphidium magellanicum*、*Pseudononionella* sp.、*Protelphidium tuberculatum* 和 *Cribrononion vitreum*，平均含量分别为 6. 68%、6. 22%、5. 24%、5. 17%、4. 84%、4. 45%、4. 45%和 4. 12%。

该阶段有孔虫组合中浅水种 *Ammonia beccarii* vars. 含量较高，其次为瓷质壳的 *Quinqueloculina argunica*，同时也见有较多的沿岸水代表种 *Elphidium advenum* 和 *Ammonia pauciloclata* 以及沿岸低盐水种 *Cribrononion subincertum*、*Elphidium magellanicum* 和 *Cribrononion vitreum*，冷水富养种 *Protelphidium tuberculatum*，浮游有孔虫含量低，个体细小，推测为距岸较近、水深浅，属于低温低盐的滨岸环境，为高氧低营养环境。根据邻近 EC2005 孔建立的地层框架，本单元底部为低海平面的河流沉积，其上应为末次冰消期早期海侵形成的潮坪沉积，大致对应 15.4~12.9 ka BP。

2）DU3（20.2~32.9 m）

以灰色黏土质粉砂为主，顶部和底部含有较多细砂，颗粒相对较粗，31.1~32.89 m 主要是灰色砂质粉砂和粉砂质砂。该层中部夹较多细砂透镜体和细砂条带，贝壳碎屑常见，局部存在生物扰动痕迹。粒径平均值为 6.4Φ。底栖有孔虫绝对丰度较高，每 50 g 干样中底栖有孔虫个体数多在 2 000 枚以上，最多达 53 692 枚，平均 12 081 枚。简单分异度较高，但波动较大，从 17 至 34，平均 24。浮游有孔虫的百分含量也较低，均在 20%以下，但波动较大，从 1.84%至 19.74%，平均 8.11%。列式壳类有孔虫含量较高，瓷质壳类有孔虫较下段明显降低。

该段有孔虫组合以 *Uvigerina canariensiss*、*Ammonia beccarii* vars. 和 *Ammonia maruhasii* 占优势，平均含量分别为 19.62%、8.47% 和 7.83%，其他常见种为 *Elphidium advenum*、*Elphidium magellanicum*、*Ammonia pauciloclata* 和 *Cribrononion vitreum*，平均含量分别为 5.78%、5.63%、5.52%和 4.88%。

该阶段有孔虫组合中出现较多的低氧种 *Uvigerina canariensiss*，浅水种 *Ammonia beccarii* vars.，温带广温种 *Ammonia maruhasii*，沿岸水代表种 *Elphidium advenum* 和 *Ammonia pauciloclata*，推测为内陆架浅水高营养低氧环境。根据测年结果和邻近 EC2005 孔揭示的沉积环境，本单元应为 12.9~8.0 ka BP 时期形成的滨岸沉积，底部和顶部粒度突然变粗可能是受新仙女木事件（12.9~12.3 ka BP）和 8.2 ka BP 冷事件（8.4~8.2 ka BP）影响。

3）DU2（4.25~20.2 m）

以灰色黏土质粉砂为主，几乎不含砂，颗粒极细，分布均一，上部（4.25~7.7 m）可见较多贝壳碎屑。无明显层理和生物扰动痕迹。粒径平均值为 7.56Φ。本层底栖有孔虫绝对丰度相较其下的段落明显升高。每 50 g 干样中有孔虫个体数多在 2 000 枚以上，最多达 222 474 枚，平均 42 354 枚。简单分异度高且稳定，除 3 个样品分别为 15、16 和 18 外，其余 26 个样品简单分异度都在 20 以上。浮游有孔虫的百分含量是全岩芯最高的段落，但波动较大，从 2.16%到 37.71%，平均 14.89%。

该段底栖有孔虫组合以 *Bulimina marginata*、*Ammonia maruhasii* 和 *Ammonia pauciloclata* 占优势，平均含量分别为 12.55%、11.64% 和 9.90%，其他常见种为 *Florilus scaphus*、*Elphidium advenum*、*Ammonia compressiuscula*、*Bolivina cochei* 和 *Guembelitria vivans*，平均含量分别为 6.90%、6.46%、5.46%、5.13%和 4.55%。

该阶段有孔虫组合中浮游有孔虫含量较高且波动较大，底栖有孔虫中出现较多的低氧种 *Bulimina marginata* 和 *Bolivina cochei*，温带广温种 *Ammonia maruhasii*，沿岸水代表种 *Ammonia pauciloclata* 和 *Elphidium advenum*，低盐沿岸水代表种 *Florilus scaphus*，中陆架种 *Ammonia compressiuscula*，推测该段为内陆架浅水环境，局部段落可达到中陆架环境，但环境波动较大。根据本层位测年结果和邻近已有钻孔成果，推测该层主要形成于 8. 0~2. 1 ka BP 的浅海环境。

4) DU1(0~4. 25 m)

以灰色黏土质粉砂为主，颗粒极细，几乎不含砂。偶见粉砂条带和贝壳碎屑，无明显层理和生物扰动痕迹。粒径平均值为 7. 40Φ。底栖有孔虫绝对丰度相较其下的段落明显降低。每 50 g 干样中底栖有孔虫个体数多在 2 000 枚以上，最多达 35 627 枚，平均 12 696 枚。简单分异度较高且稳定，平均 22。

浮游有孔虫的百分含量是全钻孔最低的段落，平均 4. 48%。底栖有孔虫以平旋类为主，螺旋类和列式壳类含量较高，胶结壳类和瓷质壳类含量较下段明显升高。

该段底栖有孔虫组合以 *Bolivina cochei*、*Ammonia compressiuscula* 和 *Florilus decorus* 占优势，平均含量分别为 16. 65%、11. 76% 和 10. 77%，其他常见种为 *Bulimina marginata*、*Elphidium advenum*、*Florilus scaphus*、*Ammonia beccarii* vars.、*Ammonia pauciloclata*、*Quinqueloculina subungeriana* 和 *Sigmoilopsis asperula*，平均含量分别为 7. 78%、7. 78%、7. 08%、5. 38%、4. 29%、3. 69%和 3. 29%。

该阶段有孔虫组合中出现较多的低氧种 *Bolivina cochei* 和 *Bulimina marginata*，中陆架种 *Ammonia compressiuscula*，浅水种 *Ammonia beccarii* vars.，沿岸水代表种 *Elphidium advenum* 和 *Ammonia pauciloclata*，富氧种 *Quinqueloculina subungeriana*，潮上带种 *Sigmoilopsis asperula*，推测为受海水和沿岸流交互影响的浅水环境，环境变化较为复杂。根据测年结果，本层主要是 2. 1 ka BP 以来受人类活动影响显著的浅海沉积。

4. 2. 4. 3　D04 孔

D04 孔，坐标 27. 54°N，120. 87°E，位于瓯江口外泥质沉积中心西侧，水深 12. 7~13. 7 m，岩芯长 20. 2 m。

利用岩芯沉积物中的较完整的贝壳和螺进行 AMS^{14}C 测年，一共获得了 9 个样品的测年结果(表 4-4，图 4-21)。

表 4-4　D04 孔 AMS^{14}C 年龄

深度/m	材料	^{14}C 年龄/(a BP)	日历年龄/(a BP)
4.09	螺	960±30	476(368~549)
5.68	贝壳	1 950±30	1 381(1 286~1 502)
6.1	螺	2 100±30	1 548(1 412~1 678)
12.78	贝壳	4 280±30	4 247(4 099~4 392)
14.27	贝壳	4 400±30	4 407(4 247~4 534)
14.6	螺	4 430±30	4 448(4 291~4 582)
15.33	螺	4 530±30	4 583(4 433~4 735)
19.22	螺	4 920±30	5 098(4 934~5 266)
19.67	螺	5 200±30	5 448(5 317~5 561)

根据 D04 孔岩芯沉积特征，其沉积序列可划分为 3 个沉积单元。从上到下依次为 DU1(0~7.4 m)、DU2(7.4~11.4 m)和 DU3(11.4~20.2 m)。

1)DU3(11.4~20.2 m)

岩性主要为灰绿色黏土质粉砂，偶见贝壳碎屑和粉砂透镜体；14.2 m 处见贝壳碎片夹层；偶见薄层粉砂夹层和贝壳碎片。

频率曲线显示为典型的单峰特征，曲线较为尖锐，主峰值在 6Φ 和 6.5Φ 之间，主要为粉砂组分；12.1 m 处，频率曲线呈双峰形态，主峰值为 3Φ，次峰值约为 6.5Φ，说明该层位包含细砂和细粉砂两种组分。概率累积曲线为典型的两段式，主要以悬浮组分为主，12.1 m 处的组分分界点为 4Φ，搬运组分约占 70%，跳跃组分占 30%左右；其他曲线的分界点为 5Φ，搬运组分约占 95%，跳跃组分占 5%。总体来看，该层位水动力条件较上层强，但沉积环境依然较为稳定。

根据 AMS^{14}C 测年结果，该层主要形成于 5.8~3.7 ka BP 的浅海环境。

2)DU2(7.4~11.4 m)

岩性以褐色黏土质粉砂为主，偶见贝壳碎片，见少量极薄层粉砂夹层。

依据频率曲线，该层位为典型的单峰特征，曲线较为尖锐，主峰值在 6Φ 和 6.5Φ 之间，主要为粉砂组分；概率累积曲线显示为典型的两段式，分界点位于 3Φ 和 4Φ 之间，包含悬浮搬运和跳跃搬运两种搬运方式，以悬浮搬运为主，悬浮组分含量在 99%左右，跳跃组分约占 1%。反映了该层较为稳定的沉积环境和较弱的水动力条件。

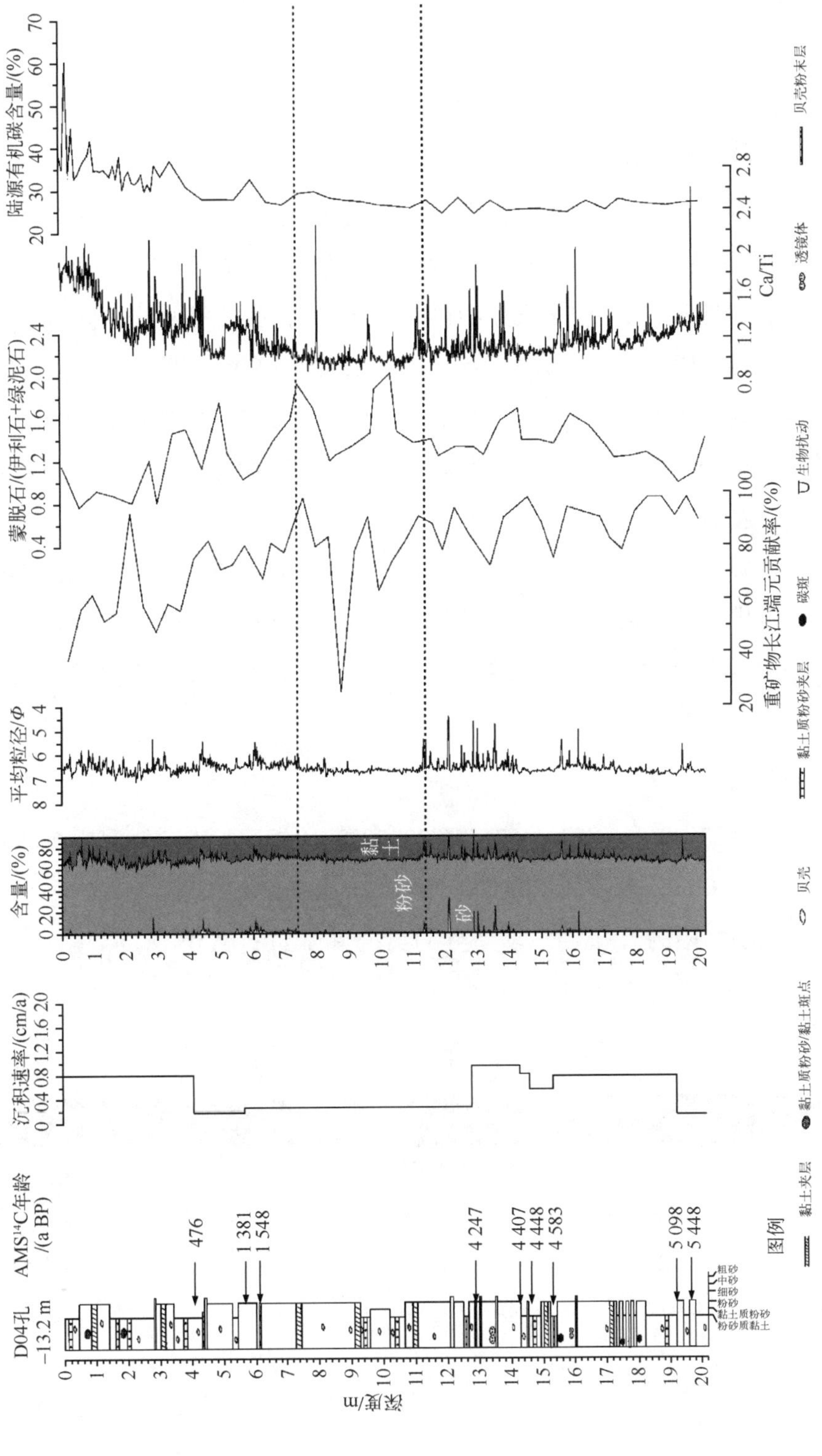

图 4-21　D04孔岩心综合柱状图

根据 AMS^{14}C 测年结果，该层主要形成于 3.7~2.1 ka BP 的浅海环境。

3) DU1(0~7.4 m)

岩性以黄褐色、褐色黏土质粉砂为主，黏性较大，偶见贝壳碎屑和黏土斑点，有黏土质粉砂和黏土夹层。

频率曲线显示为典型的单峰特征，曲线较为尖锐，主峰值在 6Φ 和 7Φ 之间，主要为粉砂组分；在 3.9 m 处，频率曲线前端出现了两个较弱的次峰，次峰值约为1Φ 和 3Φ，说明该层位夹有部分中砂和细砂。概率累积曲线，除 3.9 m 处以外，其他为典型的两段式，主要以悬浮组分为主，约占 90%，跳跃组分占 10%，两者之间的分界大致位于 5Φ 的位置；而 3.9m 处为三段式，分界点分别位于 1Φ 和 4.5Φ 处，包含悬浮搬运、跳跃搬运和滚动搬运三种搬运方式，以悬浮搬运为主，含量在 98%左右，跳跃组分约占 1%，滚动组分含量极少，不足 0.5%。总体来看，该层位水动力条件波动较大，随水深加深，呈减小、增大交互出现的形式，仅在 3.9 m 处有明显的水动力条件较强的现象，考虑或为风暴潮影响。

根据 AMS^{14}C 测年结果，该层主要形成于 2.1 ka BP 以来受潮汐和波浪影响的近岸浅水环境。

4.2.4.4 D05 孔

D05 孔，坐标 27°20′53.40″N，121°36′22.32″E，位于瓯江口外泥质沉积中心东侧，水深 56.0~58.0 m，岩芯长 40.4 m。

利用岩芯沉积物中的有孔虫、较完整的贝壳和螺进行 AMS^{14}C 测年，一共获得了 10 个样品的测年结果(表 4-5)。

表 4-5 D05 孔 AMS^{14}C 年龄

深度/m	材料	^{14}C 年龄/(a BP)	日历年龄/(a BP)
3.34	贝壳	1 420±30	874(752~977)
5.53	混样	1 860±30	1 321(1 226~1 436)
7.92	混样	2 040±30	1 504(1 370~1 630)
9.28	混样	2 060±30	1 530(1 397~1 667)
12.85	混样	2 170±30	1 658(1 537~1 792)
16.84	混样	2 460±30	2 000(1 873~2 127)
24.01	压扁卷转虫	4 230±30	4 212(4 070~4 377)

续表

深度/m	材料	^{14}C 年龄/(a BP)	日历年龄/(a BP)
25.56	压扁卷转虫	7 060±30	7 475(7 397~7 564)
25.71	压扁卷转虫	7 260±30	7 637(7 551~7 749)
26.44	螺	10 370±30	11 271(11 143~11 485)

根据D05孔岩芯沉积特征，其沉积序列可划分为4个沉积单元。从上到下依次为DU1(0~21.0 m)、DU2(21.0~25.72 m)、DU3(25.72~29.91 m)和DU4(29.91~40.4 m)(图4-22)。

1)DU4(29.91~40.4 m)

上部(29.91~36.57 m)以灰色黏土质粉砂为主，夹少量粉砂透镜体，中部(36.57~38.71 m)以灰色砂质粉砂为主，下部(38.71~40.4 m)为灰色砂质粉砂和砂的互层，颗粒较粗，以中粗砂为主，可见泥质条带和贝壳碎片。根据邻近EC2005孔建立的地层框架，本单元应为末次冰消期早期由河流沉积变为潮坪沉积，大致对应15.4~12.9 ka BP。海平面自海侵到达研究区开始缓慢上升，随着海水深度的增加，水动力条件逐渐减弱，导致粗粒物质相对减少，形成了向上变细的正粒序。

2)DU3(25.72~29.91 m)

上部以灰色粉砂质砂为主，下部以灰色砂质粉砂为主，夹粉砂透镜体、泥质条带，偶见贝壳碎屑。本单元砂含量很高，平均值为39.4%，局部最高可达90%。根据测年结果和邻近EC2005孔揭示的沉积环境，本单元应为12.9~7.4 ka BP形成的滨岸沉积，粒度变粗可能是受新仙女木事件(12.9~12.3 ka BP)和8.2 ka BP冷事件(8.4~8.2 ka BP)影响。

3)DU2(21.0~25.72 m)

以灰色黏土质粉砂为主，24.2~25.72 m出现细砂透镜体和细砂条带，但细砂含量开始增多，一般在4%以下，局部可达20%以上。根据测年结果，本单元主要形成于7.4~3.3 ka BP的浅海环境。

4)DU1(0~21.0 m)

以灰色黏土质粉砂为主，颗粒较细，岩性较均一，局部见贝壳和螺。根据测年结果，本单元主要形成于3.3 ka BP以来的浅海环境。

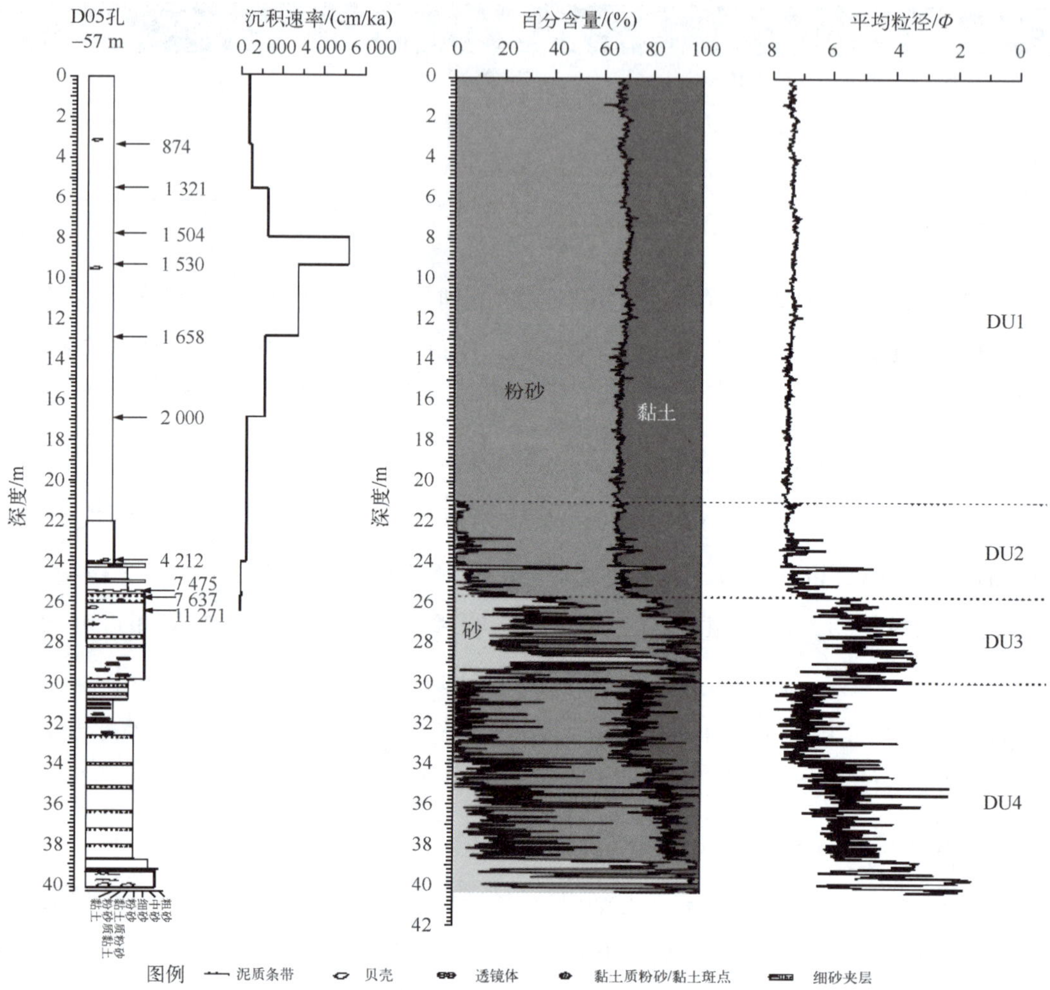

图 4-22　D05 孔岩芯综合柱状图

4.2.4.5　末次冰消期以来的快速气候变化

根据底栖有孔虫的生态特征，我们重点分析了 D03 孔岩芯沉积物中底栖有孔虫种属含量，将具有环境指示意义的浅水种、中陆架种、高氧低营养种、低盐种、冷水种、低氧高营养种、高盐种、暖水种、台湾暖流种等底栖有孔虫组合，结合岩芯粒度，绘制粒度参数和环境指示种含量变化图(图 4-23)。

a 段(约 16.5 ka BP)岩芯中砂的含量升高，粒度增大，底栖有孔虫含量降低，可能是 H1 冷事件在沉积物中的响应。

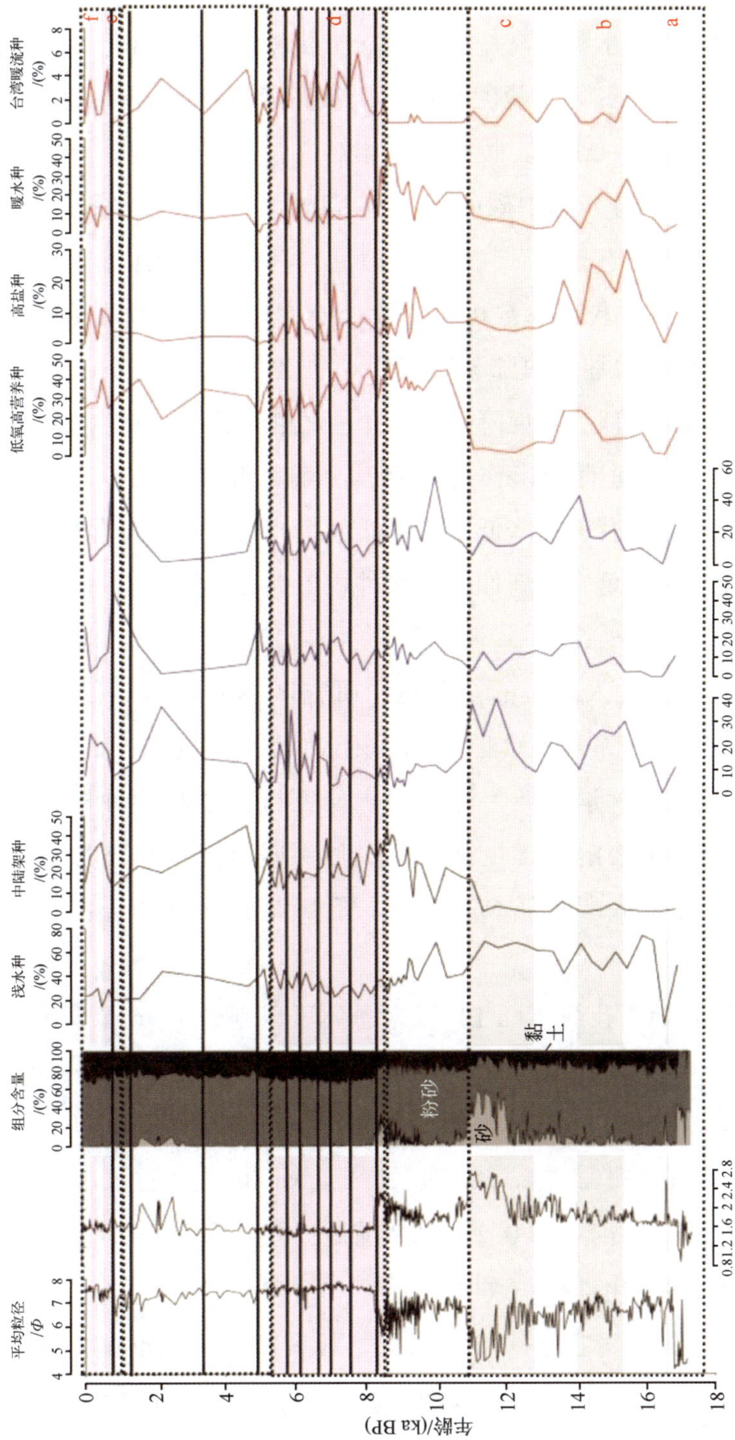

虚线代表不同底栖有孔虫组合变化阶段，黑色实线代表冷事件。

图 4–23　D03孔环境指示种含量变化曲线

b 段(15.5~14 ka BP)平均粒径和标准偏差较下段波动减小，浅水种底栖有孔虫含量降低，中陆架种、暖水种和高盐种底栖有孔虫含量有所升高，说明此时由于气候温暖，海水开始影响研究区，盐度升高，低氧高营养种底栖有孔虫含量增加。与 15.8~14 ka BP 的 Bølling-Allerød 暖期-BA 相对应。

c 段(12.8~11.5 ka BP)岩芯中砂的组分显著增加，平均粒径减小，沉积物粒度增大，标准偏差增大，分选较好。气候寒冷时期，沉积物的风化作用减弱，粒度增大(肖尚斌等，2004)，由粒度参数可见 c 段处于冷期，暖水种底栖有孔虫含量降低。浅水种底栖有孔虫增加，中陆架种底栖有孔虫降低，说明由于气候寒冷，研究区海平面降低，水深变浅，盐度降低，低盐种底栖有孔虫含量增加，高盐种底栖有孔虫含量降低。水体垂直交换作用增强，溶解氧含量升高，寒冷时期降水少，径流量小，河流输送的营养盐降低，高氧低营养种底栖有孔虫含量增加，低氧高营养种底栖有孔虫含量降低，是新仙女木事件(12.9~11.6 ka BP)在沉积物中的良好响应。

新仙女木事件之后，进入温暖的全新世，研究区在 c 段与 d 段之间(11.5~8.5 ka BP)海平面极速升高。沉积物平均粒径增大，粒度减小，标准偏差降低，分选较差，砂的组分含量降低。海水侵入研究区，中陆架种极速增高，水体垂直交换减弱，底层水溶解氧含量降低，气候温暖，降水量增加，径流输送的营养盐含量增加，造成底层水低氧高营养，低氧高营养种和暖水种底栖有孔虫含量增加。

由敏感粒级揭示出 D03 孔约 8 ka BP 以来总体可以划分出 16 个明显的气候变冷时期(图 4-24)：8.2~8.1 ka BP、7.6~7.5 ka BP、7.2~7.1 ka BP、6.7~6.5 ka BP、6.2~6 ka BP、5.8~5.6 ka BP、5.2~5 ka BP、4.8~4.3 ka BP、3.6~3.5 ka BP、2.8~2.7 ka BP、2.2 ka BP 前后、1.8 ka BP 前后、1.4~1.3 ka BP、0.8 ka BP 前后、0.4 ka BP 前后和 0.2 ka BP 前后，并且与 GISP2$\delta^{18}O$、敦德冰芯$\delta^{18}O$、红原泥炭$\delta^{18}O$曲线变化具有一致性。

d 段(8.5~5.5 ka BP)岩芯平均粒径增大，粒度减小，标准偏差减小，分选差，沉积物组分以粉砂和黏土为主，水动力减弱。此时研究区处于全新世大暖期，气候温暖湿润，海平面基本稳定，台湾暖流代表种含量在 d 段处于全岩芯最高，同时，暖水种、高盐种底栖有孔虫含量增加，高氧低营养种、低盐种、冷水种底栖有孔虫含量降低。台湾暖流是黑潮的分支，其继承了黑潮高温高盐的特征。可见，台湾暖流自 8.5 ka BP 已经形成，在 8.5～5.5 ka BP 达到最强盛。台湾暖流自南向北流经研究区，当夏季风(偏南风)强盛时，导致台湾暖流势力增强，因此，台湾暖流增强期间对应于夏季风增强。李小艳等(2012)通过对东海陆架泥质区中部的 MZ02 孔的研究认为，台湾暖流在 8.4 ka BP 已经形成，在 8.3～5.2 ka BP 达到鼎盛。张在秀等(2010)对东海陆架泥质沉积区 MD06－3040 孔的研究认为，8～4.1 ka BP 时期，夏季风盛行，台湾暖流和黑潮发育强盛，本书的研究结果与前人基本一致。

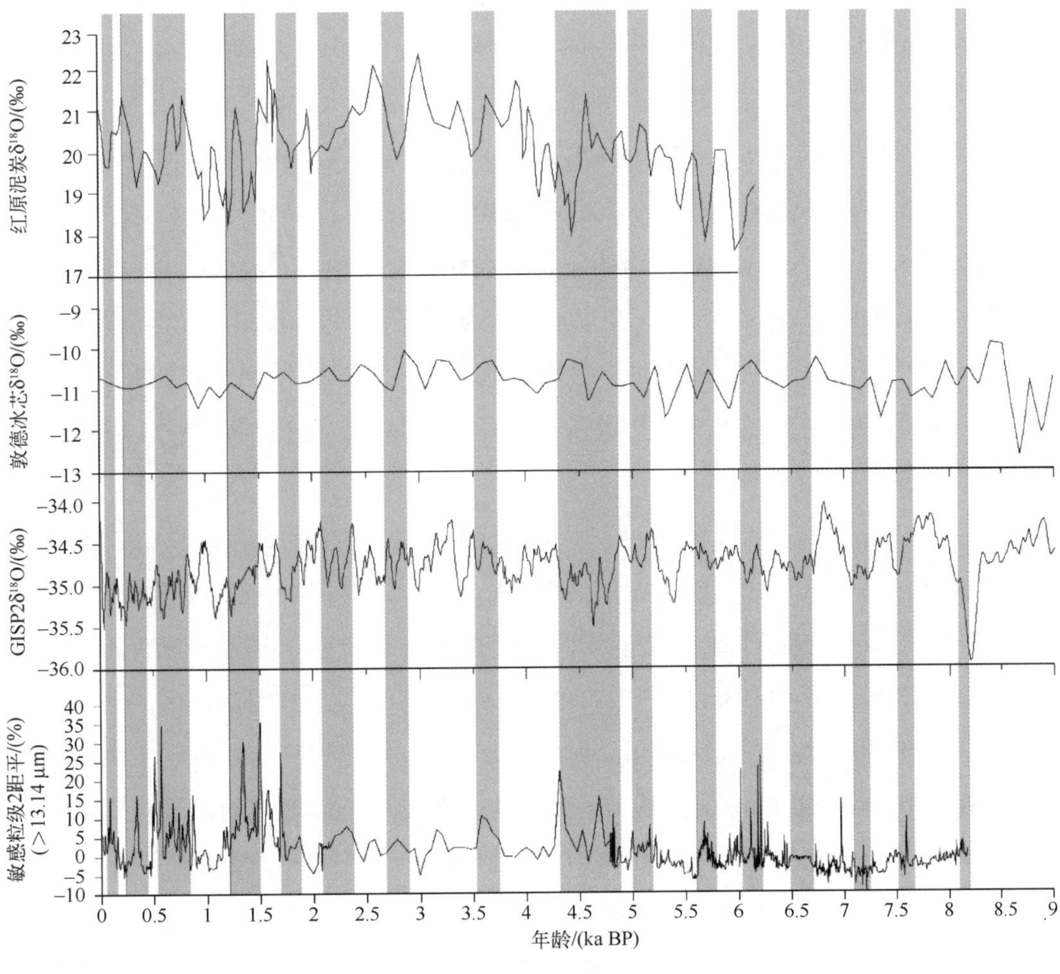

图 4-24　D03 孔敏感粒级揭示的冷期

综上所述，本段存在 6 次冷事件，即 8.2~8.1 ka BP、7.6~7.5 ka BP、7.2~7.1 ka BP、6.7~6.5 ka BP、6.2~6 ka BP 和 5.8~5.6 ka BP。每次冷事件均伴随冷水种、高氧低营养种、低盐种底栖有孔虫含量增加，暖水种、台湾暖流种、低氧高营养种、高盐种底栖有孔虫含量降低，可能是东亚冬季风增强的信号，在强盛的冬季风驱使下，沿岸流增强，沉积物在寒冷期间风化作用弱，敏感粒级增大；沿岸流低温低盐，冷水种、低盐种底栖有孔虫在冷期寒冷增加，暖水种、高盐种、台湾暖流种底栖有孔虫含量反之降低；气候干冷，降水少，径流输入的营养盐含量低，冷期水体混合作用增强，造成底层水溶解氧含量增加，营养盐含量降低，高氧低营养种底栖有孔虫含量增加，低氧高营养种底栖有孔虫含量反之降低。李小艳等(2015)通过对钻孔 ZM02 的研究，识别出发生在 8.4 ka BP、7.2 ka BP 和 6.2 ka BP 的 3 次千年冷事件，与 D03 孔识别的 8.2~8.1 ka BP、7.2~7.1 ka BP、6.2~6 ka BP 冷事件相一致，其中 8.2~8.1 ka BP 的降温事件可能是“8.2 ka BP 冷事件”在东海陆架的响应。每次冷事件之间，即 8.1~7.6 ka BP、7.5~7.2 ka BP、7.1~6.7 ka BP、6.5~6.2 ka BP、6~5.8 ka BP，均伴随着暖水种、高盐种、台湾暖流种、低氧高营养种底栖有孔虫的增加；冷水种、低盐种、高氧低营养种底栖有孔虫含量降低；敏感粒级的减小，说明此时气候温暖，台湾暖流增强，夏季风增强，说明在千年尺度上，东亚夏季风在 8.5~5.5 ka BP 增强，在百年尺度上，存在东亚夏季风和东亚冬季风交替增强。

5.5~0.7 ka BP，出现 4.8~4.3 ka BP、3.6~3.5 ka BP、2.8~2.7 ka BP、2.2 ka BP 前后、1.8 ka BP 前后、1.4~1.3 ka BP、0.8 ka BP 前后 7 次冷事件，但由于 5.5~0.7 ka BP 期间 D03 岩芯沉积速率过快，且有孔虫样品分辨率较低，仅 4.8~4.3 ka BP、3.6~3.5 ka BP、1.4~1.3 ka BP 和 0.8 ka BP 前后 4 次冷事件能得到印证，与东海陆架泥质区钻孔 D04 划分出的 4.8~4.6 ka BP、3.9 ka BP、1.4 ka BP、0.8 ka BP 的冷事件基本一致，均是东亚冬季风增强的信号。

e 段(0.7~0.5 ka BP)、f 段(0.4~0.1 ka BP)，沉积物平均粒径最大，粒度最小，沉积物组分中黏土占比也较下段增大，标准偏差较小，分选差。浅水种底栖有孔虫含量降低，中陆架种底栖有孔虫含量增加，暖水种、高盐种、低氧高营养种和台湾暖流代表种底栖有孔虫含量增加，冷水种、低盐种、高氧低营养种底栖有孔虫含量降低，与 d 段同为台湾暖流增强区。张在秀等(2010)应用浅海底栖有孔虫

Mg/Ca 比值作为底层海水温度替代指标，得出 4.1~0.4 ka BP 时期，冬季风盛行，台湾暖流和黑潮影响减弱，浙闽沿岸流发育增强，0.4 ka BP 以来夏季风再次变强，台湾暖流和黑潮的影响随之增强，海水温度又明显上升。本书中 f 段的结果与前人基本一致，此外本书认为 e 段(0.7~0.5 ka BP)同样存在台湾暖流的增强，夏季风强盛，而且 f 段 0.4 ka BP 前后和 0.2 ka BP 前后存在 2 次寒冷事件，冬季风增强。可综合得出，东亚夏季风在 0.7~0.5 ka BP 和 0.4~0.1 ka BP 期间增强，东亚冬季风在 0.5~0.4 ka BP 和 0.3~0.2 ka BP 期间增强，说明 0.7 ka BP 至今东亚冬季风和东亚夏季风呈交替增强趋势。

4.2.4.6 晚更新世—全新世陆架沉积环境演化

通过对 D03 孔、D04 孔和 D05 孔分析，对比邻近已有的典型钻孔研究成果(图 4-25)，本书认为，末次冰消期以来东海内陆架河口三角洲发育过程主要经历以下三个阶段。

1)河流-潮坪沉积阶段

末次冰消期初期，气候相对寒冷，海平面上升缓慢，但随着温度升高，海平面迅速上升，14.3~14.1 ka BP 发生 MWP-1A 事件之后，海平面由现今海平面以下 110 m 左右快速上升至 70 m 左右，MD06-3042 孔、D05 孔、EC2005 孔、D03 孔从低海平面裸露陆架变为浅水区，受海侵影响，表现为由河流向潮坪沉积过渡的特点。

2)滨岸沉积

受新仙女木事件(12.9~12.3 ka BP)、MWP-1B 事件(11.6~11.3 ka BP)和 MWP-1C 事件(9.8~9.0 ka BP)等影响，海平面迅速上升至-16 m，除 YQ0902 孔和 D04 孔，其他钻孔位置经历了由潮坪-浅水潮下带到受潮汐影响的滨岸环境。

3)浅海沉积

全新世最大海侵时，现今长江三角洲为巨大的河口湾，当海平面上升速率与河口沉积趋于平衡之后，开始三角洲的发育，时间大约 0.8 ka BP。河口湾内相继形成了红桥期、黄桥期、金沙期、海门期、崇明期等亚三角洲和河口坝(图 4-26)。河口坝一般长达 60~70 km，宽 10~15 km，平均厚度 10~30 m，面积为 800~1 000 km^2，构成了长江三角洲的主体。河口湾内河口坝的形成引起河流不断

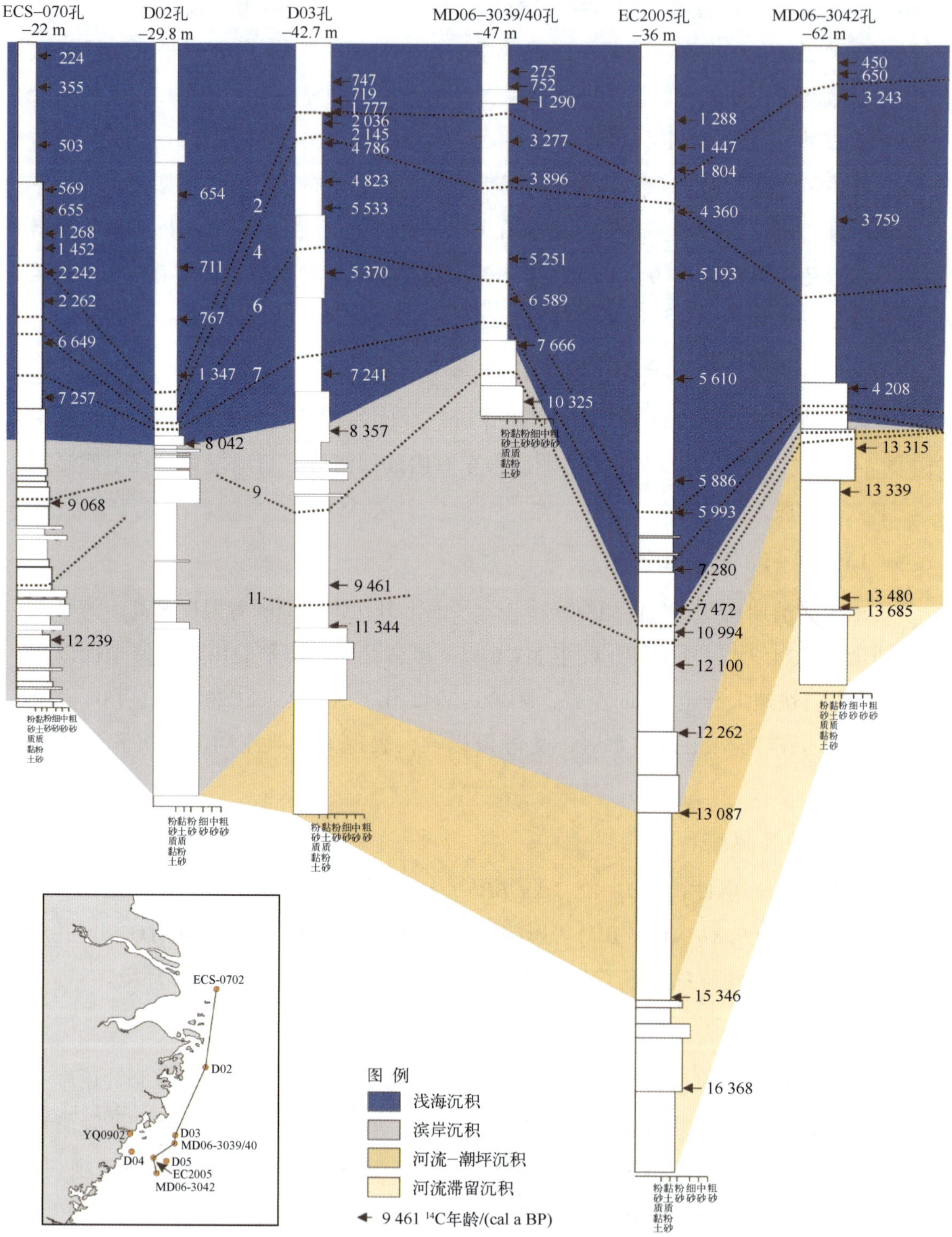

图 4-25　东海内陆架晚更新世沉积序列对比（近南北向）

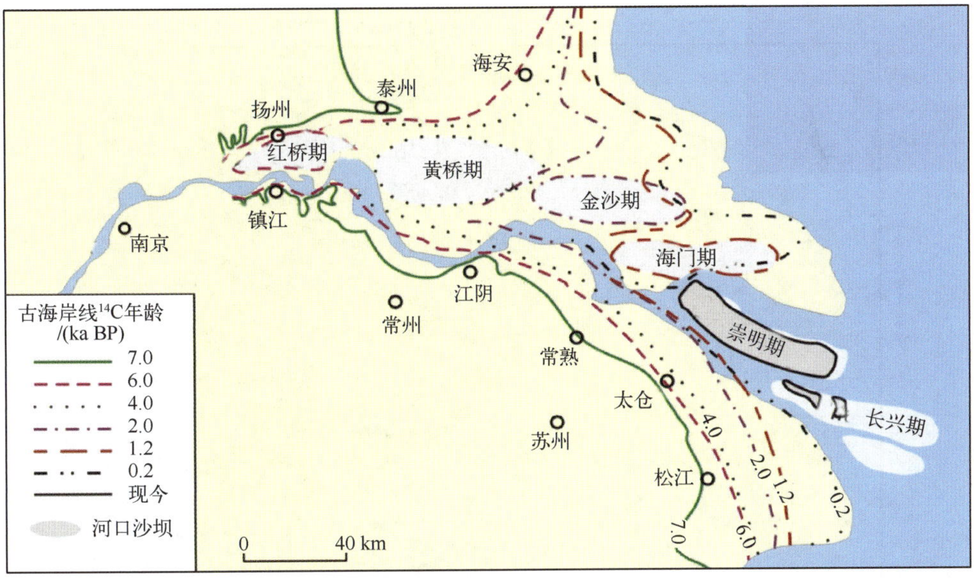

图 4-26　长江三角洲发育模式和古海岸线变迁(Song et al., 2013)

分叉，产生南北两个汊道。可能由于地偏转力的影响，北汊道逐渐衰退，致使河口坝并岸成陆。南汊道逐渐增强，并进一步歧分，形成新的河口坝和汊道河床，致使多期河口坝和亚三角洲发育过程相似，河口不断向南偏转(王靖泰等，1981)，河口坝呈雁状排列。长江三角洲各期亚三角洲发育的时间相互重叠，中间没有明显的侵蚀破坏阶段。

长江河口的南移使三角洲两翼接收河流沉积物的数量逐渐增加，海岸线向前推进的速度先慢后快，0.7~0.3 ka BP 期间，平均前进速度为 1~2 m/a，0.3 ka BP 以来为 10~20 m/a，近百年来海岸线前进速度达到 30~50 m/a。随着长江三角洲的发育，河口湾被充填，三角洲逐渐突出河口湾之外，于是三角洲以北出现一个以弶港为顶点的浅海湾，潮流的辐聚辐散，可能成为潮成沙体生成的动力条件。长江和黄河的沿岸供沙和海底侵蚀物是潮成沙体产生的物质基础，二者结合形成了以弶港为顶点呈扇形向海展开的潮成沙区(图 4-27)。

长江三角洲是世界上最大的潮控三角洲之一，总面积约 5.2×10^4 km^2，其中水上面积 2.3×10^4 km^2，水下面积 2.9×10^4 km^2。大约 70%的河流沉积物沉积在河口和前三角洲地区，形成一系列的河口沙坝，大约 30%的长江物质在沿岸流作用下向南

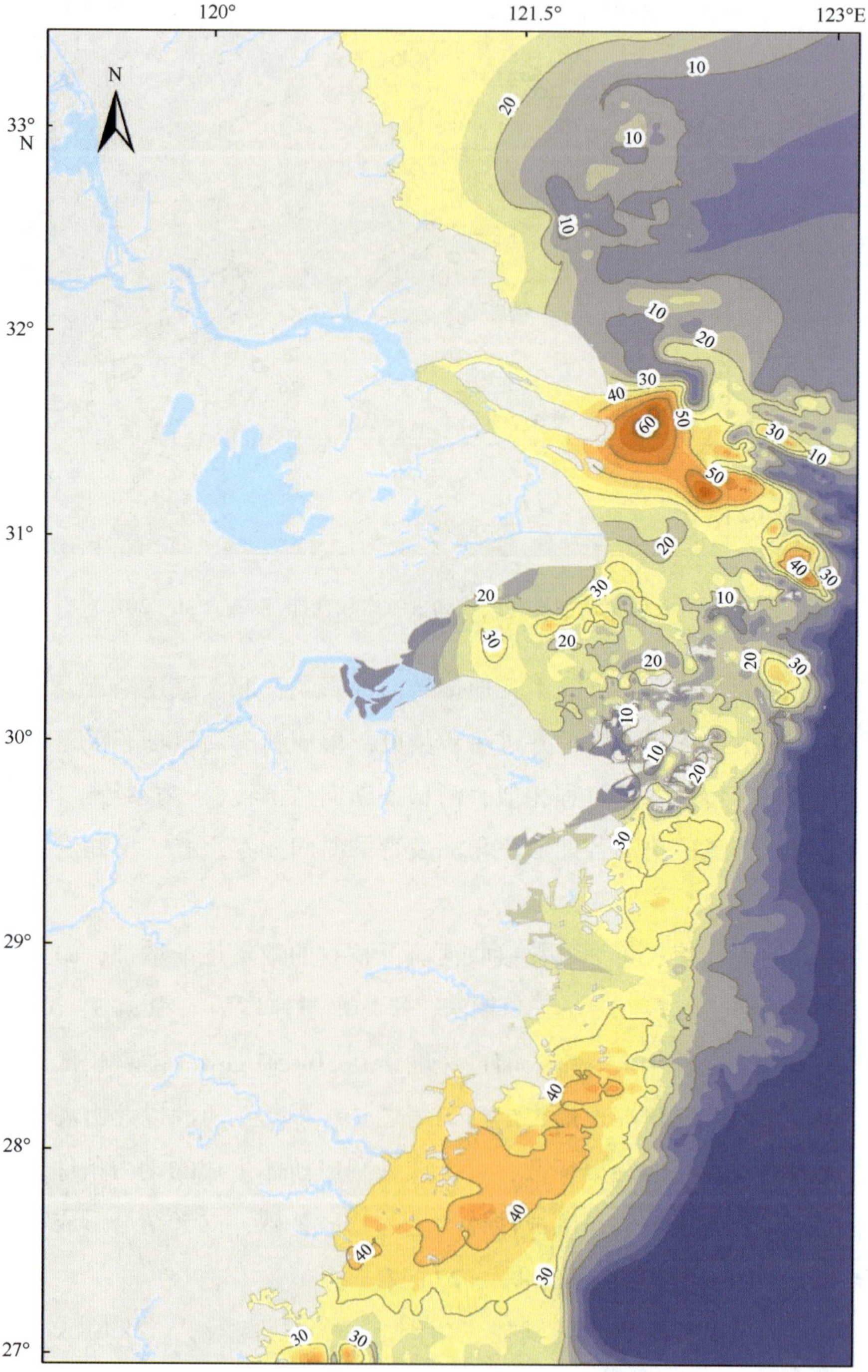

图 4-27　长江三角洲地区全新世地层沉积厚度

搬运沉积到浙闽沿岸（Milliman et al.，1985），向外海的输运受到台湾暖流的阻挡。对于浙闽沿岸全新世泥质沉积物的物质来源，有研究认为长江物质贡献83%~85%，甚至高达87.5%，浙江沿岸中小河流和台湾河流物质对其都有贡献（肖尚斌等，2005）。

大约从11 ka BP开始，海平面上升到-45 m位置，长江物质开始向南输运，11~7 ka BP期间沉积速率较低，EC2005孔和MD06-3039/40孔中该时期的沉积厚度分别为8 m和6 m。7 ka BP以后沉积速率不均衡，包含两个高沉积速率期和一个低沉积速率期，分别是7~4 ka BP、2~0 ka BP的高沉积速率时期和4~2 ka BP的低沉积速率时期。7~4 ka期间沉积速率较高，可能与东亚季风的增加有关，4~2 ka BP期间沉积速率较低，可能与河流输沙量降低，物质供应减少和气候变化导致的沿岸流减弱有关。大约在2 ka BP，长江三角洲进积速率从38 m/a突然增加到80 m/a。2 ka BP以来，海平面基本处于稳定状态，可容纳空间不再增加，长江不断提供充足的物源，物源供应量与早期相比有明显的增加，三角洲快速向海进积，造成海平面相对下降，这可能与人类活动导致长江输送物质的增加有关。

4.3　全新世以来红河三角洲演化过程

红河三角洲是越南北部最大的三角洲，主要由红河和太平江水系泥沙冲积而成，人口极为密集，是越南北部的主要经济区域。基于地貌和水动力过程，红河三角洲整体上可划分为三种类型：河控、浪控和潮控。通过红河三角洲地区多个钻孔分析，红河三角洲末次冰期时同样存在下切河谷，但由于受钻孔限制，未能钻穿整个下切河谷地层，三角洲东南部钻孔ND-1显示古红河下切深度应该在70 m以上，古河谷主泓主要沿着现今三角洲东南一侧。钻孔HH120和TL揭示了东北部区域低海面时期主要为河流阶地，沉积物多经历长期暴露风化，该地区冰后期地层仅有20 m左右，向海逐渐增厚。基于钻孔沉积相、高分辨率的^{14}C测年数据和地层堆叠样式，红河三角洲冰后期地层中共识别了三个层序界面：层序界面、海侵面和最大海泛面。基于此，红河三角洲下切河谷层序被划分为低位体系域、海侵体系域和高位体系域。低位体系域主要为末次冰盛期海平面下降到最低，并保持低位或缓慢上升至 15 cal ka BP，红河下切河谷主要以河道沉积和河漫滩沉积为主。而后，海平面快速上升，海侵体系域开始发育，早期厚层的河漫滩沉积物堆积在海侵体系域底部，而后古河谷被淹没，河口湾沉积体系地层开始叠置在早期河漫滩之上，整个海侵体系域发育持续到 8.8~8.5 cal ka BP。随着海平面上升减慢并趋于稳定，三角洲沉积环境成为主导，红河携带的沉积物不断堆积，使得海岸线快速向海推进，一直演化至今。

末次冰盛期，海平面约位于现今海面 120 m 以下，当时红河入海口远离现今三角洲区域，研究区主要是辫状河和冲积扇沉积。随着冰后期海平面快速上升，海侵到达之前，研究区主要以河流相和河漫滩相为主导，而后河口湾环境逐渐形成，直到 9~8 cal ka BP，海侵达到最大，海侵的北界位于越南首都河内附近(图 4-28)。而后，开始了三角洲发育阶段，9 cal ka BP 至今大致可划分为三个阶段：阶段一(9~6 cal ka BP)、阶段二(6~4 cal ka BP)和阶段三(4~0 cal ka BP)。随着海平面上升速率下降，9 cal ka BP 开始，在古红河河口开始出现湾顶河口沙坝，随着河口沙坝的不断向东进积，早期细长的河口湾逐渐被充填。直到 6 cal ka BP 红河古河口湾基本被填平，沉积物开始向北侧的河间地堆积。进入阶段二，钻孔 VN、HV、NB 和 GA 依然处于浅海陆架环境，此时，海平面约高于现今海面 2~3 m，该时期红树林广泛的发育在现今的红河三角洲区域。约 4.9 cal ka BP 开始，ND-1 孔可见一系列的浪成沙脊开始出现。约 4.0 cal ka BP 三角洲前缘沉积相开始在钻孔 VN 中发育。随着之后海平面快速下降到与现今海平面相当的水平时，早期的红树林沉积便转变为北部的一些全新世海相阶地。此外，现今地貌图上，大量的天然堤和废弃河道显示 Day 河在阶段三为红河沉积物入海的主要通道。河流携带的沉积物在河口波浪作用下，主要以浪成沙脊的形式向前推进，随着河口的不断摆动，在过去的 1 ka 中，至少有 3 个亚三角洲朵叶体发育。通过古岸线分析，3 个朵叶体进积速率逐渐减小，早期快速的进积速度可能与认为的围垦和建造海堤有关(Haruyama et al., 2002; Pruszak et al., 2002)。而后进积减速，可能与红河主泓改为现在的 Ba Lat 河入海有关。

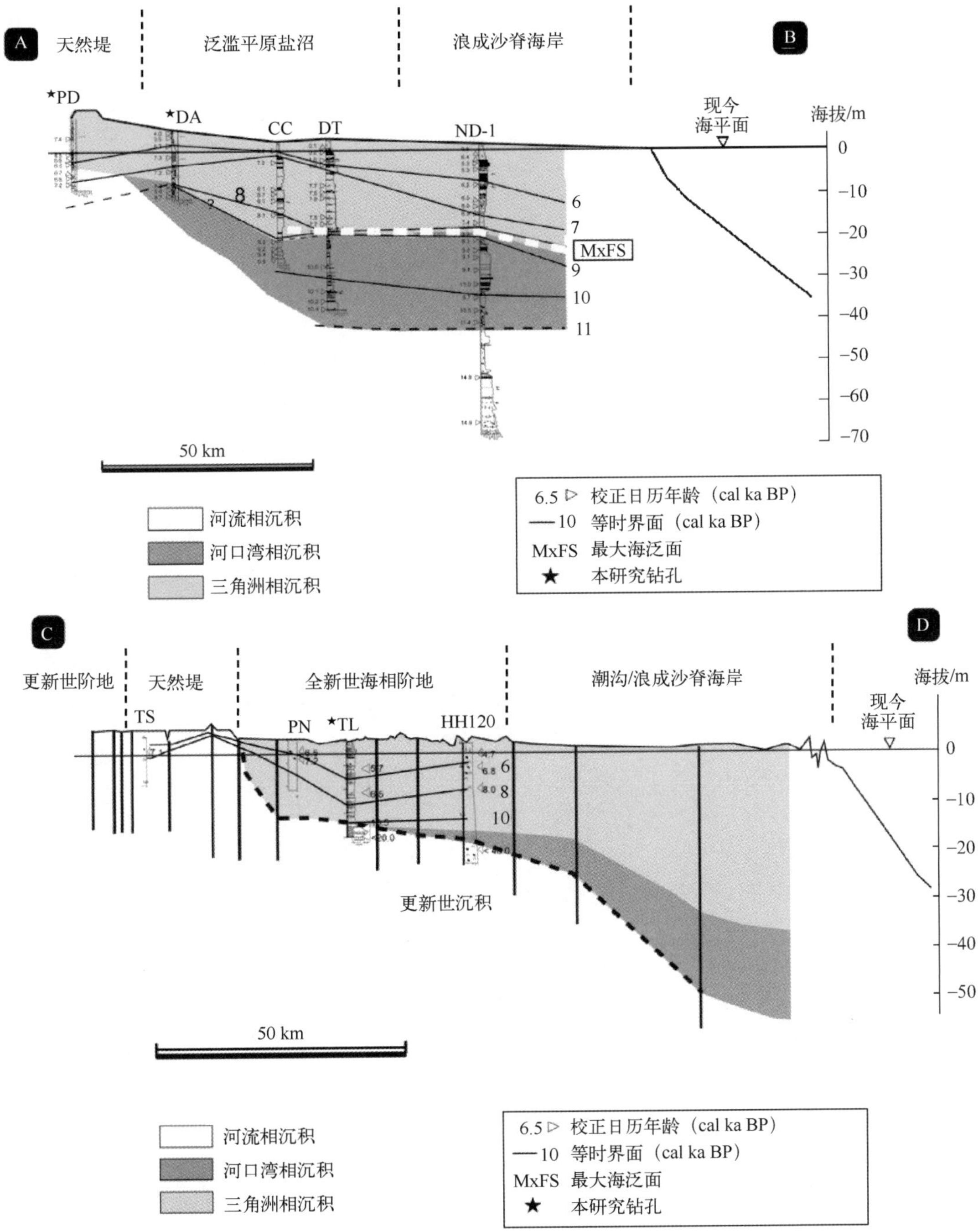

图 4-28　红河三角洲钻孔联孔剖面（Funabiki et al., 2006）

第 5 章

全新世岸线变化及控制因素研究

红河三角洲是越南北部最大的三角洲，红河三角洲冰后期下切河谷层序被划分为低位体系域、海侵体系域和高位体系域。低位体系域主要为末次冰盛期海平面下降到最低，并保持低位或缓慢上升至 15 cal ka BP，红河下切河谷主要以河道沉积和河漫滩沉积为主。而后，海平面快速上升，整个海侵体系域发育持续到 8.8~8.5 cal ka BP。随着海平面上升减慢并趋于稳定，三角洲沉积环境成为主导，红河携带的沉积物不断堆积，使得海岸线快速向海推进，一直演化至今。通过对比红河三角洲近代不同时期海图中海岸线差异，总结了研究区 1965—2010 年海岸线的变化特征。大致可分为三个阶段：①1965—1989 年，该阶段 Ba Lat 河口地区主要以堆积为主；②1989—2001 年，该阶段 Ba Lat 河口地区沉积物堆积远小于前一阶段，但仍旧以堆积为主；③2001—2010 年，该阶段侵蚀和堆积相当。河口两侧的沙嘴则不断向岸移动。

长江三角洲，在 7~6 ka BP，大部分地区为浅海、潟湖、沼泽和海滨低地，长江河口湾湾顶在镇江、扬州一带。通过贝壳的放射性碳同位素定年，在 5 370~5 261 cal a BP，上海地区马桥附近开始出现第一处用于抵御海水的海堤。2 ka BP 到 1994 年，通过旧捍海塘、里护塘、钦公塘、彭公塘和人民塘等旧海塘可以推断，人类进入从被动适应向主动适应、防御和积极利用海涂资源阶段。1995 年至今，人类活动首次超过自然因素成为影响南汇潮滩发育的因素，主要是由于 1995 年以来实施了低滩保淤围垦方式，先在 0 m 附近修筑潜堤进行促淤再圈围，使潮间带大部分甚至完全丧失，严重改变了潮滩的动力地貌过程。

5.1 长江三角洲古岸线演化过程重建

长江口濒临东海，在大地构造上位于江南古陆南缘，扬子准地台的东北端，晚第三纪以来一直处于长期沉降过程，第四纪沉积物厚度大多在 250~300 m 之上，且多呈松散、弱固结状。冰后期海侵(7~6 ka BP)作用下，现今的长江三角洲大部分地区是浅海、潟湖、沼泽和海滨低地，长江河口为一溺谷型河口湾，湾顶在镇江、扬州一带。在波浪的作用下，在海岸或岸外沙坝地带形成一系列贝壳堤，在长江三角洲南岸，出现了 3~5 条贝壳堤组成的隆起带。贝壳堤是淤泥质或粉砂质海岸所特有的一种特殊滩脊类型，代表一条可靠的古滨线(朱诚等，1996)。基于已发表的贝壳堤测年数据和历史文献中记载的古海堤记录进行古海岸线的重建(图 5-1)。

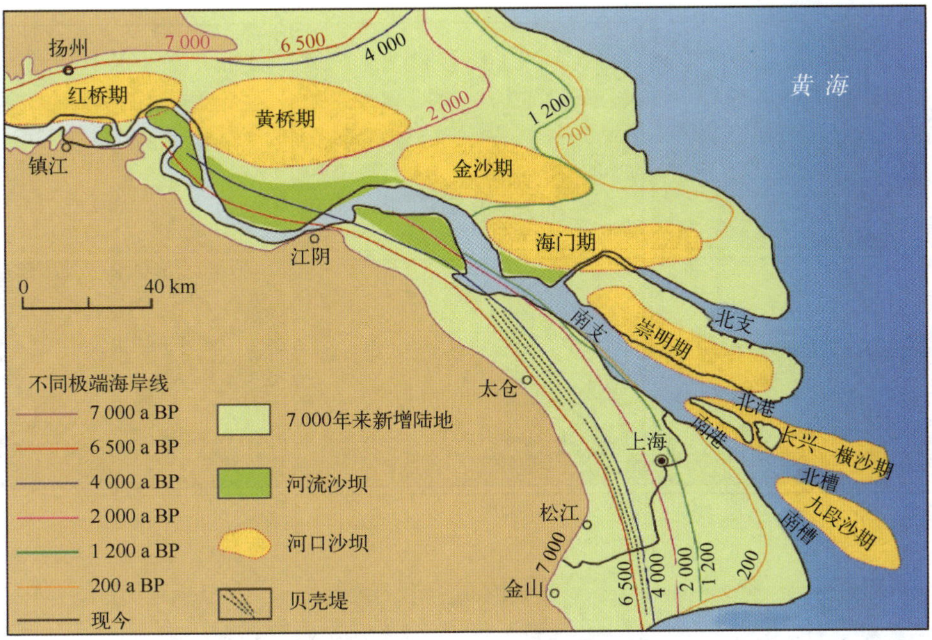

图 5-1　长江三角洲演化历史(李从先等，1979；Hori et al.，2001b)

大多数的贝壳堤被后期人类活动(如农业工程、城市建设等)破坏，幸运的是 2014 年 6 月在马桥附近(31°2.141′ N，121°23.247′E)发现了一段保存完整的贝壳堤。该贝壳堤整体宽约 200 m，厚度可达 1.5 m。采集完整的贝壳进行放射性碳定年。据记载，大约 2 ka BP 开始，研究区当地人开始建造海堤来抵御海水。除第一处海堤外，其余都可以在野外或者卫星照片上清晰识别出来，研究区探明的古人类遗址点基本上平行于古岸线展布。据此，重建了上海地区 2 ka BP 以来的古岸线变迁过程(图 5-2)。

采自马桥贝壳堤的 4 个沉积物样品送往美国亚利桑那大学 AMS 实验室进行放射性碳定年。运用 Calib 7.0.4 软件进行日历年龄校正，对于有机碳和碳酸盐样品碳库选择分别采用 Intcal 13 和 Marine 13。校正结果见表 5-1。结果显示，牡蛎贝壳碎片年龄最老约为 7 379 cal a BP，而最年轻的年龄由一完整的贝壳(直径约 6.7 cm)测得为 5 261 cal a BP，其余样品年龄都介于两者之间。大而完整的双壳类常常被认为是原位堆积，相反贝壳碎片则常常被认为是搬运而来，因此，马桥贝壳堤的形成年龄大致限定在 5 370～5 261 cal a BP，较前人估计的约早 900 年(Liu et al.，1989)。

(a~c)马桥贝壳堤沉积特征；(d~f)现代人工堤前沙坝沉积特征；

(g~i)不同时期海堤(由左到右分别建造于 1950 年、1994 年和 2008 年)。

图 5-2　长江三角洲南岸野外调查现状

表 5-1　马桥贝壳堤放射性碳年龄数据

样品号	测年材料	常规年龄 /(a BP)	日历年龄 /(cal a BP)	中值年龄 /(cal a BP)
MQS1	牡蛎壳碎屑	6 774±36	7 248~7 510	7 379
MQS2	完整双壳贝壳	4 865±47	5 039~5 482	5 261
MQS3	贝壳碎屑	5 709±46	6 020~6 383	6 202
MQS4c	碳屑	4 722±44	5 323~5 417	5 370
MQS4s	贝壳碎屑	5 706±46	6 017~6 380	6 199

通过查阅近 30 余年的各种文献资料，对古岸线的地理位置和年代进行了重新考证，如对历史文献记载的海塘建筑史进行重新查核，厘清同一海塘在不同时期的别名及重修历史与延展情况，从而可以更可靠地重建上海地区近 2 000 年的古岸线

变迁史。野外考察了部分古贝壳沙堤，如马桥文化遗址附近公路边河槽开挖揭露的古贝壳沙堤，清楚显示发育平行层理和交错层理的贝壳沙堤上覆于发育透镜状层理的泥质层之上，后者可见植物根系，与现代潮滩沿岸沙堤发育的位置和沉积特征相当，可以确定古贝壳沙堤形成于高潮滩上部，泥沙供应减少或风浪增强的时期。通过重新考证长江三角洲南翼尤其是上海地区的成陆历史、岸线演变过程（图 5–3）与人类文明发展、演替的关系，提出上海地区人地相互作用可分为以下三个阶段（图 5–4）。

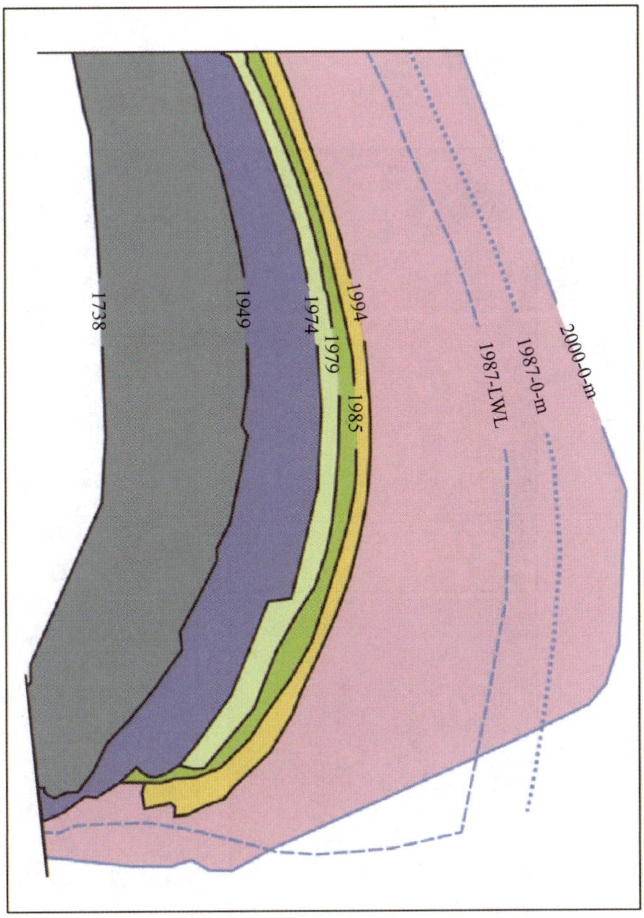

图 5–3　长江三角洲岸线演变过程示意

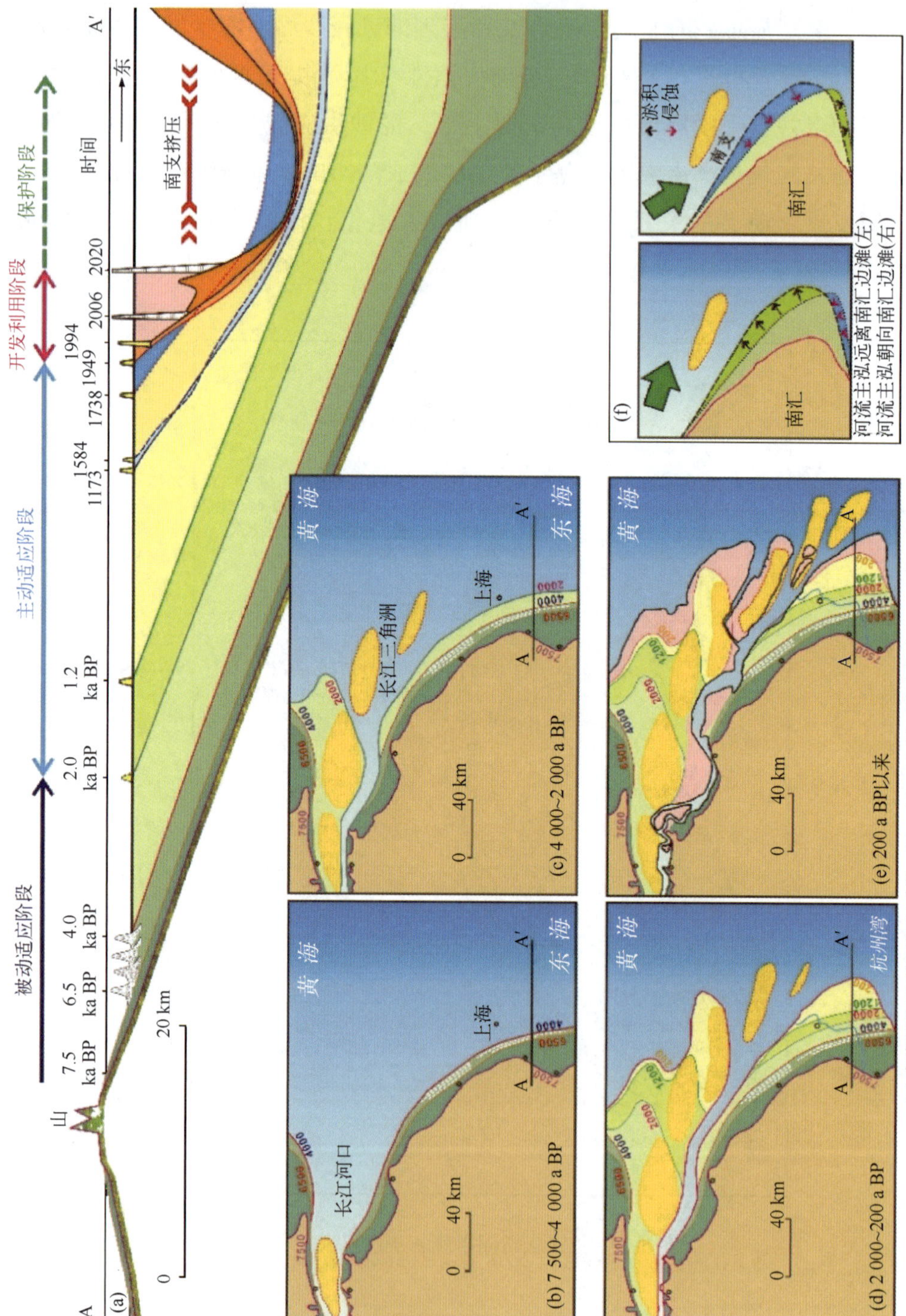

(a) 南岸贝壳堤平原演化示意；(b)～(e) 三角洲不同演化阶段；(f)南汇潮滩沉积-侵蚀与主河道迁移之间关系。

图 5-4 长江三角洲南岸演化过程

(1) 7.5~2.0 ka BP，人类处在被动适应自然变化阶段。7 000 多年前先民已经掌握了种植水稻、搭高脚屋等技术，生活在上海西部和太湖周边低地上，很容易受到气候与海平面或湖水面变化等影响，造成文化断层等事件，因此当时人类完全处在靠天吃饭的形势下，人类活动尚不足以对自然过程构成影响。

(2) 2.0 ka BP 到 1994 年，人类开始进入被动适应向主动适应、防御和积极利用海涂资源阶段。约 2.0 ka BP 前人类已经开始比较系统地修筑海塘来抵御海潮灾害、保护耕地和家园等，目前可以考证的旧海塘有旧捍海塘、里护塘、钦公塘、彭公塘和人民塘，这些海塘都曾经作为一线海塘抵御海潮数十年至数百年，因此经历过多次严重损毁和重修，过去 1 000 多年上海有数次致全线堤毁万人以上溺亡的重大潮灾，最近一次就发生在 1949 年，之后海塘重修并命名人民塘。在人民塘之外，因海涂围垦又修建了至少四道海塘，但在 1994 年之前，所有的海塘都修建在平均高潮线附近，对潮滩剖面的物理过程影响很小，即潮滩的发育演化仍处于自然过程，从这个角度来看，尽管 1949—1994 年围涂活动越来越频繁，但从潮滩的自然过程来看，仍可把该阶段归到 1949 年前的主动适应时期。

(3) 1995 年至今，人类活动首次超过自然因素成为影响南汇潮滩发育的因素，主要是由于 1995 年以来实施了低滩保淤围垦方式，先在 0 m 附近修筑潜堤进行促淤再圈围，使潮间带大部分甚至完全丧失，严重改变了潮滩的动力地貌过程。

5.2　全新世以来红河三角洲古岸线演化

红河三角洲平原主要是由红河及其支流 Thai Binh 河携带大量沉积物向海进积而成，整体面积约 15 000 km^2。它的形成约始于 8 500 cal a BP 全新世海平面上升速率减慢阶段(Hori et al., 2003)，基本上与世界上大河三角洲的形成时间相一致。红河流域形成约始于 66.5 Ma 以前，在此之前研究区一直处于海相环境。随着研究区缓慢的构造沉降，在古海湾中堆积了厚约 1 000 m 的沉积层，包括一系列的断层发育，其中，部分至今仍在活动。红河三角洲地区第四纪沉积层厚度在中部为 150~180 m，向东北和西南方向逐渐减薄。

红河三角洲 4 ka BP 的古岸线演化是综合一系列沙坝、历史证据和人类活动的证据才得以重建。红河三角洲海岸线快速进积主要集中在 4~2 ka BP，且主要发生在中南部地区。而后进积中心逐渐北移，整体相对比较平均。到距今 500 a 时，北部海岸线基本趋于稳定。三角洲南部海岸线近 500 a 则不断变化，虽然依旧以进积为主，但是据报道 Hai Hau 地区海岸线在 19 世纪末期遭受着严重的侵蚀(Pruszak et al., 2002)。因此，从红河三角洲古海岸线千年尺度上来看，主要以快速进积为主，局部存在侵蚀。

5.2.1 1965—2010 年红河入海口 Ba Lat 河口冲淤变化特征

通过对比不同时期海图中海岸线差异，总结了研究区 1965—2010 年海岸线的变化特征(图 5-5)。大致可分为以下三个阶段。

(1)1965—1989 年，该阶段 Ba Lat 河口地区主要以堆积为主。多个沙岛、沙嘴开始出现，总淤积面积可达 4 272 hm^2。仅在河流的下游部分河曲地区存在侵蚀，主要是由于河流演化河曲度增加，凹岸侵蚀的缘故。此外，仅在一沙岛西侧发生侵蚀，侵蚀面积约 42 hm^2。1965—1973 年，研究区频繁遭受台风和洪水影响，河口地区沉积地貌常常发生剧烈变化，例如 1971 年大洪水之前红河入海口位于现今河道的北侧。此外，人类活动极大地促进大面积泥沙淤积成陆。1973 年以后，沿河道北侧海岸线开始实施围垦，而南侧沿岸开始修建海堤和灌溉系统，由此导致一些河道快速淤积成陆。

(2)1989—2001 年，该阶段 Ba Lat 河口地区沉积物堆积远小于前一阶段，但仍旧以堆积为主，总堆积面积约为 2 400 hm^2，远大于总侵蚀面积 496 hm^2。河流携带的沉积物一部分通过河道侧分支被输送到开阔海域后堆积下来，促使海岸线快速向东扩展，部分沉积物堆积于河道。由于水道淤积水动力减弱从而加剧了沉积物堆积，一些小的河道逐渐被充填，沙岛便与陆地合并。侵蚀主要集中在开阔海域沙岛的西侧，以及局部河道的南岸。在此期间，越南实行改变农业生产结构政策，给予农民土地和森林用于开垦。因此，研究区的红树林和沿海地势平坦地方就被开发成为农业用地，这也是 Ba Lat 河口发生侵蚀的主要原因。

(3)2001—2010 年，该阶段侵蚀和堆积相当。相对而言，堆积主要发生在南岸沙岛南部，北部沿岸总堆积面积约为 58 hm^2，略大于侵蚀面积(15 hm^2)，而河口两侧的沙嘴则不断向岸移动。

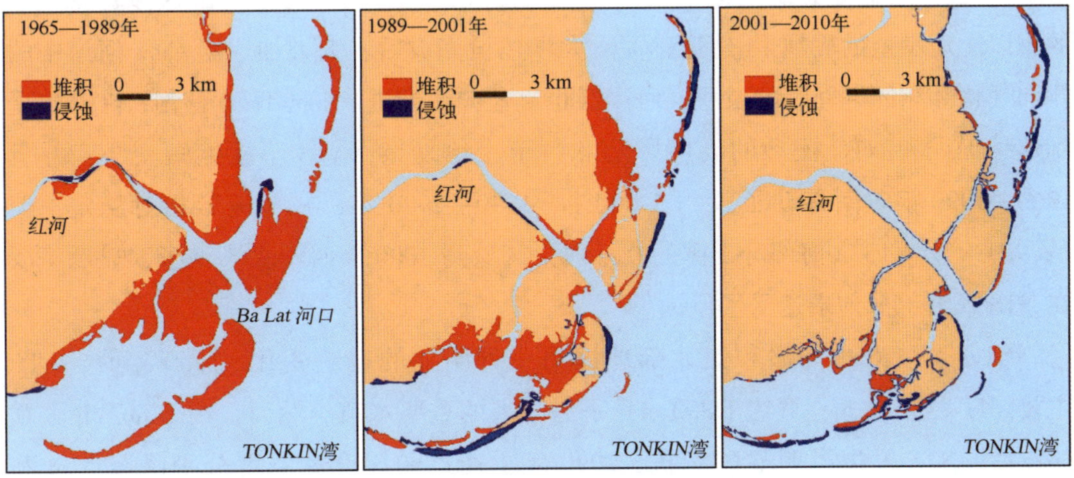

图 5-5　Ba Lat 河口地区不同时期冲淤变化

5.2.2　红河三角洲北部地区海岸带冲淤变化

红河三角洲海岸线延伸超过 150 km，北部以潮汐作用主导，南部则以波浪作用占主导。不同的海岸区段对沉积物通量和其他驱动因素的变化有不同的反应。三角洲南部(Ba Lat 河口南部)的动力学地貌演化已经得到广泛的研究，Ba Lat 河和 Day 河河口区的海岸线变化明显，侵蚀/淤积交替，而两海湾之间海岸则侵蚀严重(Duc et al.，2011)。三角洲北部海岸线变化相对缓慢，且以淤积为主，因此相关研究较少。然而，据报道北部海岸带的浅水区域遭受了严重的侵蚀，例如 Cat Hai 岛。另外，以潮汐为主的河口淤积严重破坏了 Hai Phong 港(越南第二大港)的航道。因此，本研究通过使用 DEM(数字高程建模)方法详细比较不同年代的海图和遥感影像，对海岸线位置和海岸形态的多年变化进行了研究。本研究旨在更好地理解在自然和人类活动共同作用下以潮汐为主的红河三角洲北部的地貌动力学变化特征，为沿海规划和管理提供建议。

1)研究区北部

从 Lach Huyen 河道到 Do Son 半岛的北部地区被称为 Bach Dang 河口地区，主要地貌单元为一系列狭长的浅滩(如 Lach Tray 浅滩：LTS；Nam Trieu 浅滩：NTS；Hang Day 浅滩：HDS；Hoang Chau 浅滩：HCS)和分流河道或潮汐通道(例如 Lach Tray 河道：LTC；Cam 河道：CC；Nam Trieu 河道：NTC；Lach Huyen 河道：

LHC)。最显著的地貌变化与 Cam River 河上的 Dinh Vu 大坝的建造和 1979—1981 年的用以土地围垦的堤坝 14 建造有关。大坝建设完成后，大大加速了 Cam 河道中的侧向迁移和相邻潮间带的淤积，海岸线也迅速向海推进。Nam Trieu 浅滩(NTS)也受到这种工程和 NTC 摆动的高度影响。由于土地复垦，NTS 不断缩短变小，并且 1960—1990 年向南移动了大约 3 000 m。1990—2000 年，NTS 地形相对稳定，但是，1990 年 NTS 靠海部分出露的 0 m 以上区域到 2000 年时消失不见了，显示至少在 NTS 靠海部分前端遭受了侵蚀。

NTC 和 LHC 中的淤积是北部地区另一种明显的地貌变化。1960 年时，NTC 主要深度大于 10 m，宽约 1 800 m，是海防港的重要水道。然而，在 Dinh Vu 大坝建设后，NTC 发生了明显的淤积，1990 年主通道的深度和宽度分别降至 5 m 和 1 000 m。尽管主通道深度在 2000 年稍微增加到 8 m(剖面 N-01)，但淤积给大型船舶进入 Hai Phong 港造成了很大的麻烦。LHC 受海岸工程影响较小，保持相对较好的航行条件，但它与主水道被 Cat Hai 岛分开。因此，Hai Phong 市政府决定开挖一个通道，即 Cai Trap 通道(CTC)以将这两条水道连接起来。然而，一个糟糕的设计使 CTC 成为河流沉积物的主要汇。CTC 中的淤积和超载促使政府在 2000 年初重新开挖建造了 Nam Trieu 通道(NTC)。此外，另一个在南部角落的分流河道，即 LTC，在 1960—2000 年没有明显变化，只是主要河道稍稍向南偏移。

Cat Hai 岛东侧有两个浅滩(HDS 和 HCS)，其形状受 NTC 和 LHC 演变的影响显著(图 5-6 断面 N-02 和 N-03)。1960 年这两个浅滩限制在 2 m 等深线内，但自 1990 年以来，这两个滩涂之间地带不断淤积最终促使两浅滩逐渐合并。与此同时，HCS 的长度显著缩短[图 5-6(c)]。5 m 等深线的向陆迁移表明，滩涂和潮下平台的外部应该发生显著的侵蚀，这些等深线在 2000 年深深地延伸到 NTC 中，几乎达到其内部对应物[图 5-6(c)]。类似演变特征见 3 个横剖面(N-04 至 N-06)，横剖面外部侵蚀而内部沉积，转换边界大致位于 2 m 等深线处。

2)研究区中部

中部地区位于 Do Son Peninsula 和 Thai Thuy 湾北岸之间地带，Van Uc 和 Thai Binh 的两条河口已经从河口湾演变为具有突出海岸形态的三角洲。中部地区的特点是在潮间带淤积非常迅速，特别是 1960—1990 年。与 Do Son 半岛相邻的潮间带宽度从 1960 年的约 1 500 m 迅速增加到 1990 年的约 5 000 m。剖面 M-01 显示 1990 年与 2000 年几乎重合，表明这种增长在 1990 年后突然停止。1960—

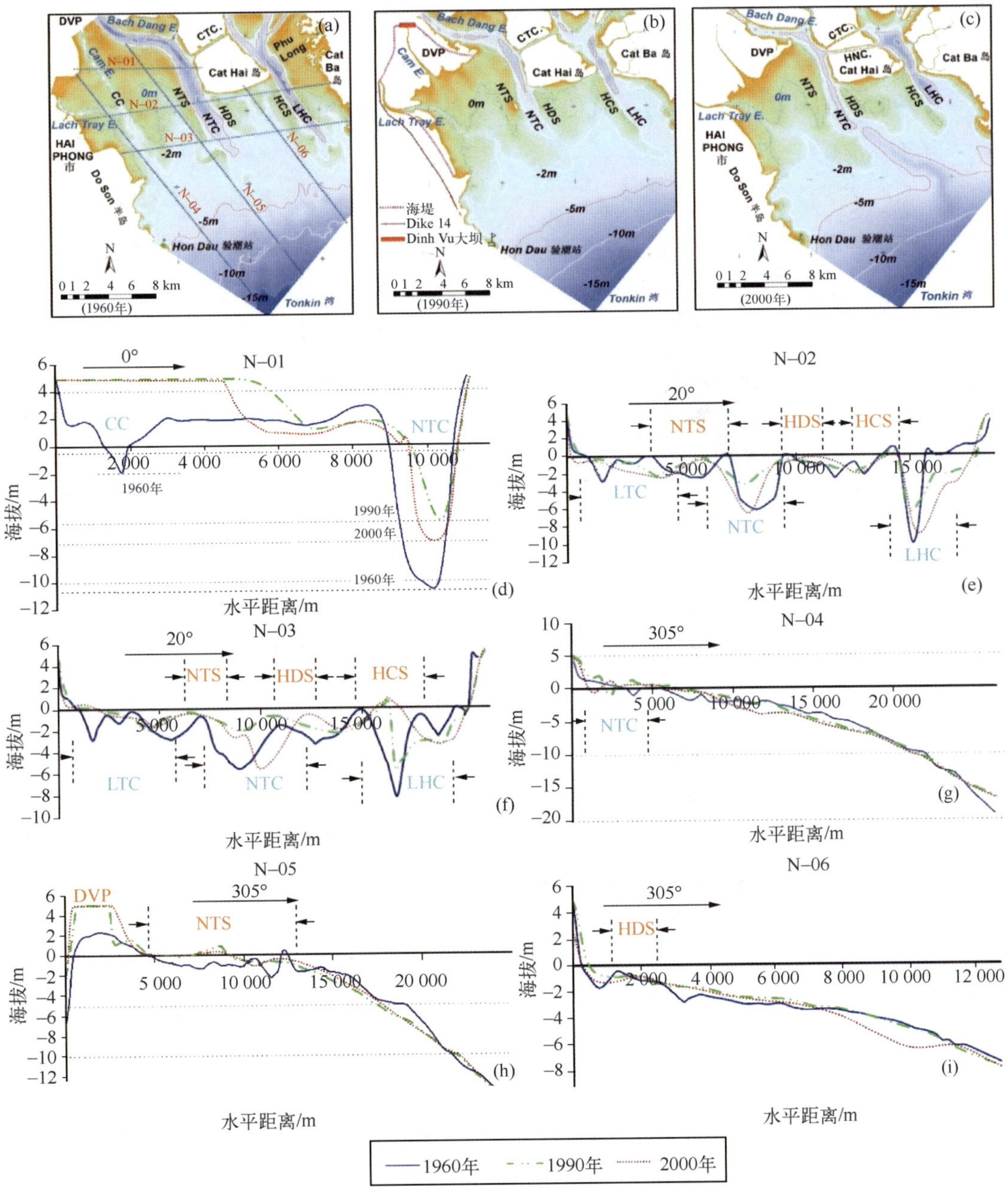

(a) 1960 年 DEM 高程；(b) 1990 年 DEM 高程；(c) 2000 年 DEM 高程；

(d) ~ (i) 为 (a) 中展示的不同时期剖面上高程变化特征。

图 5-6　研究区北部海岸带不同时期 DEM 高程及剖面变化特征

1990 年，在 Van Uc 和 Thai Binh 河口之间的 Tien Lang 潮间带同样淤积速率极快，其宽度从 1 200 m 增加到 8 000 m，但随后是一个停滞期(图 5-7 断面 M-02)。相比之下，Thai Binh 河口以南的潮间带宽度从 1960 年的约 2 500 m 增加到 1990 年的 4 200 m 左右，而在该时期的潮间带和潮下带发生轻微侵蚀(图 5-7 断面 M-03)。

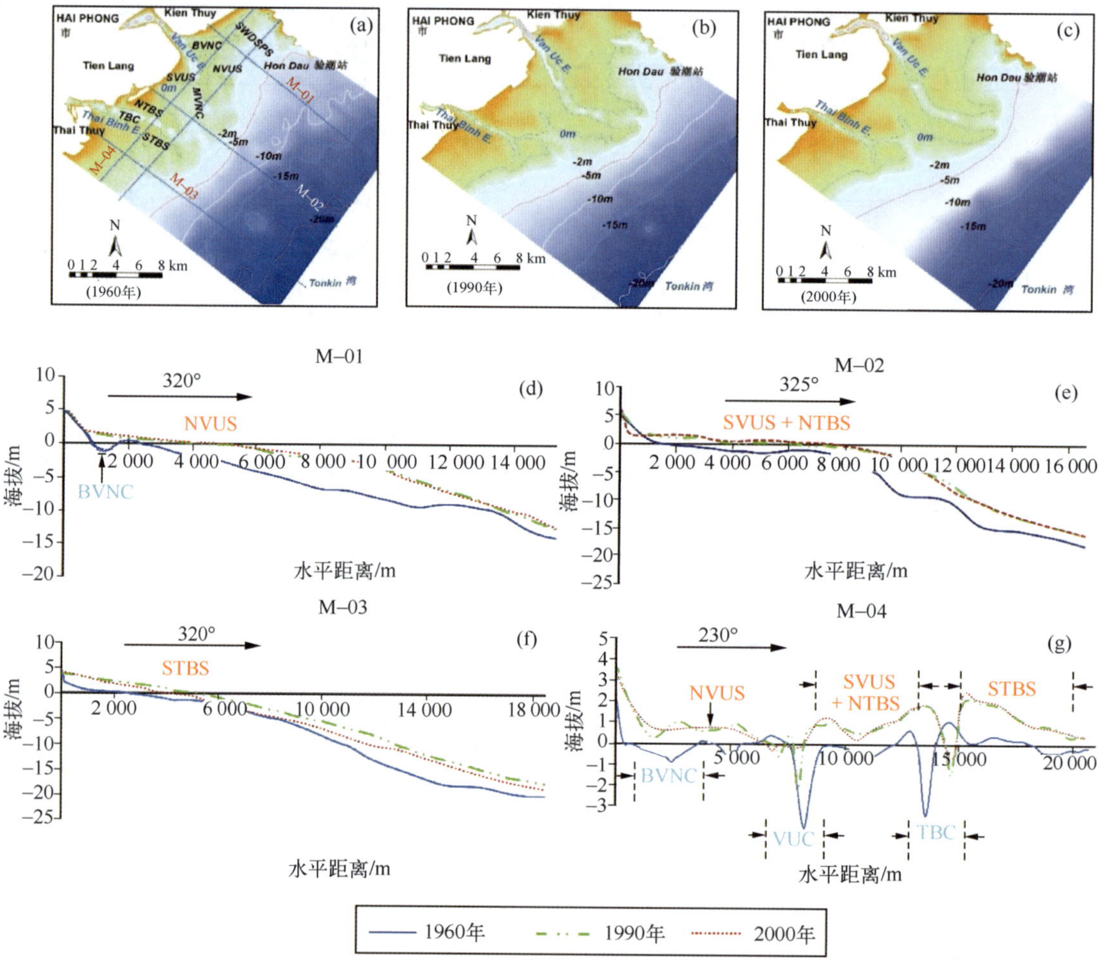

(a)1960 年 DEM 高程；(b)1990 年 DEM 高程；(c)2000 年 DEM 高程；

(d)~(g)为 4 条主要高程剖面，展示不同时期剖面上高程变化特征。

图 5-7　研究区中部海岸带不同时期 DEM 高程及剖面变化特征

该地区有 5 个浅滩，包括西南部 Do Son Peninsula 浅滩(SWDSPS)、北部 Van Uc 浅滩(NVUS)、南部 Van Uc 浅滩(SVUS)、北部 Thai Binh 浅滩(NTBS)和南部

Thai Binh 浅滩(STBS)。这些滩涂在1960—1990年作为潮间带迅速淤积，但1990—2000年增长明显减缓甚至变为轻微侵蚀。1960年，Van Uc 河道的一个分支流经NVUS向SWDSPS方向发展，但持续的淤积使其在1990年消失，导致NVUS和SWDSPS融为一体。与此同时，Van Uc 河道的大部分区段已经变浅了2~3 m，并向东北迁移。在此期间，Thai Binh 河道也淤积了3~4 m，并向西南迁移。然而，2000年，MVNC和TBC都变得相对稳定(图5-7 断面M-04)。

3)研究区南部

南部地区位于Thai Thuy 海岸以南和Lan 河口之间区段，河流作用占主导且波浪作用增强为其主要特征(Vuong et al.，2016)。1960—1990年，观察到的大部分潮滩都经历了快速增长，然后在1990—2000年，一些地区的增长速度急剧下降甚至变为侵蚀(图5-8)。

北部 Diem Dien 潮间带(NDDTF)的宽度从1960年的约3 500 m变为1990年的6 500 m。1990—2000年，潮间带宽度尽管几乎保持不变，但表面高程已显著降低，最大侵蚀量大于1 m。1960—2000年，Diem Dien-Tra Ly 潮滩的淤积规模相对较小，主要发生在大潮低潮线附近(图5-8 剖面S-02)。在Tra Ly-Lan 间潮间带宽度从1960年的约1 km迅速增加到1990年的3.5 km，但在1990—2000年几乎保持不变。1960—1990年，Lan 潮坪的淤积受Lan 河河道向北转移的影响发生严重侵蚀，但到2000年便趋向稳定，而后不久又快速淤积，潮间带宽度恢复到约6 km(图5-8 剖面S-04)。

南部地区包含三条主要河流即Diem Dien 河、Tra Ly 河和Lan 河，其水下河道在研究期间经历了复杂的变化。剖面S-05详细刻画了几个河口的演化过程。1960年，原Diem Dien 河道位置由约5 m深和600 m宽迅速淤塞为潮滩，高程在1990年约为0 m，到2000年高程已接近2 m，而Diem Dien 河道则向南移动约1 000 m。Tra Ly 河道沿S-05断面在1960—1990年维持在0.5 m深和50 m宽，但在2000年随着向北迁移变得更深更宽。1960年，Lan 河河道沿S-05断面约3 m深和10 km宽，到1990年由于淤积而变为1.5 m深和3 km宽，并且由于河道北移，早期河道局部已转化为潮间带的一部分(图5-8 断面S-05)。

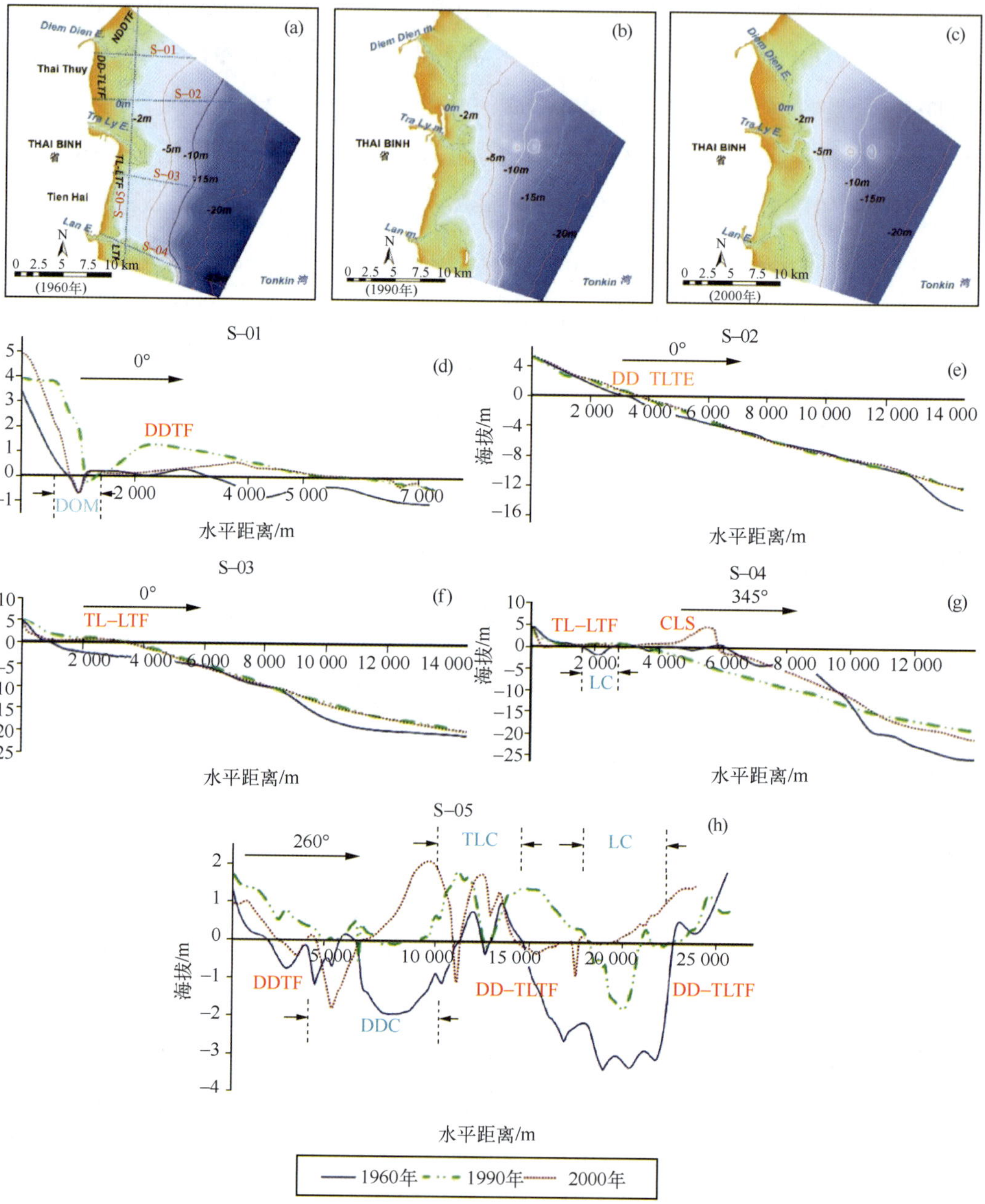

（a）1960 年 DEM 高程；（b）1990 年 DEM 高程；（c）2000 年 DEM 高程；

（d）~（h）为 5 条主要高程剖面，展示不同时期剖面上高程变化特征。

图 5-8 研究区南部海岸带不同时期 DEM 高程及剖面变化特征

5.2.3　红河三角洲海岸线演化及其控制因素

1) 1930—2001 年红河三角洲南部地区海岸线演化特征

通过对比分析 5 幅地形图(1930 年、1965 年、1985 年、1995 年和 2001 年)来研究 Ba Lat 河口及其南侧至 Day 河口之间海岸线的变化特征，进而分析其控制因素。红河三角洲沿岸在大的河口地区例如 Ba Lat、Day 和 Lach 等，近几十年来快速地向海进积，而河口之间的海岸线则往往处于侵蚀状态。Ba Lat 河口地区海岸线的平均进积速率为 65 m/a (1930—1965 年)、84 m/a (1965—1985 年) 和 60 m/a (1985—1995 年)，主要以河流携带大量沉积物在河口形成沙坝，而后水道被充填，以沙岛并岸的方式向海推进。不同于 Ba Lat 河口，Lach 和 Day 河口区沉积物供应主要由河流携带泥沙和沿岸流从邻近海岸侵蚀而来的沉积物共同供给，其平均进积速率分别为 95~110 m/a 和 27~35 m/a。

由于河流携带来的沉积物大都在河口地区堆积，使得河口之间的海岸线遭受严重侵蚀。位于 Ba Lat 河口南侧，Giao Phong 和 Giao Long 之间 22 km 的海岸线 1930—1965 年遭受侵蚀，海岸线后退速率最大可达 24 m/a。1965—1985 年最严重时期侵蚀速率可达前一时期的 1.5 倍。之后由于 Ba Lat 南侧河口沙坝的扩大，该区段由侵蚀转为淤积。此外，侵蚀最严重的区段主要集中在 Giao Phong 以南的地区 (Hai Dong、Hai Ly、Hai Chinh、Hai Trieu、Hai Hoa 和 Hai Thinh，图 5-9)。1930—1965 年，红河入海口由 Ha Lan 河口处转到 Ba Lat 河口，该区段海岸开始由进积转为侵蚀，平均侵蚀速率为 5~22 m/a。直到 1995 年由于海堤的建立，使得海岸线基本不再发生改变。现今，Hai Dong 地区海岸已经由侵蚀转为淤积，而大部分依然处在侵蚀状态，最严重的区段集中在 Hai Thinh 附近(图 5-10)，我们可以清晰地看出，在短短的 10 个月内，海岸线后退接近 30 m，9 个月后照片中的松树基本上全部被毁。总的来说，局部地区侵蚀依然相当严重，并非前人所报道的侵蚀正在逐渐减少(Pruszak et al., 2002)。

2) 1975—2015 年红河三角洲北部地区海岸线演化特征

通过比较 1975 年、1988 年、2001 年和 2015 年拍摄的 Landsat 卫星影像中提取的不同年代的海岸线数据，分析海岸线位置及冲淤变化(图 5-11)。结果显示，研究区 1975—1988 年以侵蚀为主导，而 1988—2015 年则以淤积为主导。1975—2015

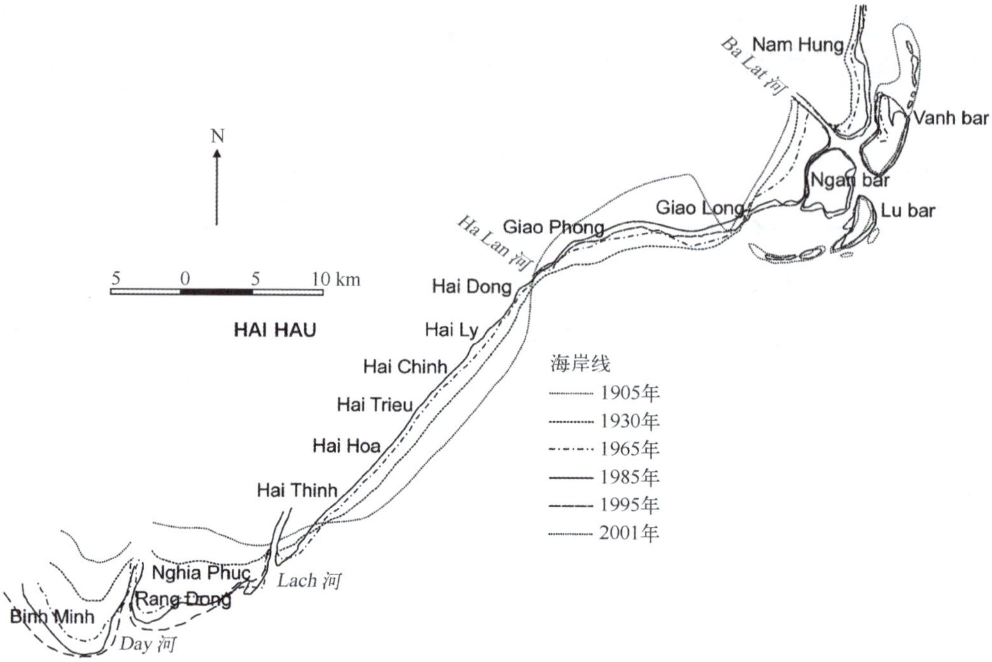

图 5-9 Hai Hau 地区及邻近地区海岸线变化(Duc et al., 2011)

图 5-10 红河流域 Hai Thinh 挖沙(Duc et al., 2011)

年，统计分析显示北部的淤积和侵蚀面积分别为 31.3 km^2 和 8.9 km^2，中部为 55.7 km^2 和 0.3 km^2，南部为 29.0 km^2 和 2.8 km^2。

1975—1988 年北部地区除了 Bach Dang、Cam 和 Lach Tray 河口区外，大部分海岸线遭受了一定的侵蚀。1988—2015 年，Dinh Vu 大坝建设和其他沿海工程项目加速了这些河口的海岸线推进速率。与此同时，最北部海岸线由起初略有增加转变为之后的趋于稳定(图 5-11)。总体来看，1975—2015 年，北部地区的西南部分(包括 Bach Dang、Cam 和 Lach Tray 河口)以快速增加为特征，而东北部分(包括 Lach

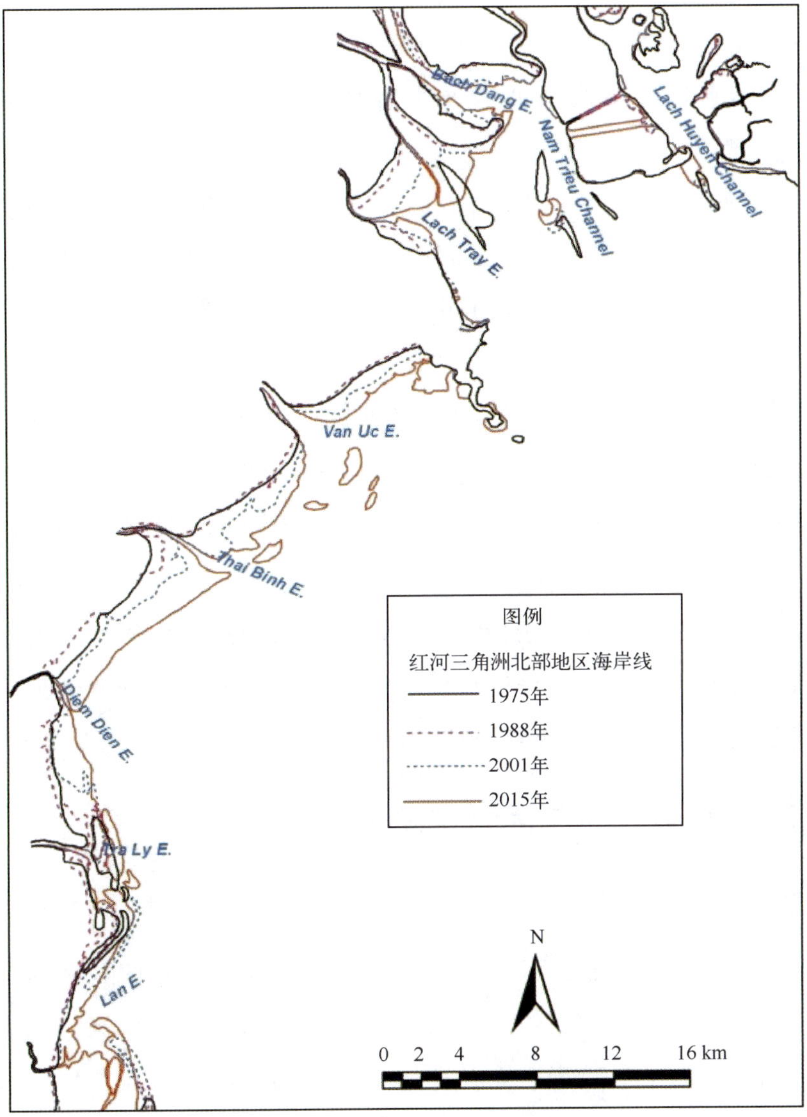

图 5-11　1975—2015 年红河三角洲北部地区海岸线变化特征

Huyen 河口，Cat Hai 岛和 NTS、HCS、HDS 三个浅滩）遭受严重侵蚀。最大平均淤积（侵蚀）速率可达 28.9 m/a（33.2 m/a）。1975—1988 年中部地区，Van Uc 和 Thai Binh 两个河口区及附近的少数潮滩以淤积为特征，其余大部分海岸线遭受轻微侵蚀。然而，几乎所有这些海岸线在 1988—2015 年都已经转变为淤积。总体而言，中部地区的海岸线呈向海推进特征，淤积速率为 10～30 m/a。南部地区的海岸线侵蚀和淤积模式与中部地区类似，由 1975—1988 年的几乎全部侵蚀转变为

1988—2015 年的全部淤积。在障壁岛后侧，通常会出现快速淤积。总体而言，1975—2015 年呈快速淤积特征，但有些地区由于河道移动和沿岸障壁沙坝迁移而产生侵蚀。年平均海岸线进展速度为数米至数十米，Lan 河口南岸最高可达 104.6 m/a。

通过对比 1965—2004 年的 DEM 数据，以及 1975—2015 年 Landsat 卫星影像的海岸线变迁，分析了红河三角洲北部海岸线近几十年来的演变特征。在过去的几十年中，除了东北角的 Cat Ba 和 Cat Hai 岛，研究区大部分海岸线呈净淤积状态(图 5-11)。1988 年，Hoa Binh 大坝完工后，没有监测到海岸线进展速度发生显著变化，该河道在河内附近 Son Tay 站的年悬浮泥沙通量从 1.19×10^8 t(1960—1979 年)降至 0.46×10^8 t(1989—2010 年)(Vinh et al., 2014)。相反，1975—1988 年大坝的建成前便发生了广泛的海岸线侵蚀，这应该与年代际风浪活动而不是沉积物缺乏有关。在过去的 20 年中，据报道在红河三角洲南部地区的 Ba Lat 和 Day 两个主要河口区海岸线以快速淤积为特征。因此表明海岸侵蚀对河流沉积物通量急剧减少有滞后反应，其主要表现在以潮汐为主的红河三角洲北部地区。长江三角洲也有类似的现象，在 2003 年三峡水库运行后，海岸线依然持续向海推进。

5.2.4 岸线变化的控制因素和机制

1)海岸侵蚀的控制因素

(1)海平面上升。越南是东南亚地区最容易受到全球海平面上升影响的五个国家之一。据联合国政府间气候变化专门委员会(IPCC)2007 年第四次评估报告显示，1961—2003 年全球海平面平均上升速率为1.8 mm/a。红河三角洲地区长期的观测数据显示，平均海平面上升速率维持在 1.9 mm/a。此外，据长期潮汐测量数据显示，红河三角洲沿岸的相对海平面上升速率为 2.02~2.24 mm/a。通过海平面与海岸线侵蚀的估算公式得出，红河三角洲由于海平面上升引起的海岸侵蚀可达 0.14~0.31 m/a。

(2)热带气旋。形成于热带西太地区的台风，约有 13%会影响到越南。台风带来的强降雨最大可达 2.6 m，诱发洪水等自然灾害，进而破坏海堤和红树林，从而导致海岸侵蚀。此外，台风引发的巨浪同样破坏力惊人。据 Hai Hau 验潮站记录，1976—1994 年台风期间浪高可达 3.2~4.25 m。通过计算可知，如果浪高维持在4.25 m、持续时间在2.4 h，便会导致约7.1 m的海岸侵蚀(Duc et al., 2011)。近年来，极端气候频发，据统计，1962—2010年约有86个台风直接在红河三角洲沿岸登陆，加之海平面上升，据估算2.6 m风暴潮的再现周期，可能由目前的20年逐渐缩短为9年(2050年)和4.5年(2100年)(Duc et al., 2011)。

(3)人类活动。农业生产破坏海岸带植被，如红树林等，导致海岸带侵蚀。此外，流域内大量修建水利工程也会导致海岸侵蚀。Hoa Binh大坝是越南境内最大的水坝，1989年完全建成并投入使用，据下游Son Tay水文站统计，水坝建成前后，虽然水通量几乎不变，但泥沙通量减少了近56%，可能直接导致Ba Lat河口淤积减缓，由84 m/a减少为60 m/a。

2)北部潮滩仍处于淤积的控制因素

对不同时期水深断面的对比分析表明，潮间带乃至潮下带和浅滩地区1960—1990年都是以淤积为主，而1990—2000年，潮间带、潮下带和浅滩的浅部仍然迅速增加，但其外部区域几乎没有淤积，甚至变成了显著的侵蚀。长江三角洲地区的情况与之类似，据报道，在三峡大坝建成后，外海沿岸地区的侵蚀被认为是对河流输沙量急剧减少的反映，部分再悬浮沉积物可以通过强潮以维持潮滩和浅水区的淤积。因此，这种潮泵作用被认为是Hoa Binh大坝完工及红河三角洲动力地貌发生变化的结果。由于红河水下三角洲发育相对狭窄的三角洲前缘平台，因此侵蚀/淤积界线集中在前缘平台与前缘斜坡的分界线附近。而长江三角洲则不同，长江三角洲由于其宽广的前缘平台，其分界线主要集中在5 m等深线附近。

第6章

河口水下三角洲及邻近陆架海域表层沉积物特征研究

6.1 水下三角洲和邻近陆架表层沉积物类型及分布

6.1.1 沉积物分类和命名方法

本次调查工作未开展海域表层沉积物取样，针对长江水下三角洲，收集和整理了已有调查研究项目近几年在研究区获得的表层沉积物成果数据，选取其中2 400个站位分析测试和命名方法相同的数据(图6-1)，同时搜集了陆架海域1∶100万区域地质调查沉积物类型图成果图件，编制了研究区的沉积物类型分布图。由于Folk分类法在沉积动力和成因方面具有明显的指示意义，因此本次调查采用了Folk分类法进行海底表层沉积物命名。

6.1.2 长江水下三角洲和陆架表层沉积物分布特征

研究区沉积物可划分为8种类型：砾(G)、砂(S)、粉砂质砂(zS)、泥质砂(mS)、砂质粉砂(sZ)、砂质泥(sM)、粉砂(Z)、泥(M)，如图6-2至图6-4所示。

从图6-2看出，粉砂分布最广，在调查区北部、中部和南部海域均有大片分布。多以单峰曲线为主，主峰位于5.5~6.5，曲线尖锐，以中、细粉砂为主。

泥和砂质泥分布范围也较大，主要分布在河流的口门处及浙闽泥质区的外侧边缘，主峰尖锐，位于6~8，8~10以上曲线出现次峰，说明含有少量细黏土组分。

砂主要分布在长江口门外侧及苏北潮流沙脊海域，钱塘江口也有少量分布。粒度频率曲线呈现典型单峰特征，曲线尖锐，峰值位于0~4，其中长江口门外颗粒较粗，以中、粗砂为主，其他海区以中、细砂为主。

其他类型的沉积物镶嵌其中。

6.1.3 红河水下三角洲和陆架表层沉积物分布特征

红河三角洲主要以砂和粉砂为主，近海过渡到砂质粉砂，再向外海主要是砂质沉积，在南部见少量的泥，这种沉积格局和红河水下三角洲动力环境密切相关，红河口波浪大，并且台风多，红河入海泥沙主要向南输运，细颗粒很难沉积在河口区(图6-5)。

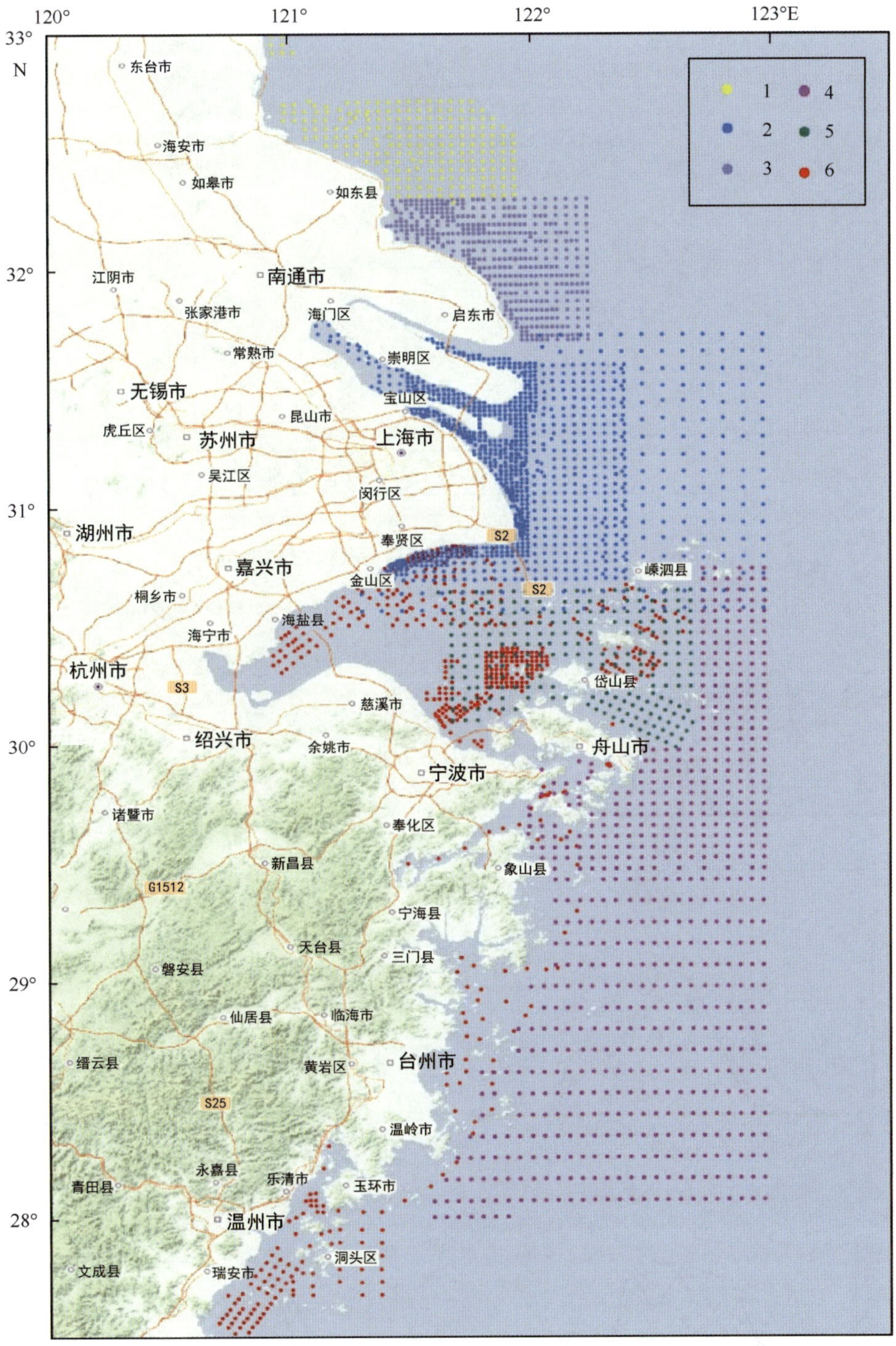

图6-1　表层沉积物调查站位和搜集站位分布

（资料来源：1. 江苏北部海岸带综合地质调查；2. 上海海岸带综合地质调查；3. 南通海岸带综合地质调查；4. 长江三角洲海岸带综合地质调查与监测；5. 舟山海岸带综合地质调查；6. 长江口等重点海岸带综合地质调查）

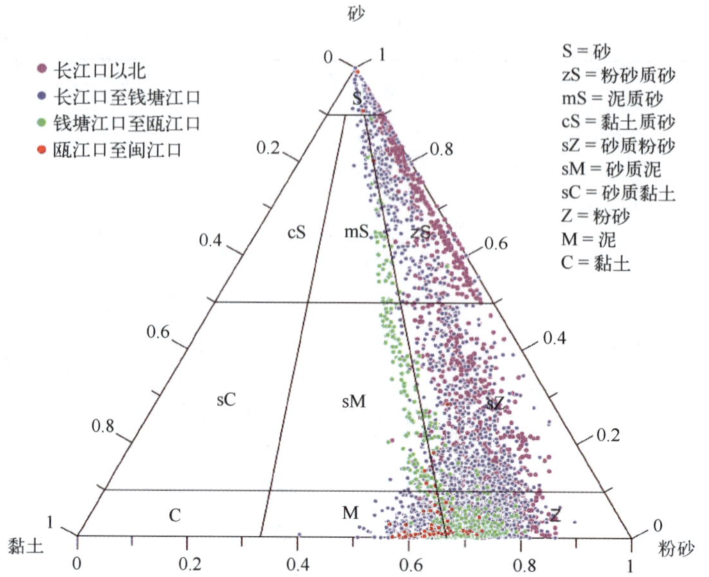

图 6-2　长江三角洲近岸海域表层沉积物 Folk 分类

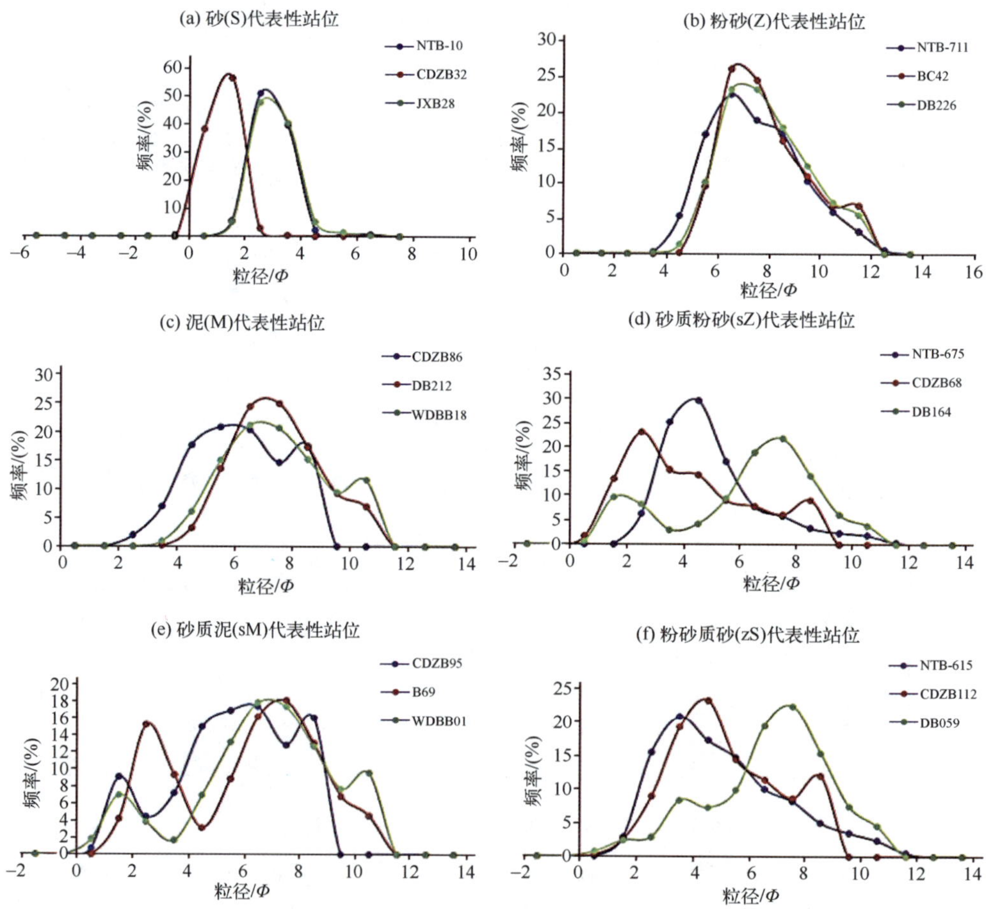

图 6-3　不同沉积物类型的粒度频率曲线

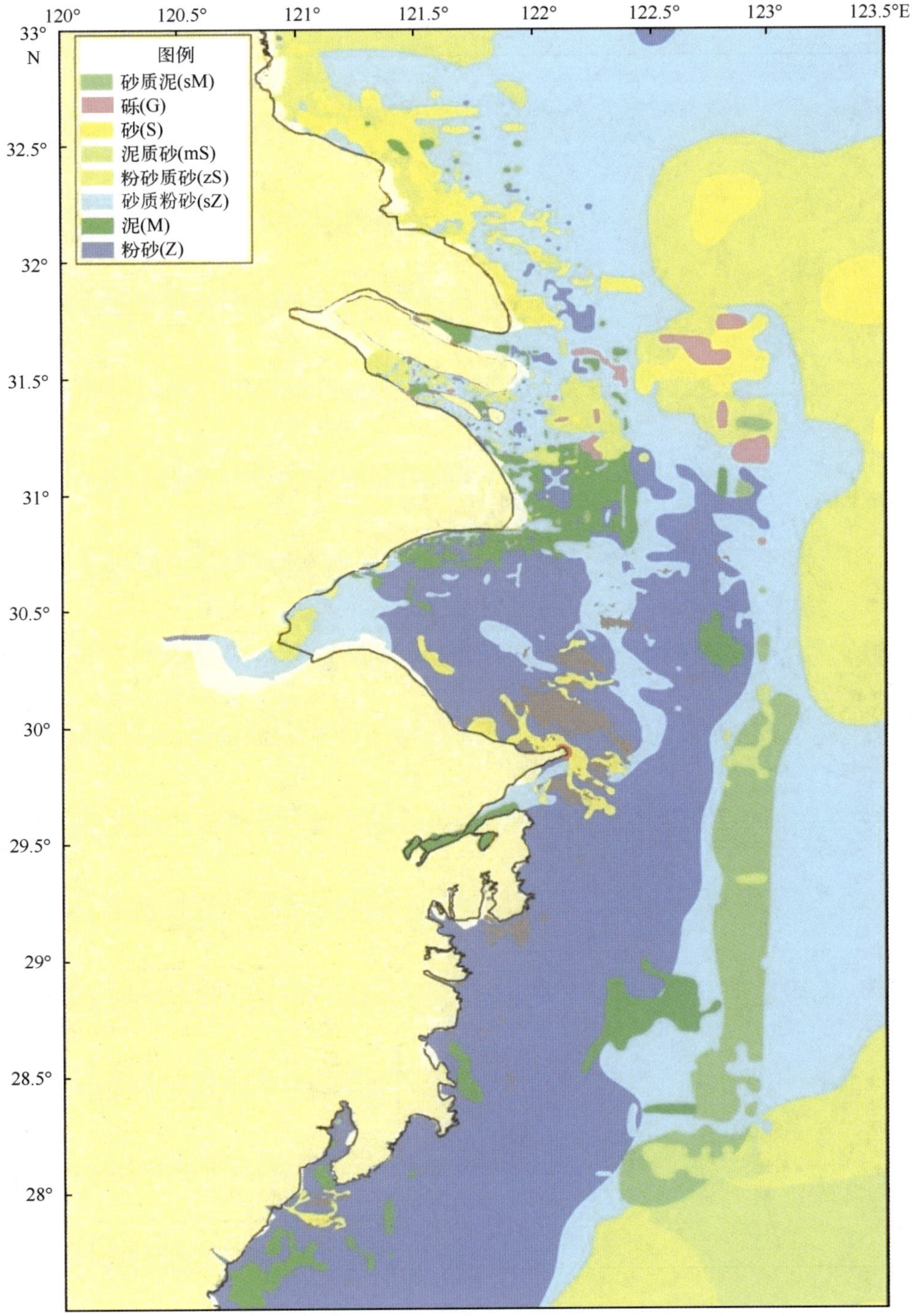

图 6-4　长江三角洲及近海海底表层沉积物类型平面分布

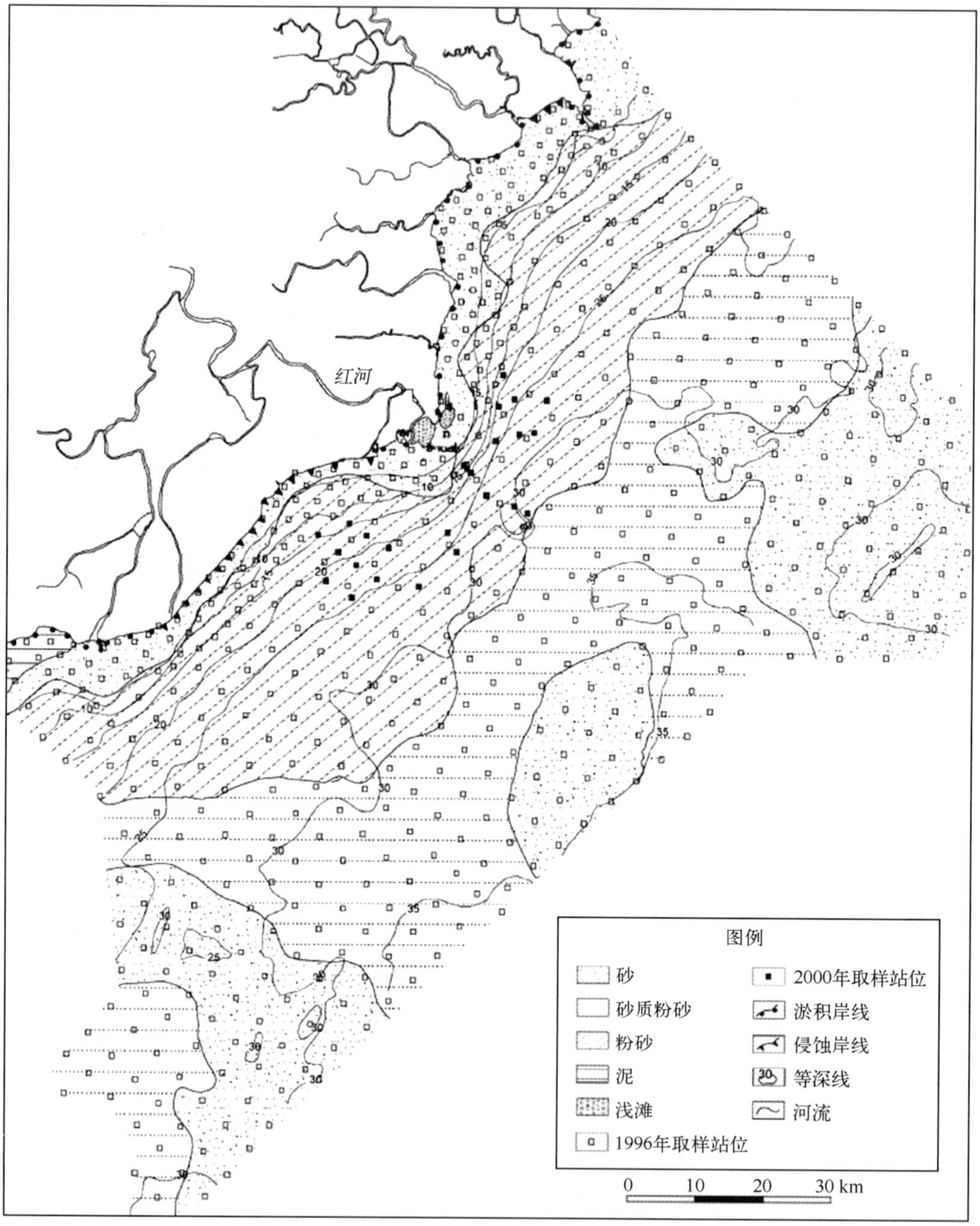

图 6-5　红河三角洲及近海海底表层沉积物类型平面分布(Duc et al., 2006)

6.2 长江水下三角洲和陆架表层沉积物粒度组分特征

沉积物颗粒按粒径大小可分为砾(>2 mm)、砂(2~0.063 mm)、粉砂(0.063~0.004 mm)和黏土(<0.004 mm)4个粒级组分。根据粒度分析结果，为反映调查区整体粒度特征和分布情况，我们绘制了研究区海底表层沉积物砂、粉砂和黏土粒级组分百分含量的平面分布图，重点针对调查区范围的分布特征叙述如下。

6.2.1 砂粒级组分

苏北潮流沙脊区、长江口口门外侧及钱塘江口砂组分含量高，以砂和粉砂质砂为主，砂的百分含量一般在50%以上，最高可达80%~100%。其次江苏沿岸、长江口口门处及浙闽泥质区外缘砂含量在50%左右，沉积物类型为砂质泥和泥质砂。其他海区砂含量较低，一般低于10%(图6-6)。

6.2.2 粉砂粒级组分

粉砂含量分布正好与砂含量分布相反。粉砂覆盖的区域主要有杭州湾舟山群岛海域、浙闽泥质区，粉砂含量在70%左右。在砂质粉砂覆盖的区域，粉砂含量中等，为50%~70%，呈条带状分布，主要介于砂质泥区和粉砂区之间。在底质类型为砂、粉砂质砂的区域，粉砂含量普遍较低，含量在20%以内，最低可达10%以下。

6.2.3 黏土粒级组分

研究区黏土含量总体较低，平均含量在20%左右，最低值为0，位于砂质区，最高值接近40%左右，主要分布在长江口南支的口门处和南部中小河流河口区。黏土的分布趋势与粉砂相似，在砂、粉砂质砂等粗颗粒物质覆盖的海域，黏土含量低于10%，有些区域不含黏土。砂质粉砂覆盖的区域，黏土含量为10%~20%。

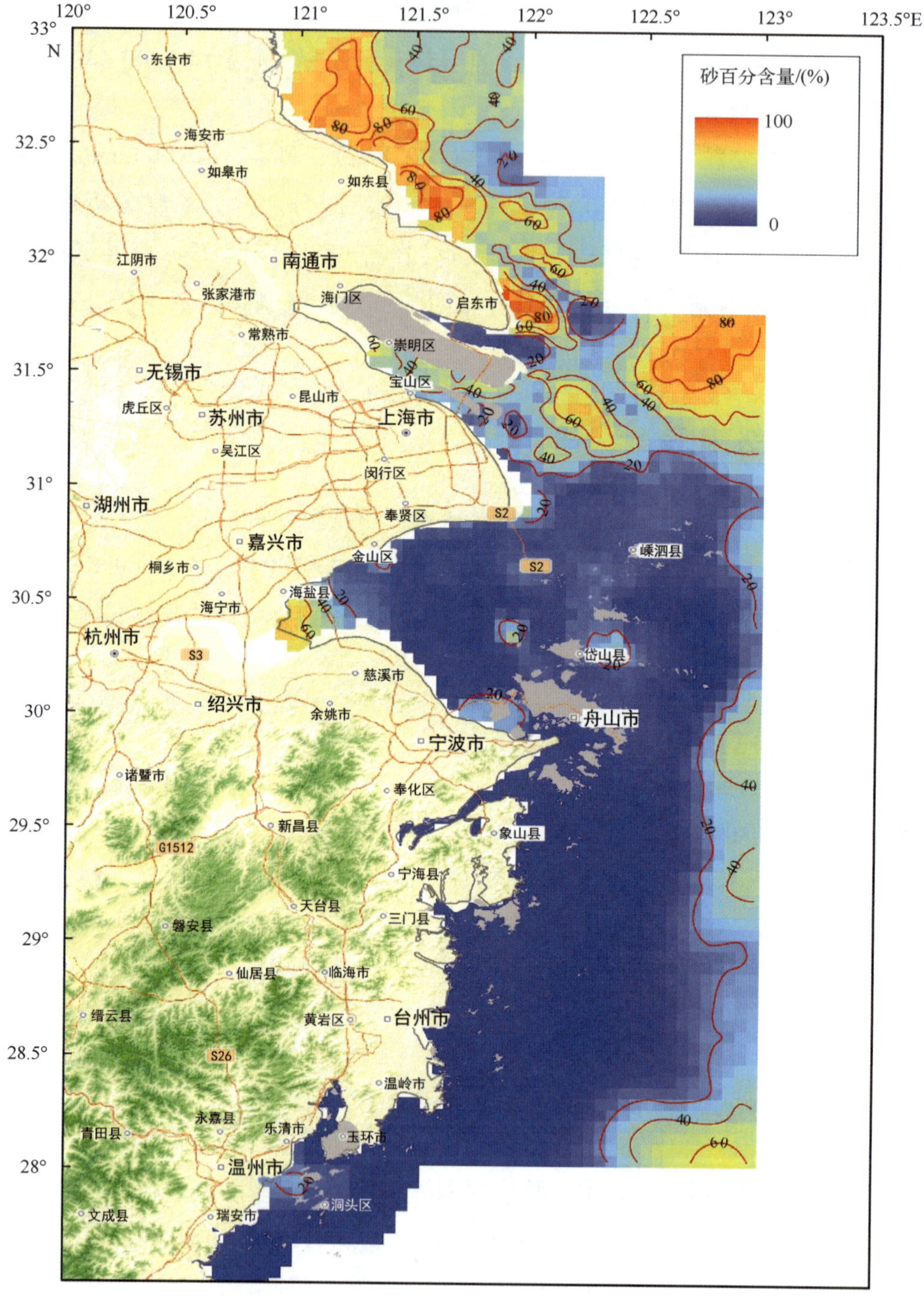

图 6-6　研究区海底表层沉积物砂粒组分的百分含量平面分布

6.3 长江水下三角洲和陆架表层沉积物粒度参数分布特征

沉积物粒度参数是描述沉积环境的重要依据之一，特定的沉积环境往往具有特定的沉积物粒度参数特征，利用沉积物的粒度参数分布特征可以识别沉积环境或判定物质运动的方式(黄广等，2008)。

6.3.1 中值粒径(Mz)

整个研究区中值粒径分布范围为1~8，长江口北部的苏北潮流沙脊区粒径小于4，长江口门处和外部(Φ<4)也存在较大的粗颗粒区分布，对应沉积物类型图(图6-3)中的砂，这主要受苏北强潮流作用导致，苏北潮流沙脊区潮流流速大，海流强，细颗粒物质再悬浮以后被海流带向外海，留下较粗的砂，而长江口口门处的粗颗粒物质是盐淡水混合导致，我们称之为“拦门沙”，而口门外的砂体处，水深较大(>50 m)，为陆架残留砂；长江口南支泥沙入海后，在科氏力的作用下，输运方向偏向南，同时受到外侧台湾暖流顶托的作用，大部分泥沙沉积在南汇近岸和杭州湾北部，受长江物源和局部环流的共同作用，此处发育了多块细颗粒沉积区(Φ>7)，对应沉积物类型图中的泥；同时由于水动力环境较强，细颗粒泥沙再悬浮，在沿岸流的作用下继续向南，在南部浙江沿岸沉积了大面积的细颗粒物质(Φ>6)，对应于沉积物类型图中的粉砂；舟山群岛的岛间潮流通道，水动力很强，中值粒径小于5，主要沉积有砂、粉砂质砂等粗颗粒物质；钱塘江口门处的拦门沙中值粒径小于4，这与钱塘江涌潮形成的动力机制密切相关；而外海沉积物粒度变粗(Φ<5)，对应沉积物类型中的泥质砂，主要是残留沉积，同时受浙江沿岸细颗粒物质跨陆架输运后的混合所致。

6.3.2 分选系数(σ_i)

研究区分选系数变化较大，在 1.23 和 2.68 之间，平均值为 1.91[图 6-7(a)]。大部分区域沉积物分选较差，特别是砂质泥区，分选系数在 2 以上，分选很差，粉砂区分选较差。砂质区分选系数小于 1，分选性稍好于其他区域。

6.3.3 偏度(SK_i)

研究区内偏度变化范围为-1.37～2.88，平均值为 0.12，大部分区域偏度大于 0，属于正偏的范畴[图 6-7(b)]。主要分布砂质粉砂或砂质泥，砂质泥和泥区的偏度主要为负偏。

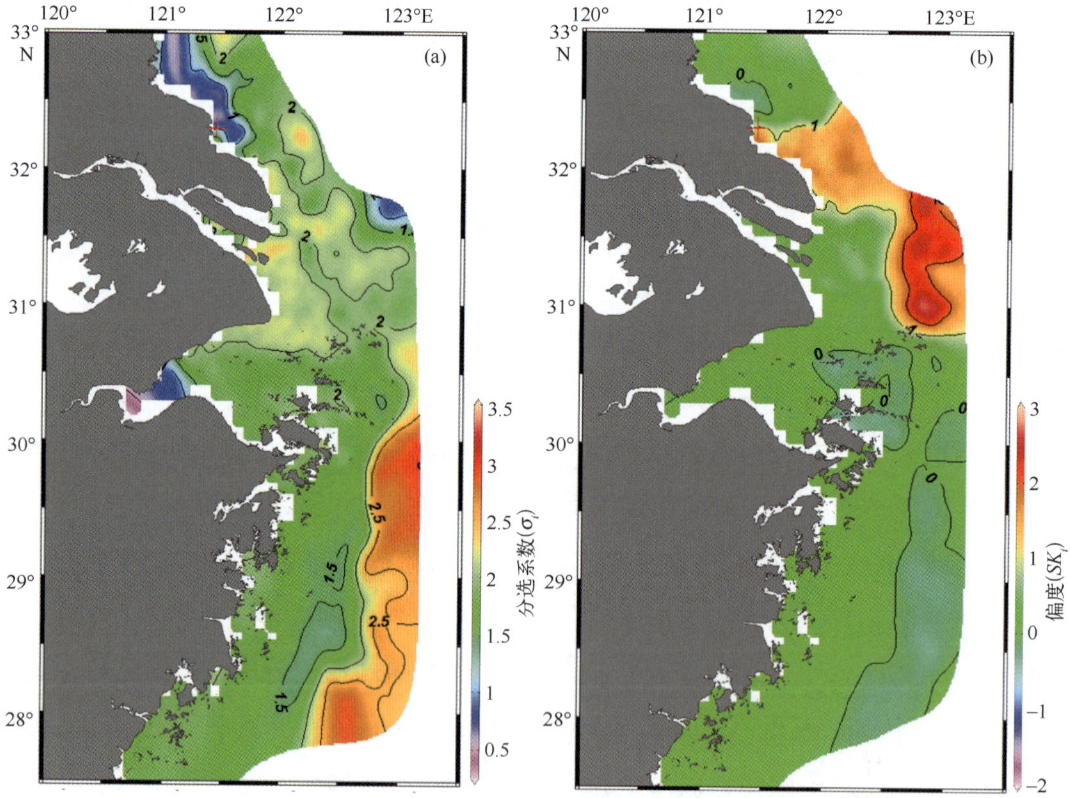

图 6-7 研究区海底表层沉积物分选系数和偏度平面分布

6.4 长江水下三角洲和邻近陆架表层沉积物元素组成特征

6.4.1 常量元素分布特征

研究区表层沉积物元素组成以 SiO_2 和 Al_2O_3 为主，平均含量分别为 58.86%和 13.80%。其次含量较高的是 Fe_2O_3、CaO、K_2O 和 MgO，其含量分别为 5.52%、4.27%、2.65%和 2.50%。Al_2O_3、Fe_2O_3、K_2O 和 MgO 的分布特征较为相似，SiO_2 和 CaO 的分布趋势与其他元素差异明显，这种差异主要是因元素的来源和性质差异导致(图 6-8)。

Si 在地壳中丰度仅次于 O，主要以硅酸盐和 SiO_2 的形式存在。研究区 SiO_2 含量为 22.7%~85.08%，平均 58.86%，是该区域沉积物中的最主要组成部分。这一含量显著高于大洋中部远离陆地区域的深海沉积物，与长江流域和陆地土壤 SiO_2 含量较为接近，表现出明显的“亲陆性”。整体分布特征表现出明显的自河口到泥质区逐步降低趋势，即随着沉积物的粒度由粗变细，SiO_2 的含量由高变低，遵从元素的粒度控制特性。在泥质区中，SiO_2 分布呈现出明显的均一化趋势。变化较明显的区域主要集中在河口沉积物粒度变化较大的区域。

Al 和 Si 一样是地壳中许多岩石和矿物组成的主要元素，在地壳中的丰度仅次于 Si，居第三位。Al 主要以铝硅酸盐矿物和氧化物(Al_2O_3)的形式存在，铝硅酸盐矿物占全部含铝矿物的 99%以上，广泛分布的各种铝硅酸盐矿物(如长石、云母、角闪石等)，在风化作用下均可转变为含铝的黏土矿物(如伊利石、高岭土、蒙脱石等)，只有极微量的 Al 进入溶液。研究区 Al_2O_3 的含量为 4.45%~19.00%，平均含量为 13.80%。铝的含量为 7.3%，低于地壳铝的克拉克值 8.05%。Al_2O_3 的平面分布趋势与 SiO_2 完全相反，随着沉积物粒度由粗变细，含量逐渐升高。海底沉积物中各种铝硅酸盐矿物和黏土矿物均是 Al 的主要宿主，东海内陆架沉积物中 Al 的陆源碎屑指数为 89%，可见近 90%的 Al 都是存在于碎屑矿物和黏土矿物中。Fe_2O_3、K_2O、MgO 的分布与 Al_2O_3 基本相似，反映了其相似的来源。沙脊区 CaO 的含量显著高于泥质区，显示了海洋对沉积物中 Ca 的贡献。

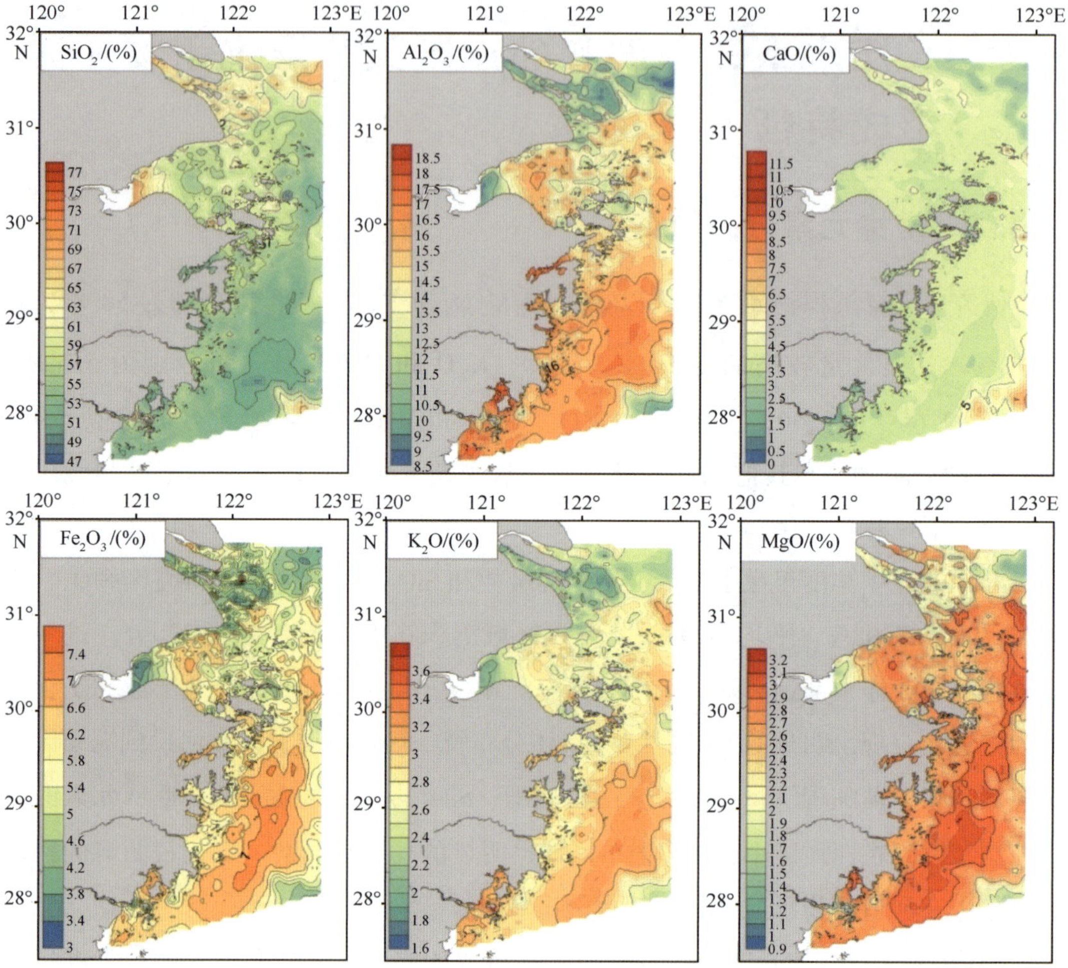

图 6-8 长江三角洲表层沉积物中常量元素分布特征

6.4.2 微量元素分布特征

研究区 Cu、Pb、Zn、Cr、Ni 和 Cd 的分布规律基本相似，除近岸部分区域较高外，整体均表现为泥质区含量最高，其平均含量分别为 28.9 μg/g、26.6 μg/g、91.3 μg/g、79.7 μg/g、35.6 μg/g 和 0.14 μg/g。相比以往调查结果，其含量有轻微增加。该区域重金属元素在沉积物中的富集基本上服从粒度控制率，即重金属元素含量随着沉积物的粒度变细而增加。在温州近岸海域 Zn 和 Cu 含量明显升高，主要受到温州地区工业发展的影响(图 6-9)。

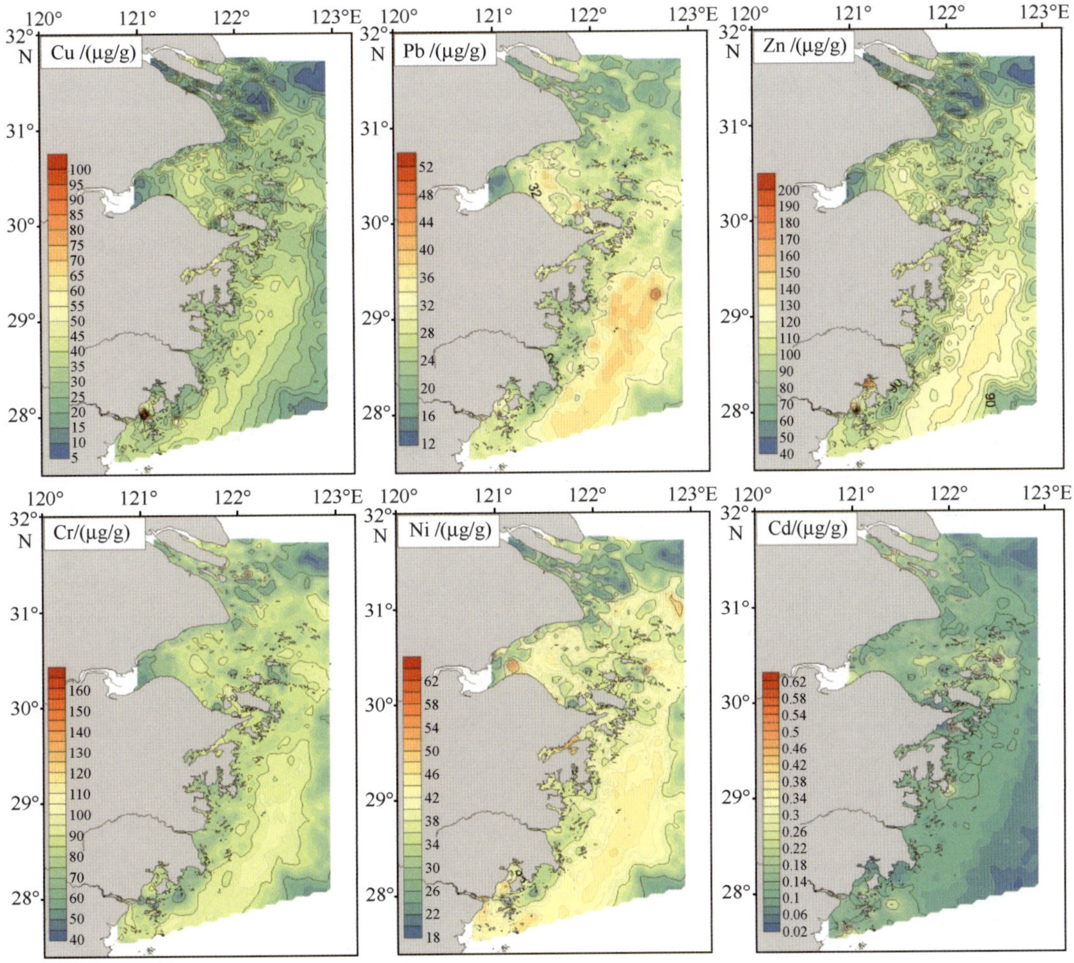

图 6-9　长江三角洲表层沉积物中典型重金属分布特征

第7章

河口和陆架区沉积动力学调查和数值模拟研究

对2016年夏季和冬季两个航次的沉积动力调查时获取的水文环境数据进行异常点剔除等相关处理，针对水文平面分布与断面分布做相关分析，探讨长江口及近海海水温度、盐度、溶解氧、叶绿素和悬浮泥沙浓度等水文要素和浙闽沿岸海流控制机制特征；并结合实测及遥感资料建立长江和红河河口到陆架沉积动力学和悬浮体输运数值模型，开展了两个河口及邻近海域水文泥沙环境和悬浮体分布、输运对比研究。

7.1 长江三角洲实测水文要素平面分布

7.1.1 溶解氧

长江口低氧区分布在温跃层以下，夏季出现，冬季消失，推测与跃层密切相关（图7-1，图7-6）；同时低氧区存在潮汐变化特征，落停时，沿岸高浓度氧水体向海方向移动至最远，此时低氧区减弱，随着涨潮开始，外海低浓度氧水体向陆方向入侵，至涨停时低氧区范围逐渐变大，落急时开始减小，如此往复（图7-1至图7-4）。根据以往研究成果，长江口低氧区自1950年就已经存在，其每年6月生成，9月减弱、消失，其位置、强度受很多因素的影响，如温盐跃层、底层有机质的消耗、长江冲淡水的盐度锋面等，既有生化因素，又存在物理机制，目前未见统一意见。

7.1.2 温度、盐度

夏季受太阳辐射强、大气温度高的影响，温跃层出现（图7-1至图7-5）；冬季大气温度低于海表温度，季风强劲，海水混合强烈，温跃层消失（图7-6至图7-10）；冬季等温线几乎平行于岸线，外海的高温盐水推测为台湾暖流入侵导致；剖面图也显示出暖水舌向岸边的侵入，同时温度的变化也具有潮汐特征。

夏季，长江冲淡水主要向东北向流动，这与夏季风海流密切相关，但杭州湾沿岸水体同样保持着低盐度状态，这是长江冲淡水与钱塘江冲淡水混合导致（图7-1至图7-4）；冬季，长江冲淡水主要向南沿岸流动，无法进行跨陆架的输运，这与台湾暖流和沿岸流的锋面阻碍相关（图7-6至图7-9，图7-16至图7-20）。同时盐度特征也存在潮汐变化特征，涨潮时高盐水体向陆入侵，落潮时低盐水体向海扩散。

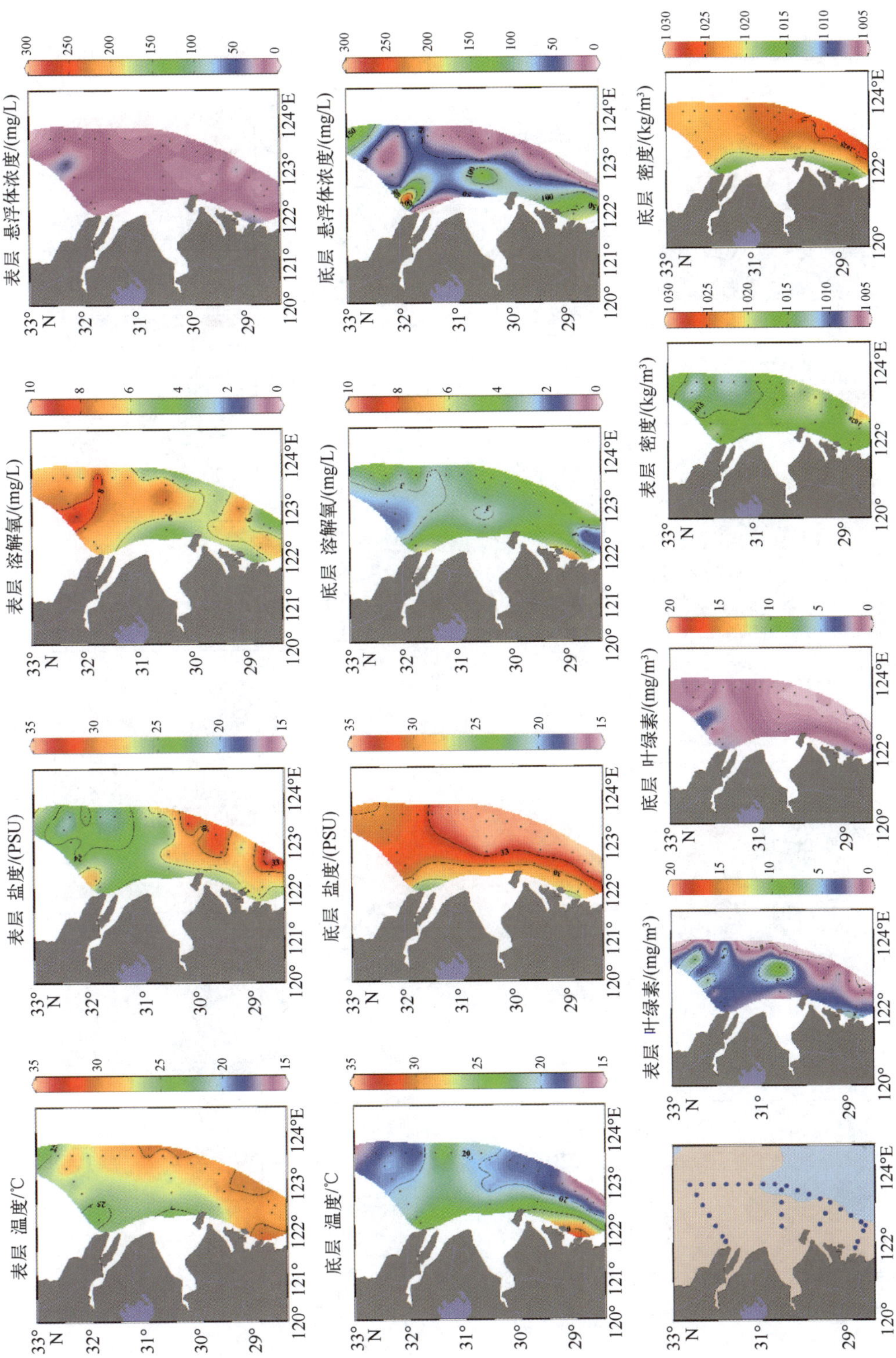

图 7-1 夏季长江口落急时刻水文环境参数分布

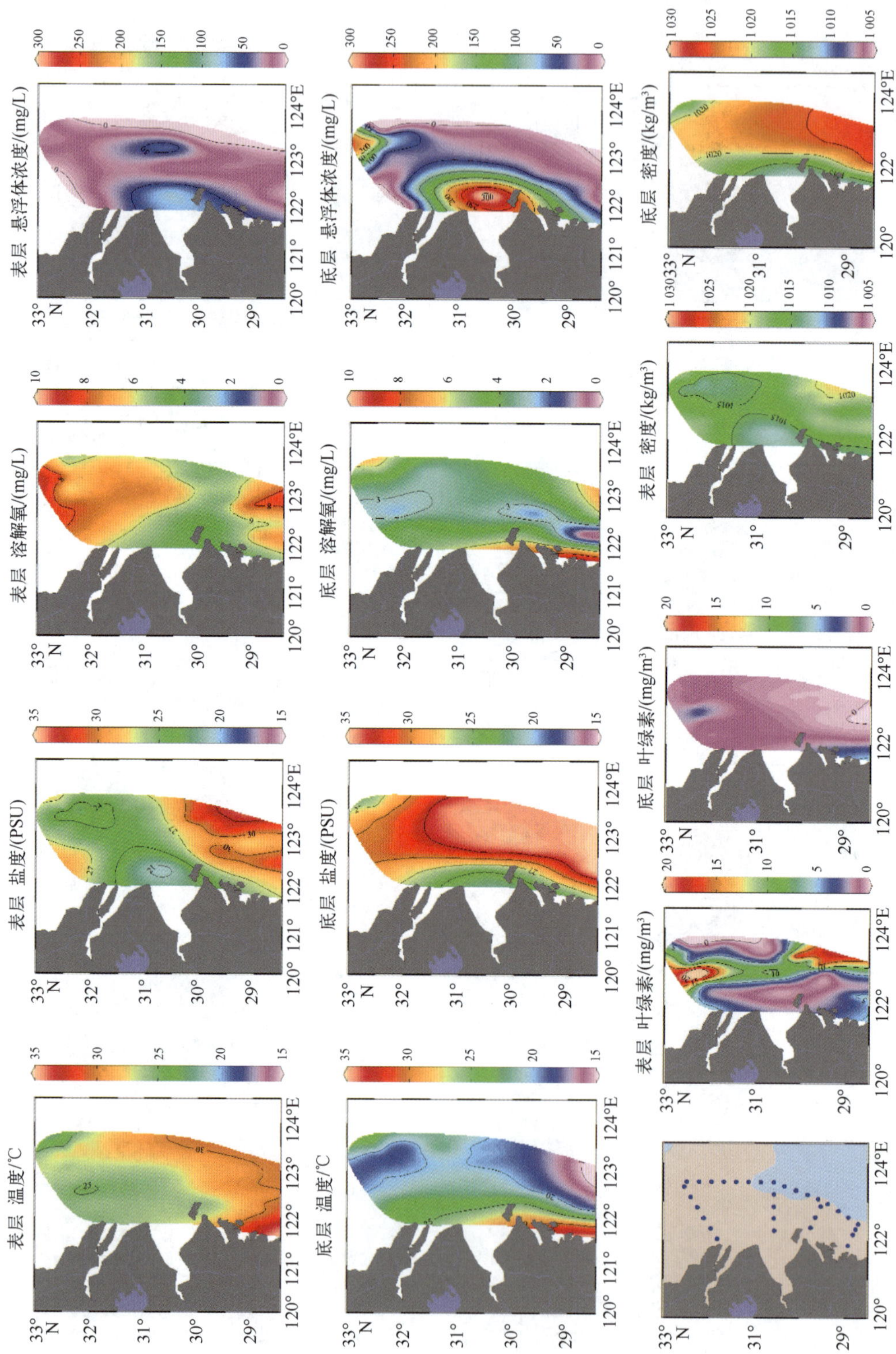

图 7-2 夏季长江口落停时刻水文环境参数分布

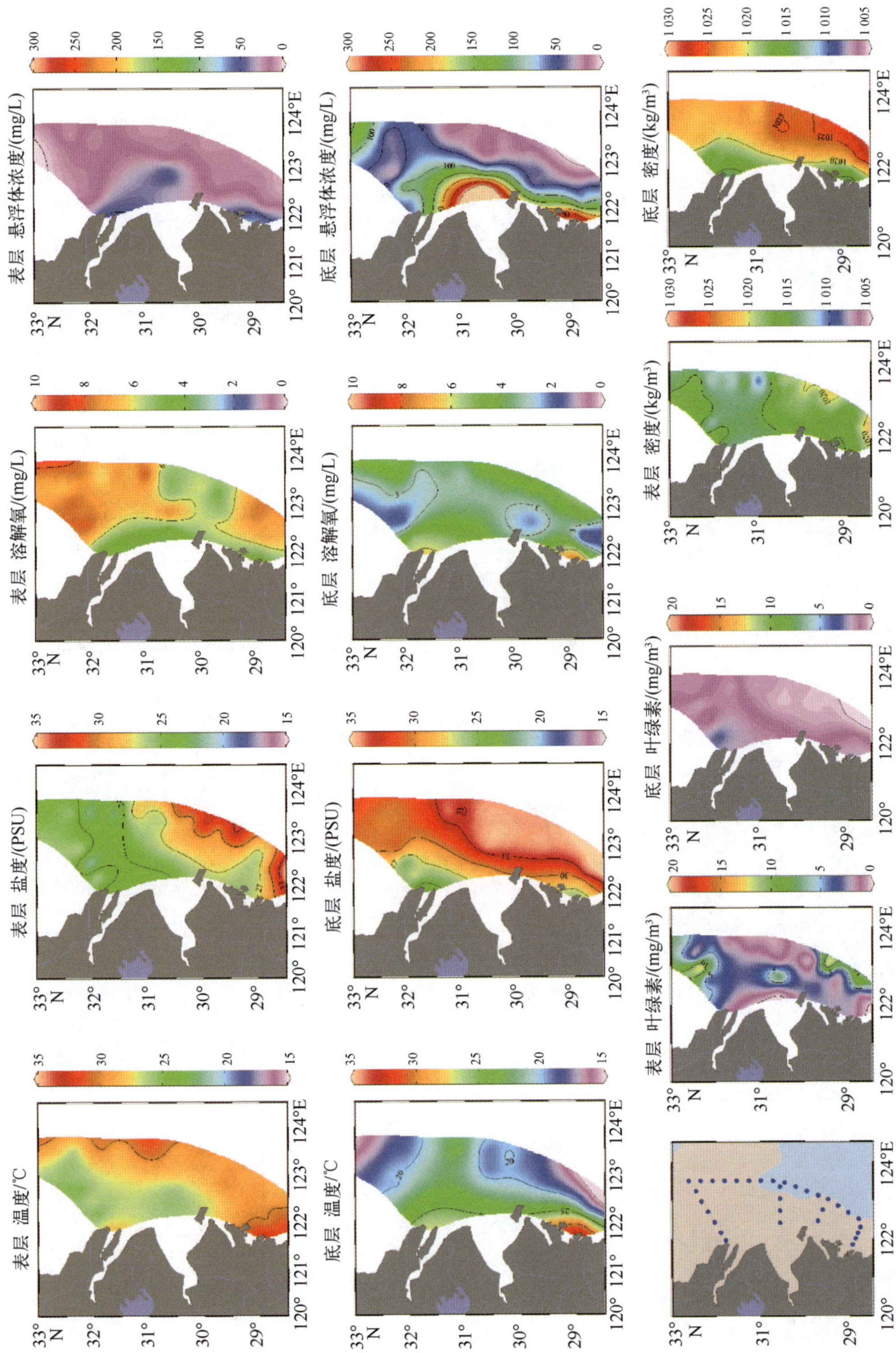

图 7-3　夏季长江口涨急时刻水文环境参数分布

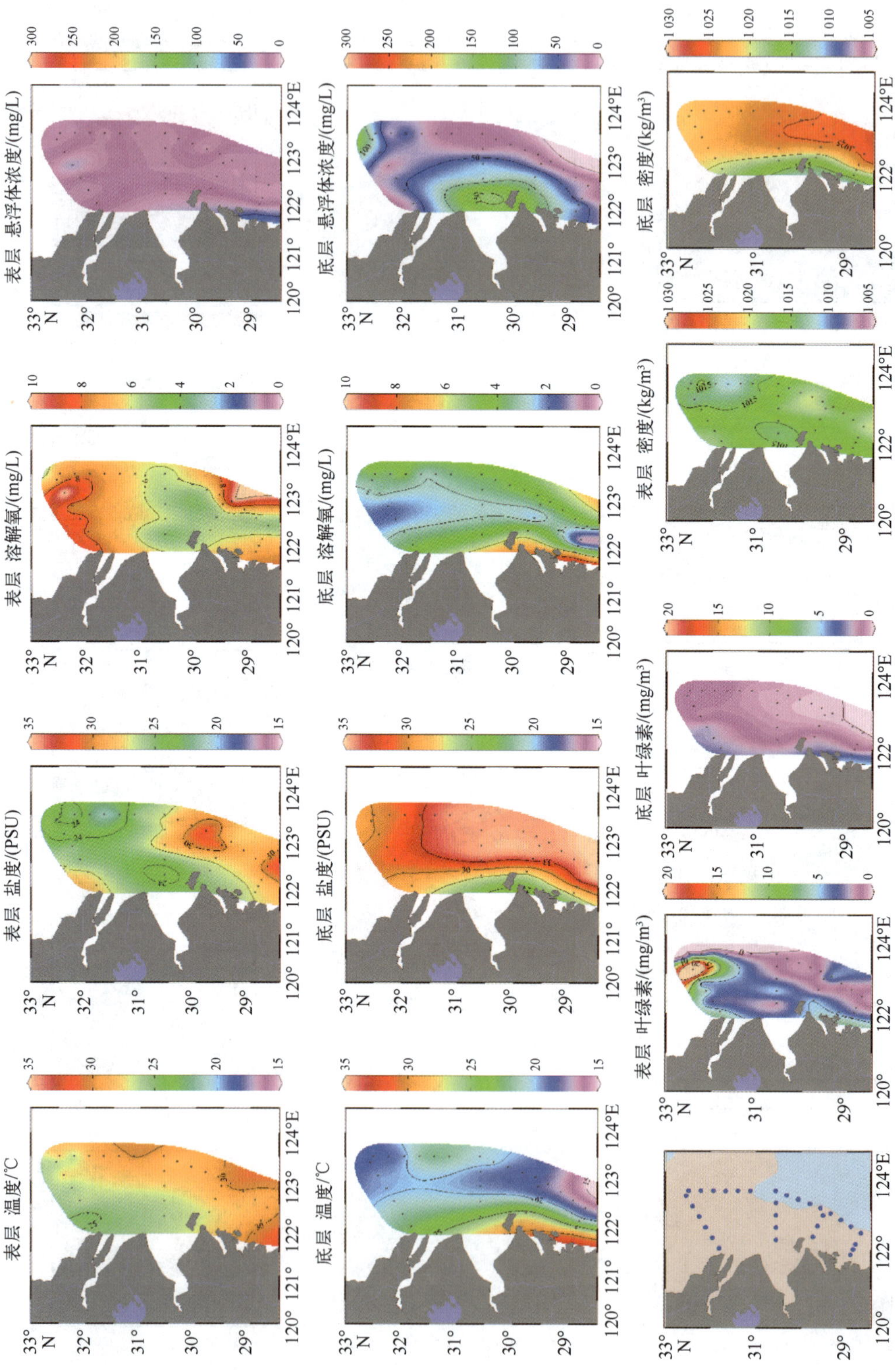

图 7-4 夏季长江口涨停时刻水文环境参数分布

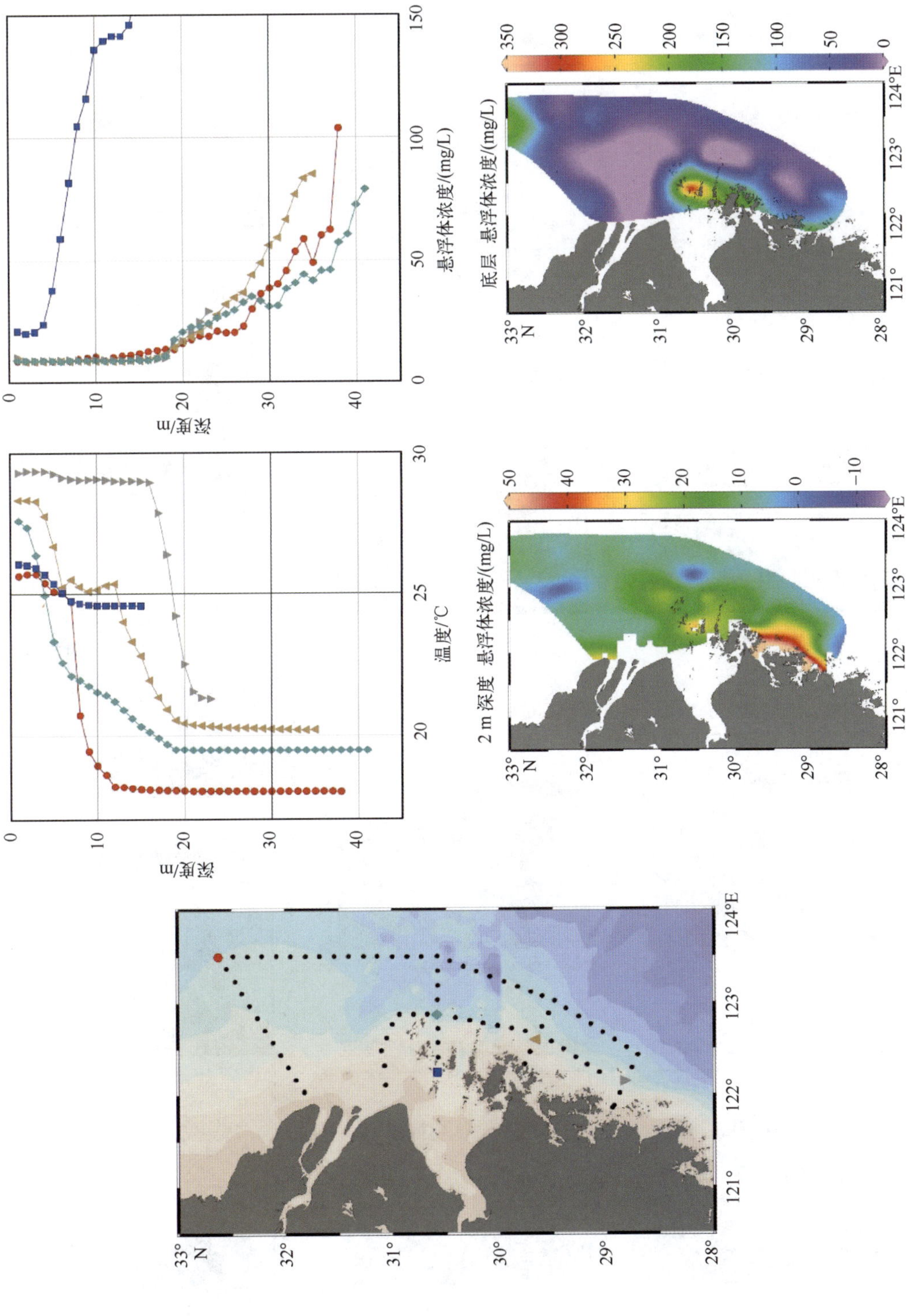

图 7-5　夏季悬浮体平面分布及代表站位温度、悬浮体浓度垂线变化

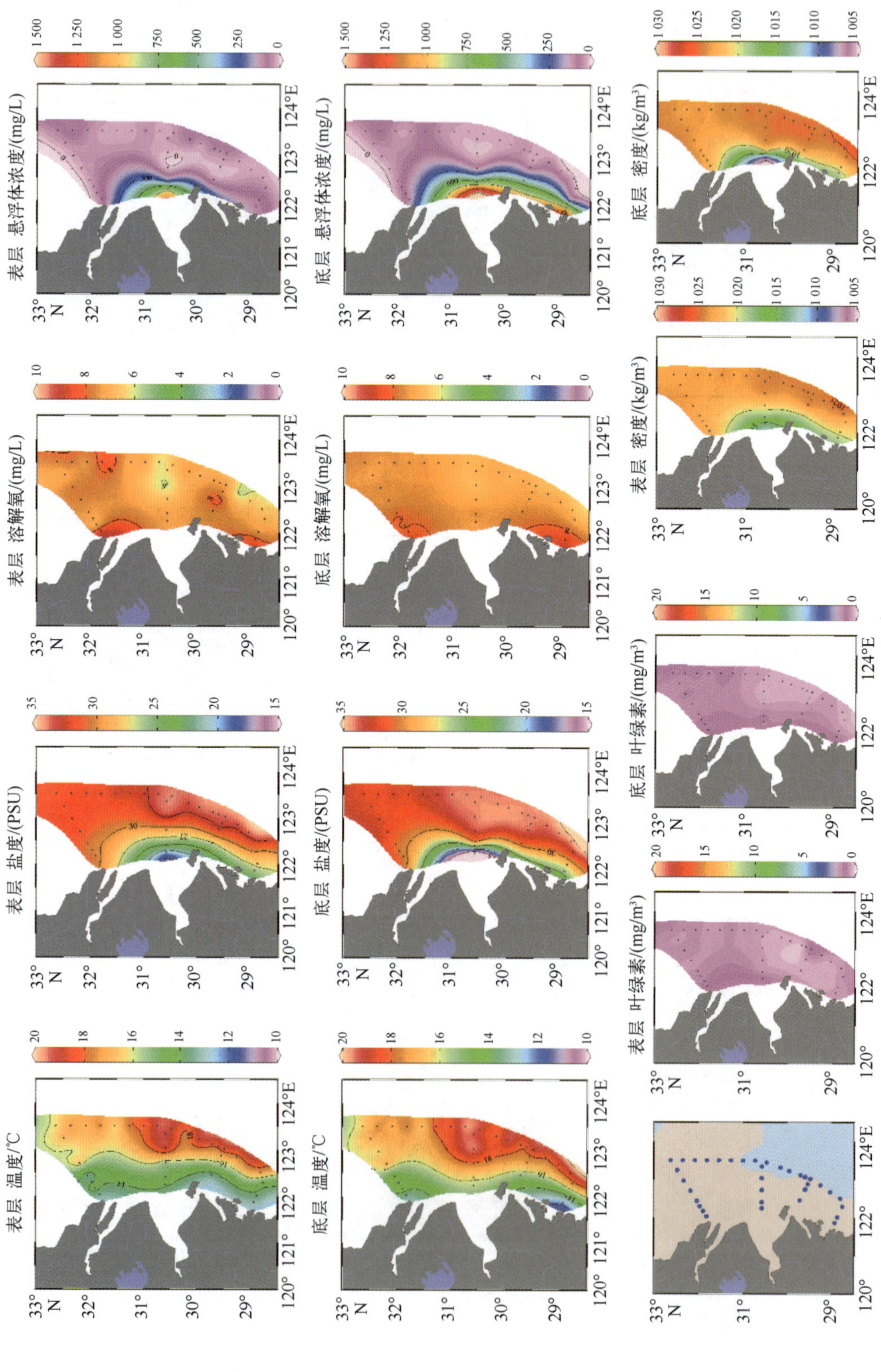

图 7-6 冬季长江口落急时刻水文环境参数分布

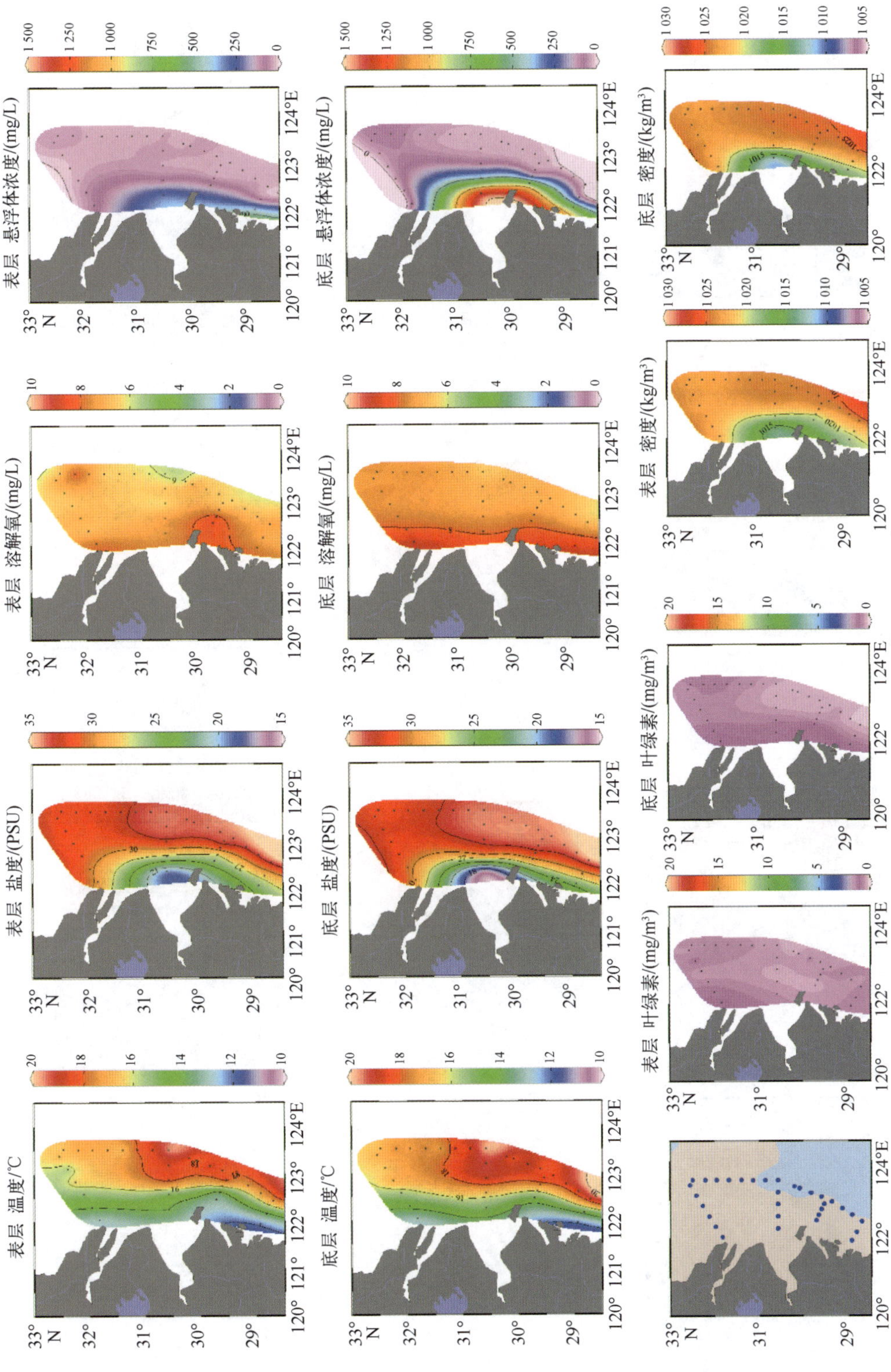

图 7-7　冬季长江口落停时刻水文环境参数分布

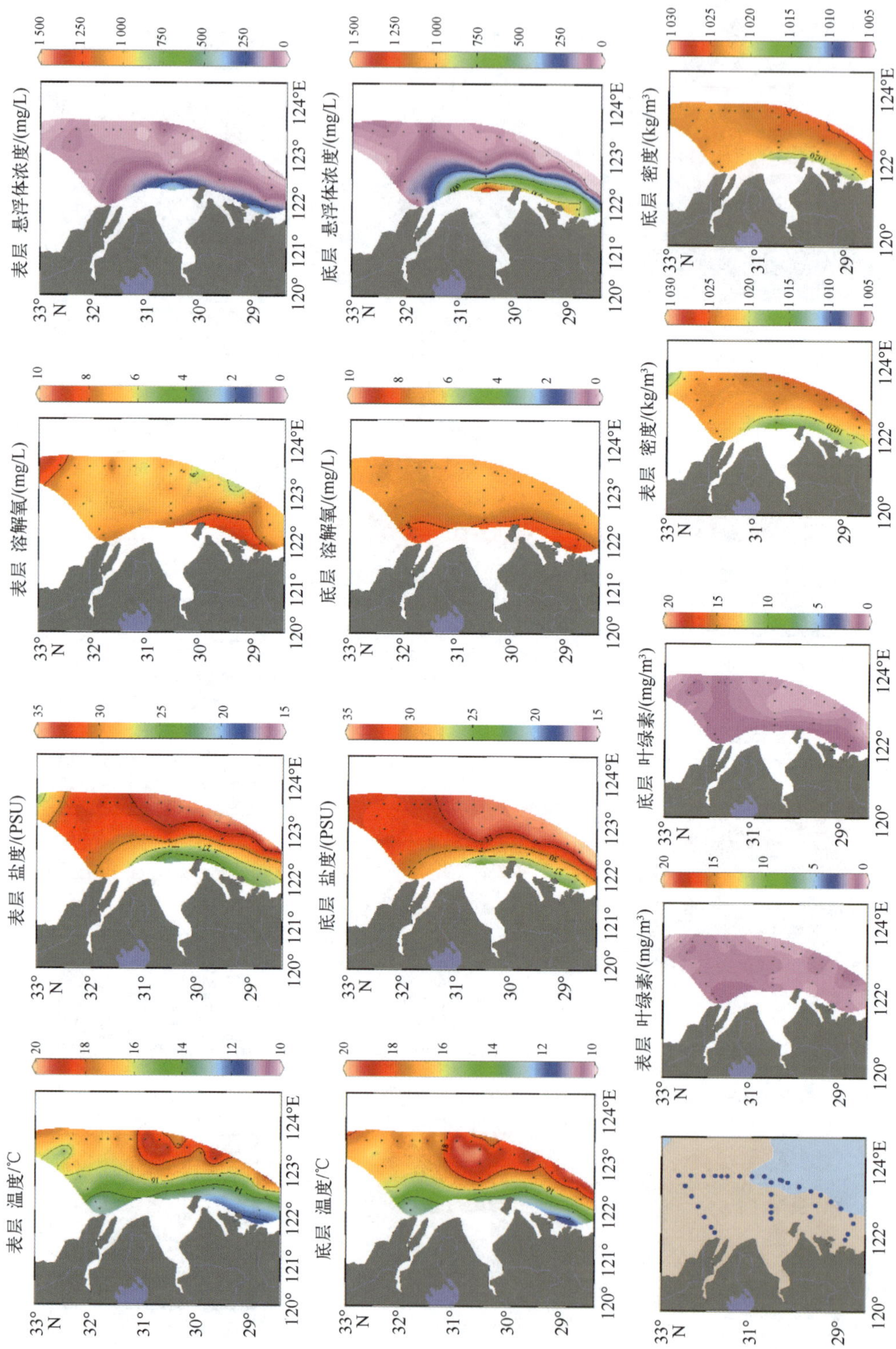

图 7-8 冬季长江口涨急时刻水文环境参数分布

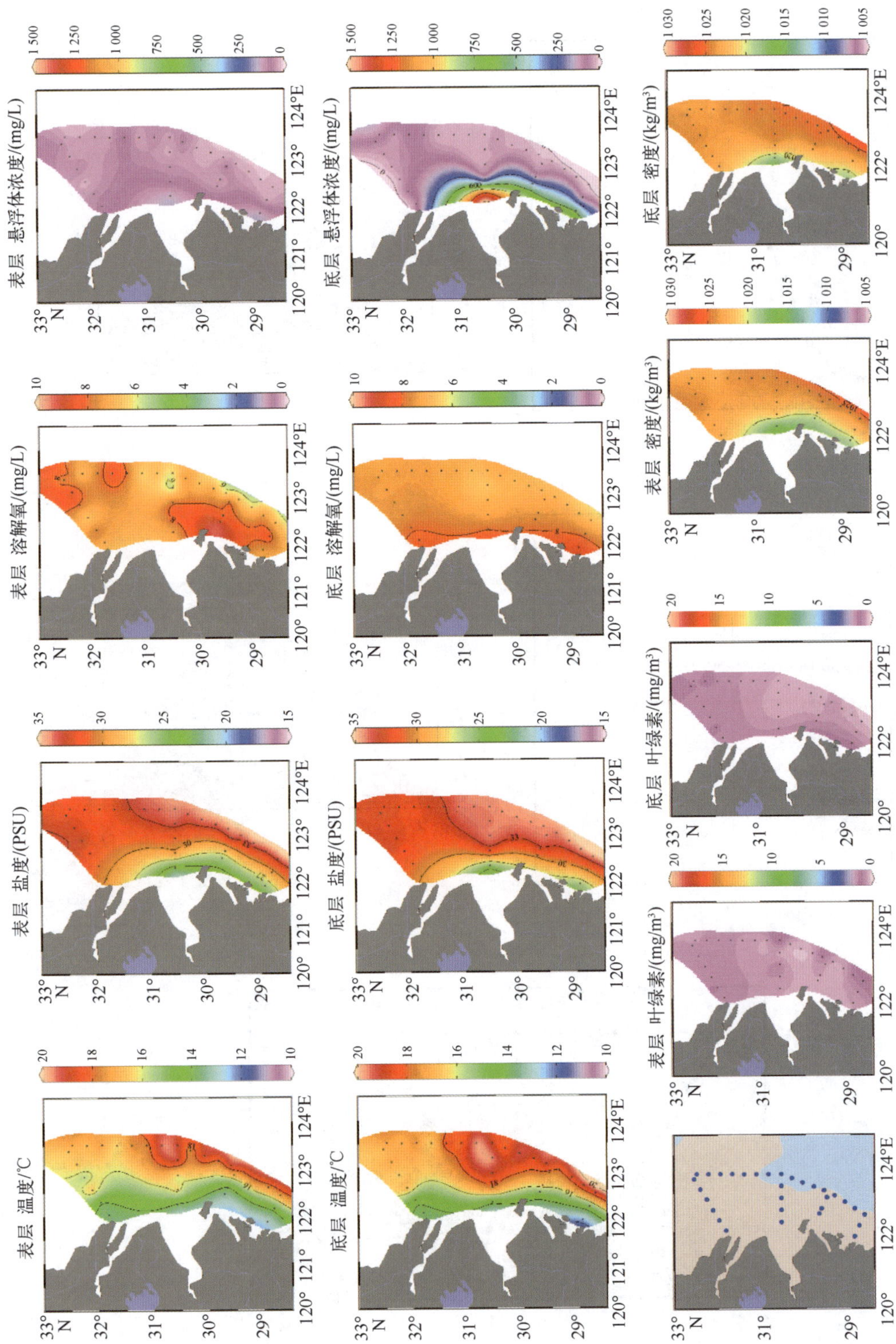

图7-9 冬季长江口涨停时刻水文环境参数分布

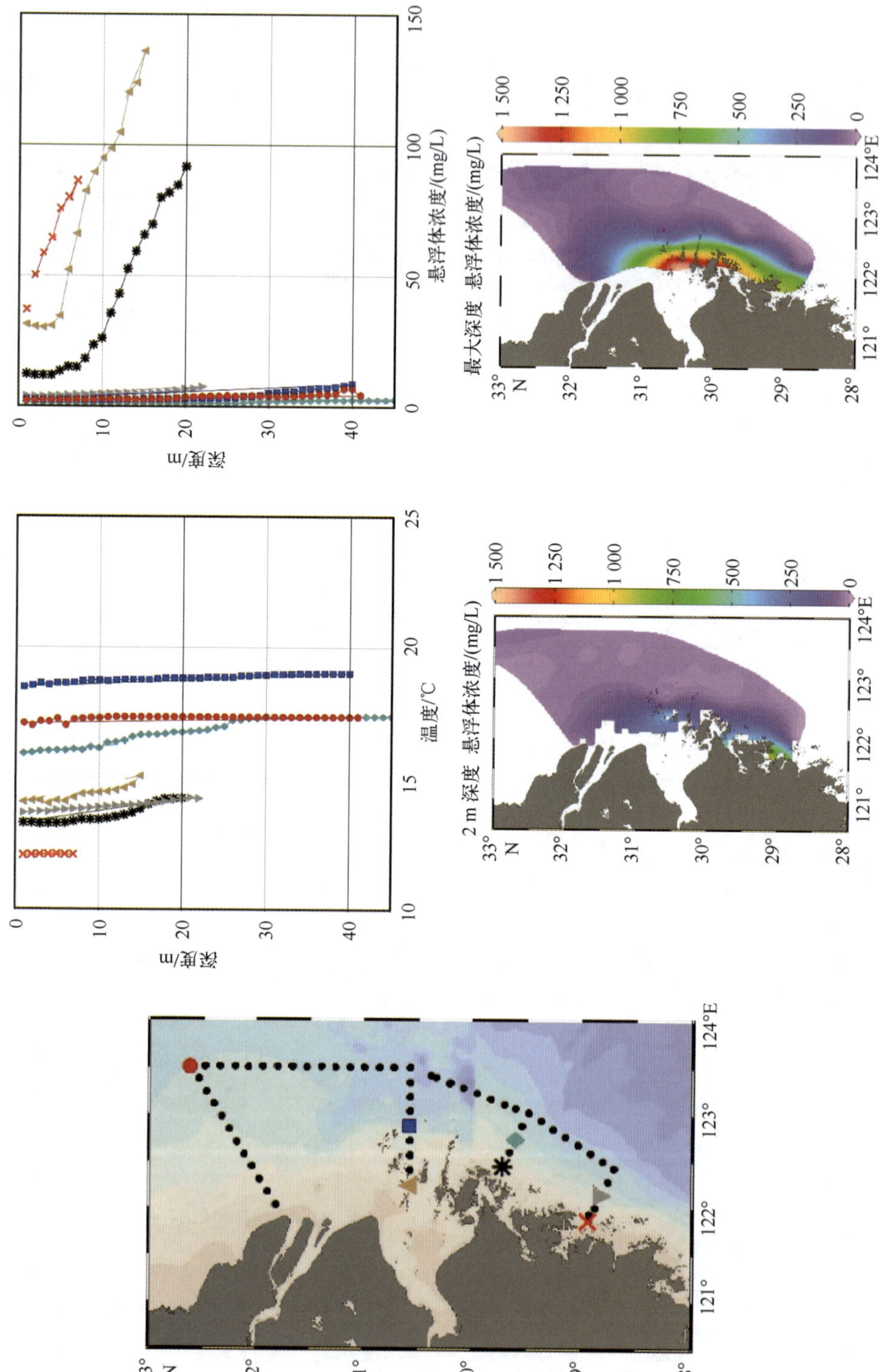

图 7-10 冬季悬浮体平面分布及代表站位温度、悬浮体浓度垂线变化

7.1.3 叶绿素

叶绿素含量能够反映初级生产力的水平，对比图7-1和图7-6可以看出，夏季叶绿素含量远远高于冬季；夏季水温较高，生物生长旺盛，高叶绿素值主要集中在跃层及以上位置，推测可能与光照及溶解氧浓度有关，而其季节性变化主要受水温控制。

7.1.4 悬浮体

长江口悬浮泥沙特点总体上呈近岸高、远岸底，底层高、表层低，冬季高、夏季低的特点。夏季底层悬浮体浓度最大为350 mg/L，而表层不足50 mg/L，冬季底层悬浮体浓度最大为1 500 mg/L，表层也相当大，达750 mg/L(图7-1，图7-6)。夏季长江入海泥沙扩散范围较广，入海以后，除正北向以外，其余海区都能够扩散，而冬季主要是由沿岸向南经杭州湾北部、舟山群岛岛间进入浙、闽泥质区。

夏季悬浮体的垂向扩散受温跃层控制，底层泥沙在向上扩散的过程中，大部分被跃层阻止，这可能与跃层附近的局部环流有关(图7-5)；冬季悬浮体的垂向扩散主要受强动力天气、海况影响，使得近岸表层悬浮体浓度远远大于夏季，同时跃层的消失也促进了其垂线扩散作用(图7-10)。

从悬浮体平面分布看，其跨陆架输运(图7-5，图7-10)主要发生在夏季的底层，由于夏季盛行东南风，风速较小，海况较好，动力环境较弱，浙闽沿岸流流速较小，且沿岸向北与台湾暖流流向一致，泥沙余流的作用下能够做横向跨陆架搬运；冬季盛行西北季风，风速较大，海况较差，动力环境较强，浙闽沿岸流流速很大，流向南，与北向台湾暖流发生强烈剪切，切边带阻碍了泥沙的横向跨陆架输运，断面分布图中(图7-11至图7-20)有更直观的表现。

H1断面：夏季和冬季的悬浮体含量总体较低，说明长江入海物质向东北方向的运输是十分有限的。夏季断面在表层有一悬浮体浓度较薄层，推测为层化明显的表层冲淡水携带的河流入海悬沙向海搬运的结果。这一表层悬浮体在遥感影像上有比较明显的显示。

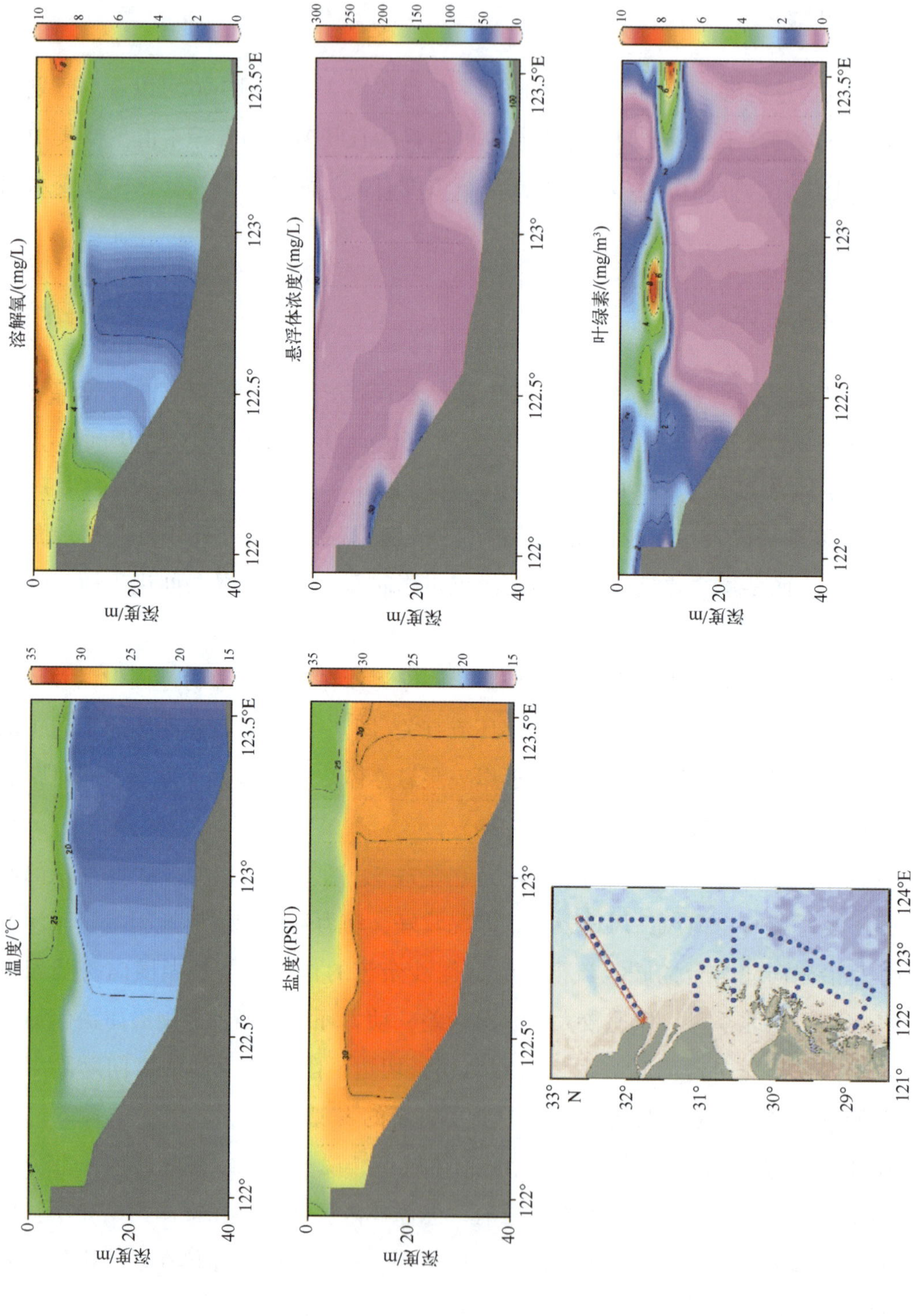

图 7-11　夏季H1断面水文要素分布（2016年7—8月）

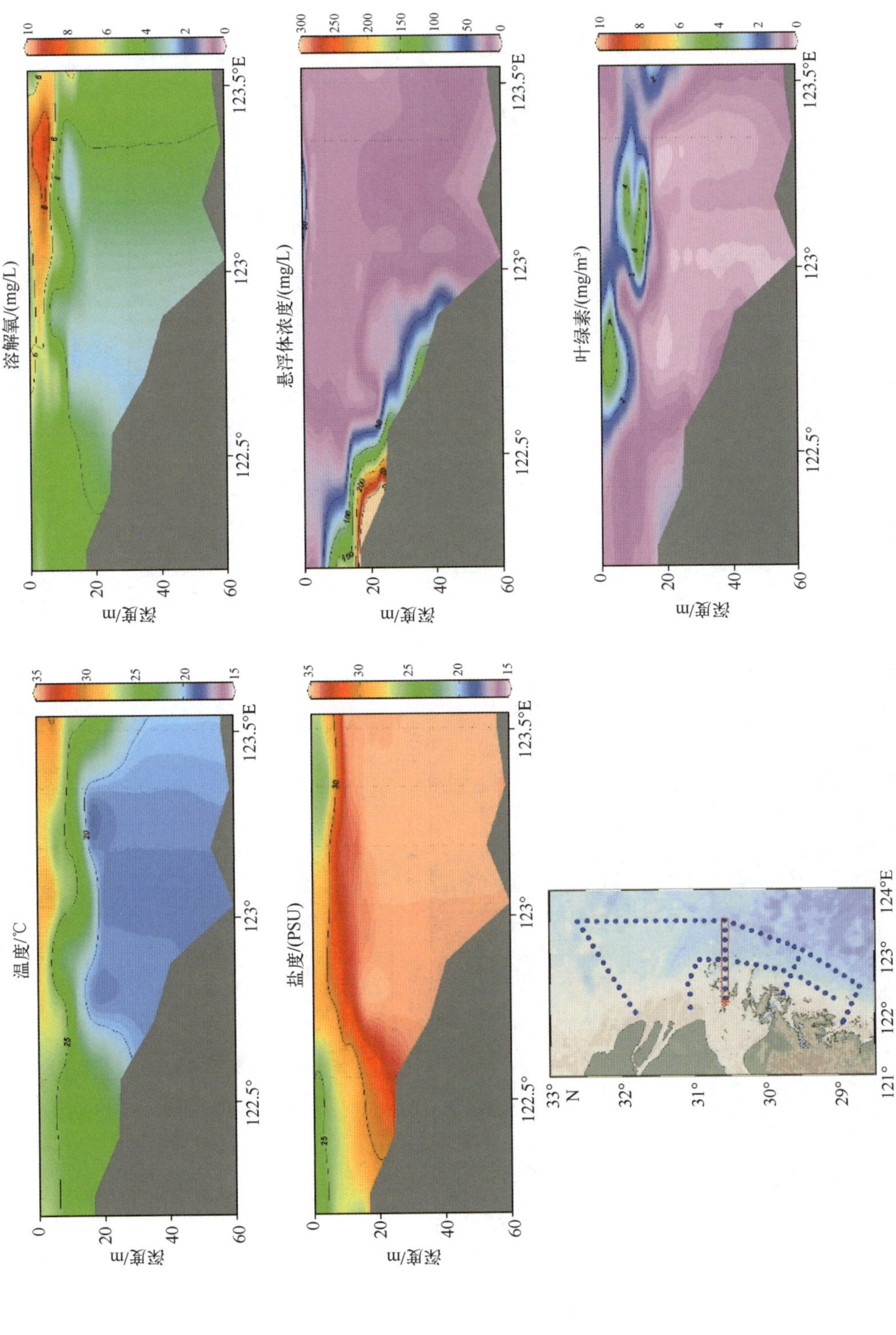

图 7-12　夏季H2断面水文要素分布（2016年7—8月）

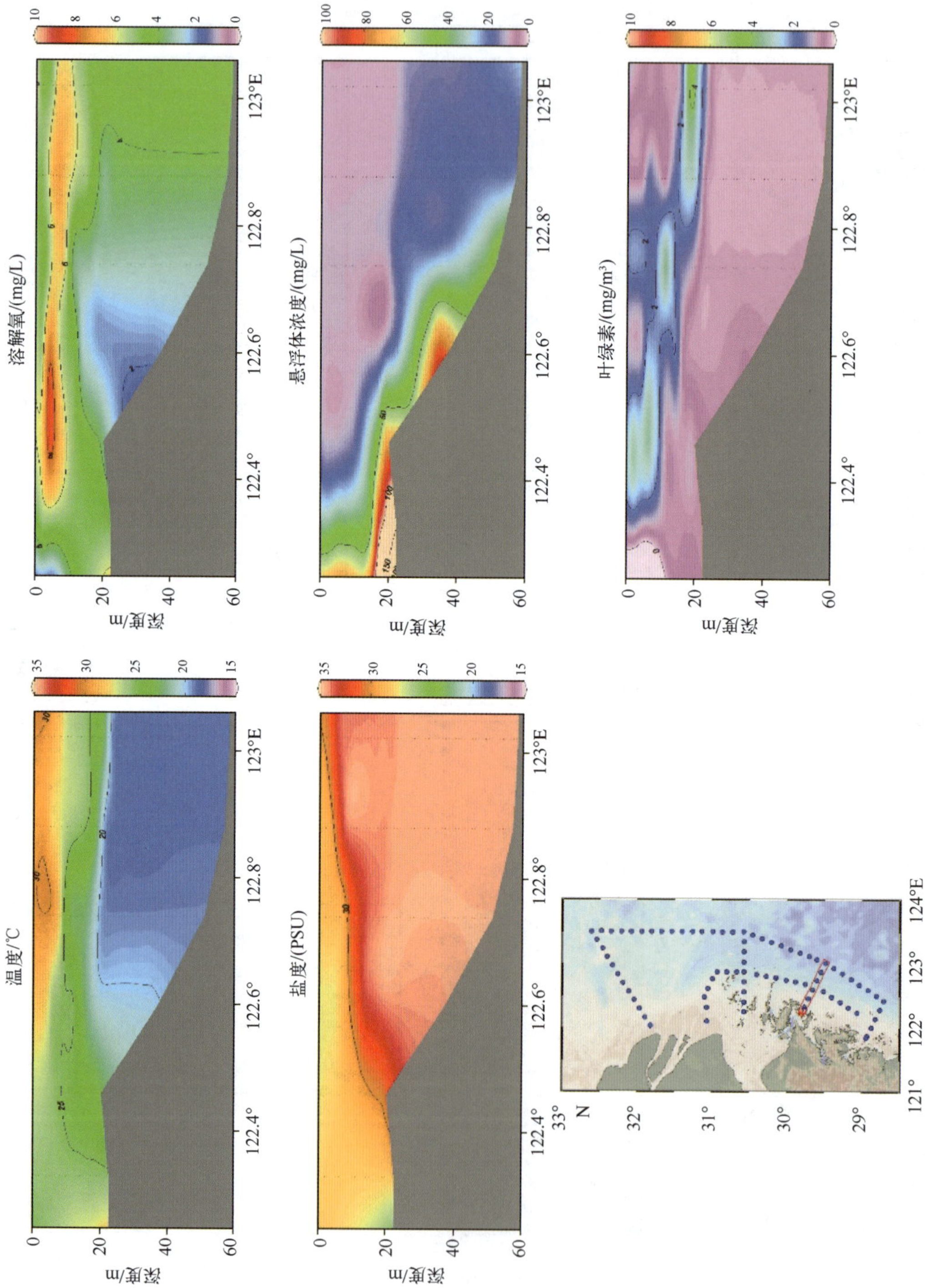

图 7-13 夏季H3断面水文要素分布（2016年7—8月）

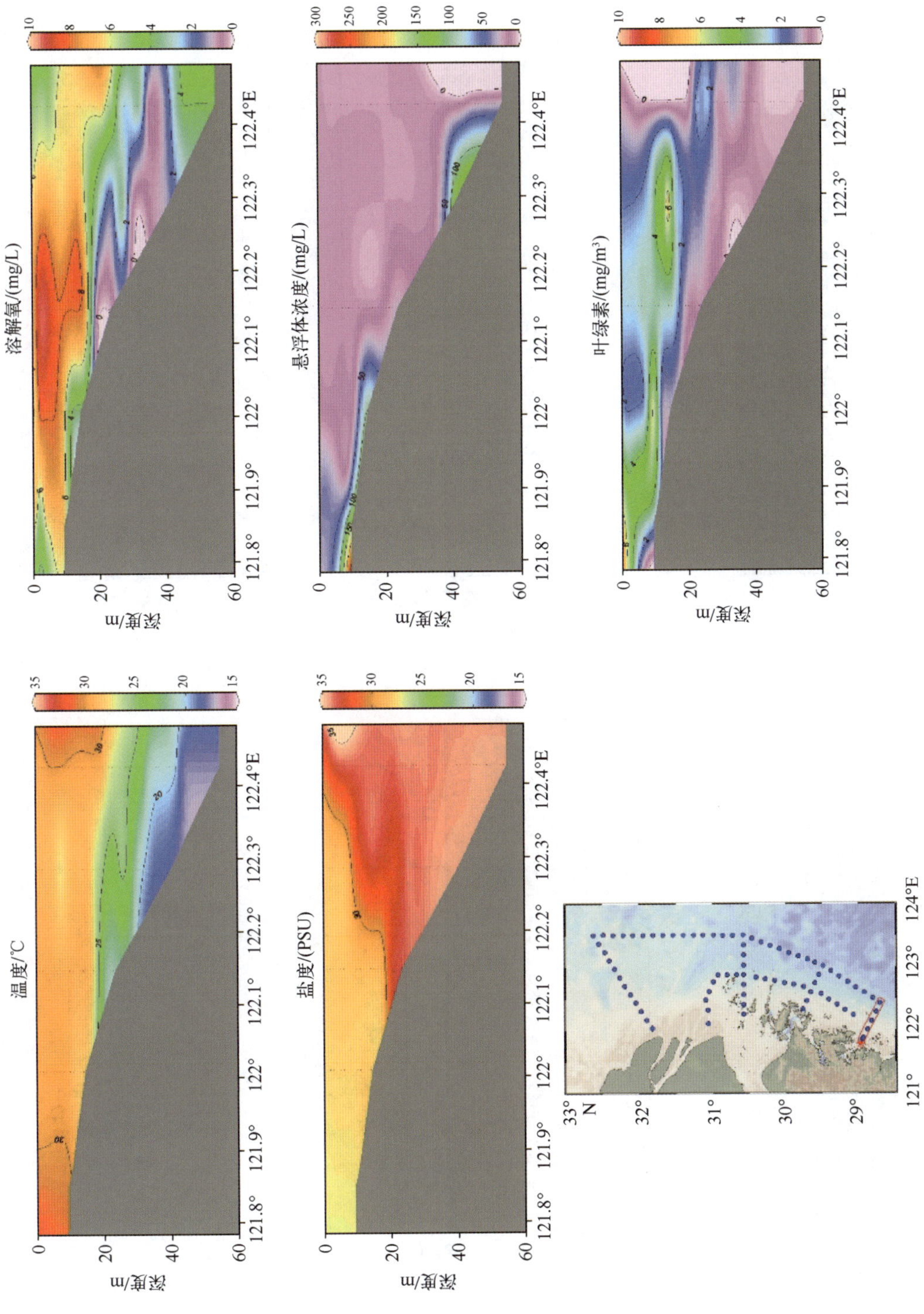

图 7-14　夏季H4断面水文要素分布（2016年7—8月）

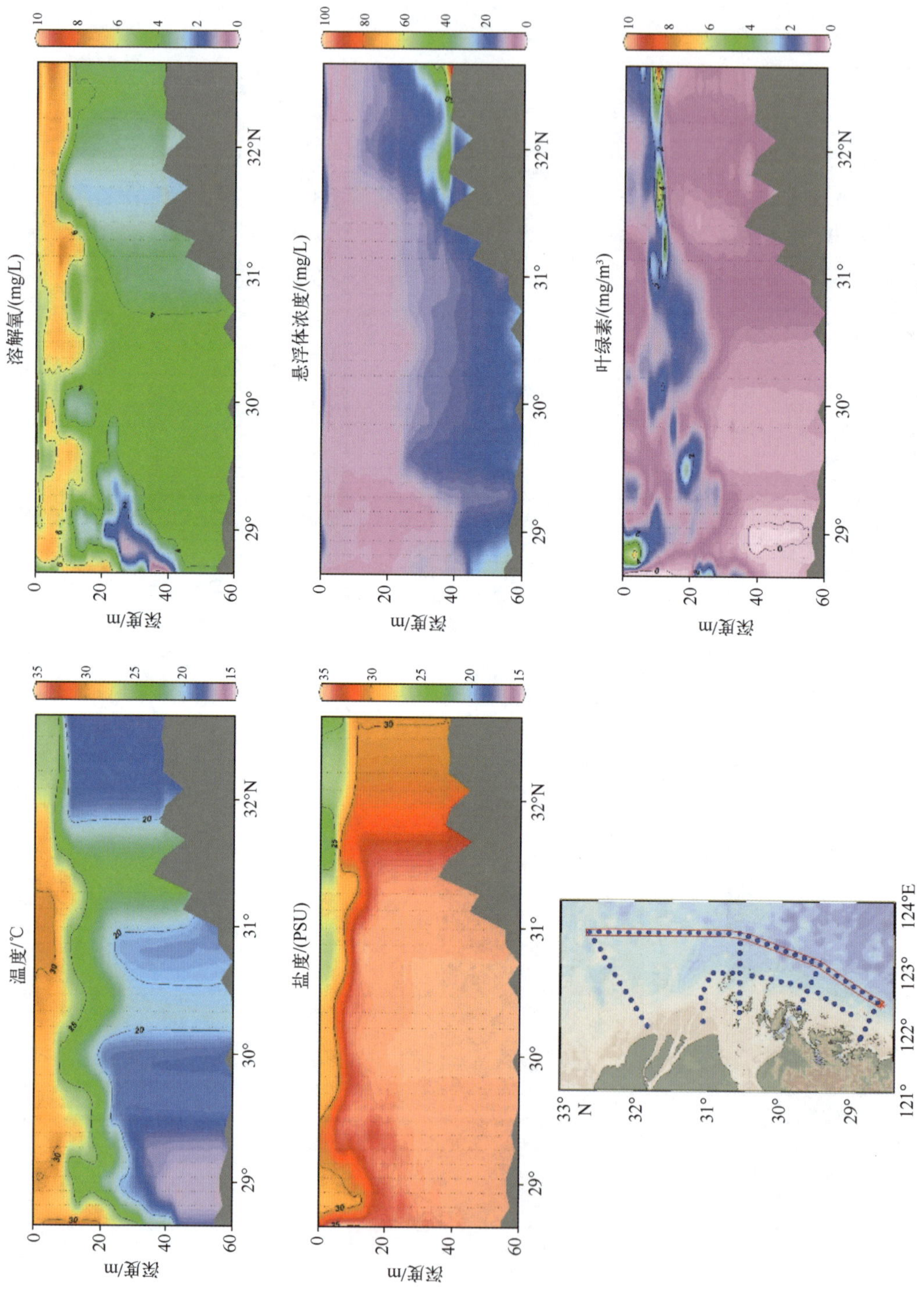

图7-15 夏季L断面水文要素分布（2016年7—8月）

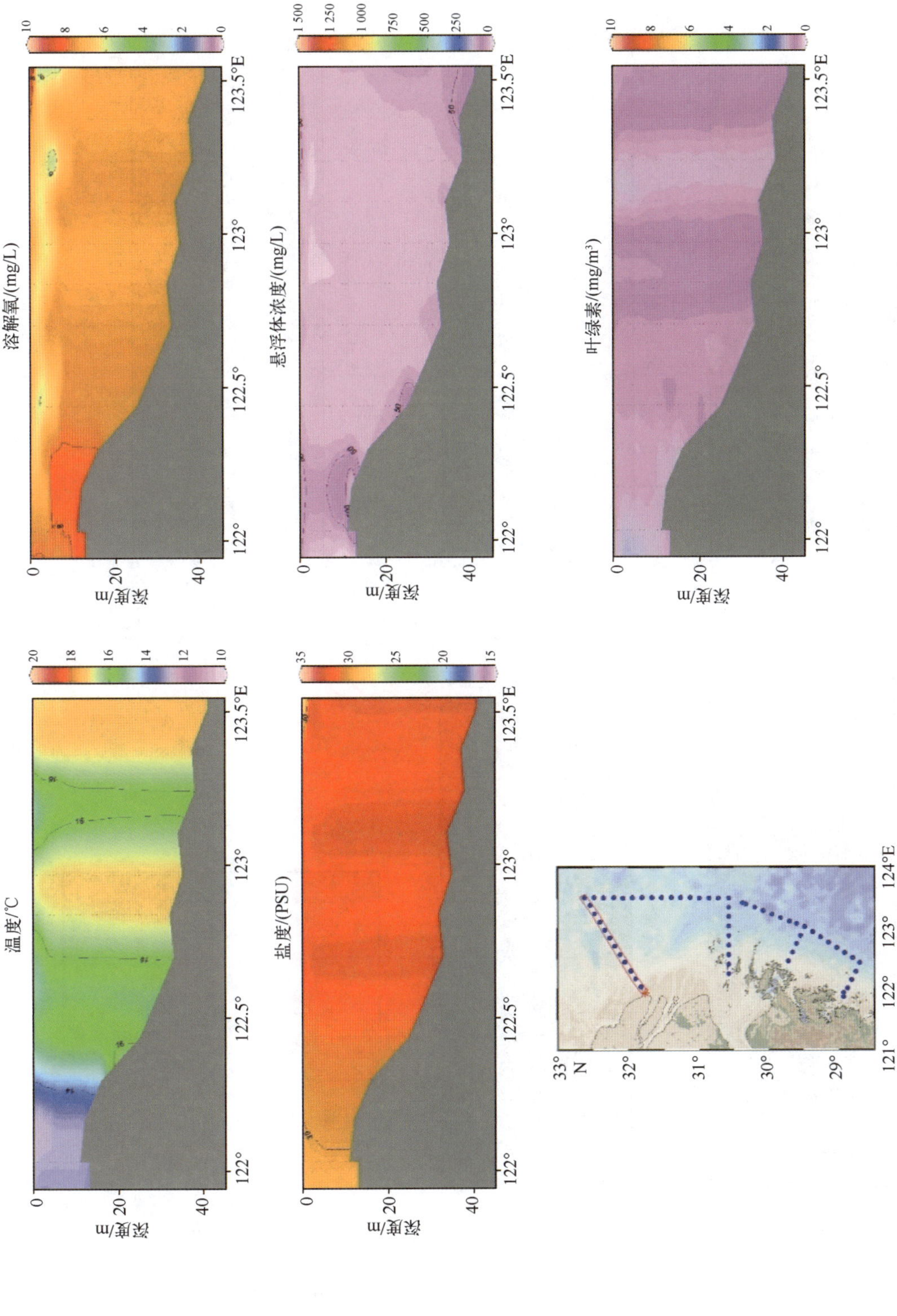

图 7-16　冬季H1断面水文要素分布（2016年11月至2017年1月）

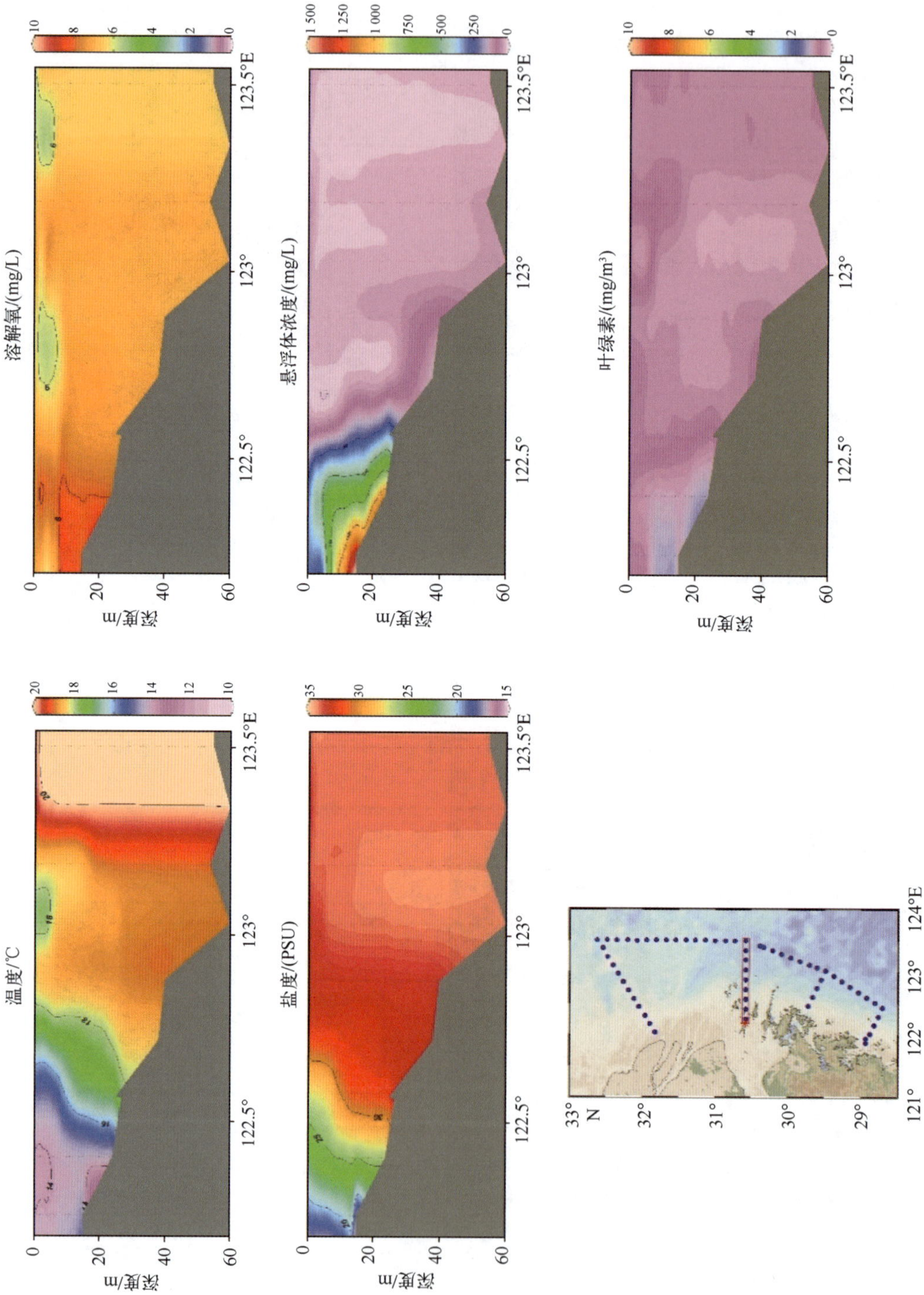

图7-17 冬季H2断面水文要素分布（2016年11月至2017年1月）

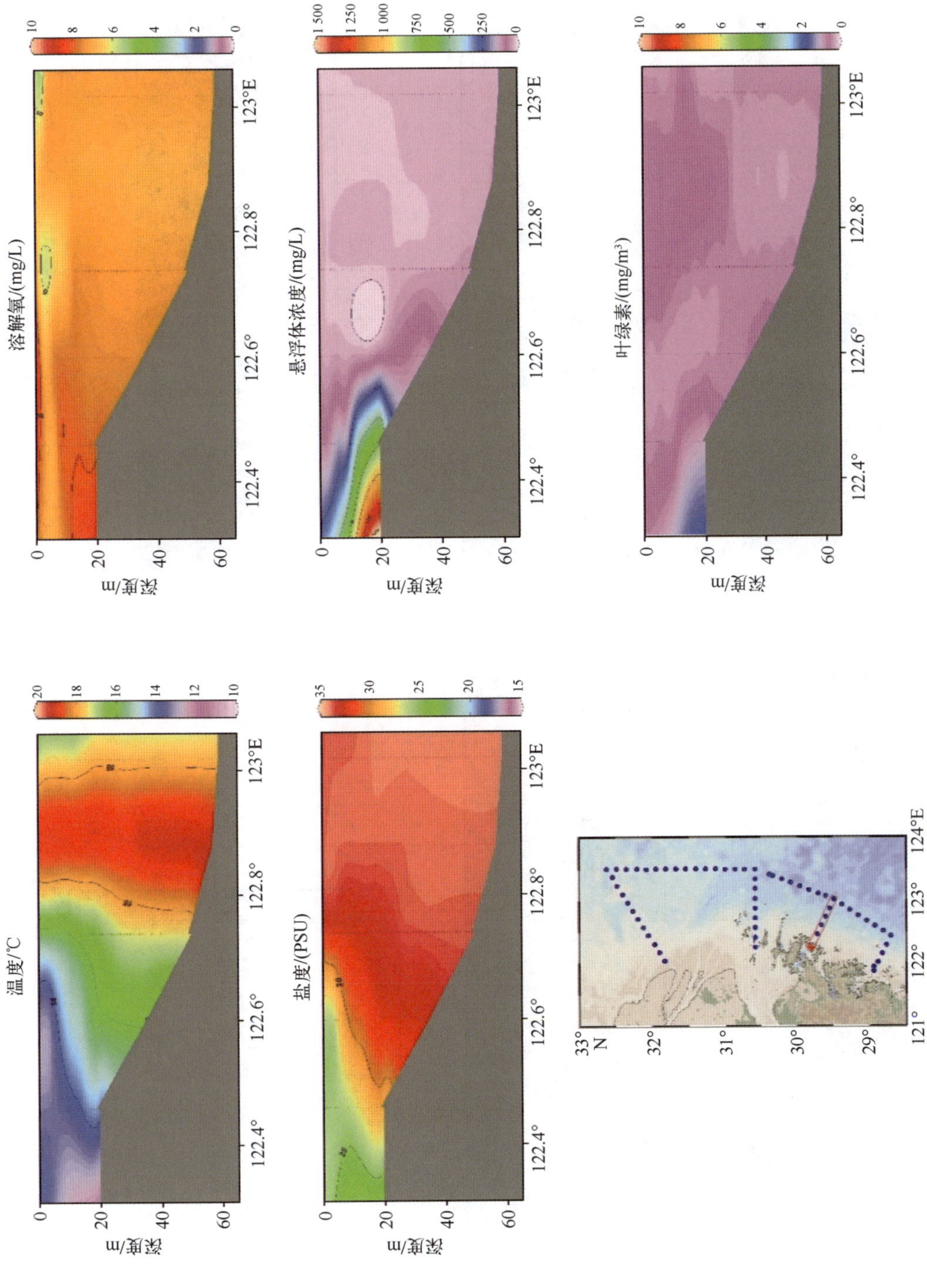

图 7-18　冬季H3断面水文要素分布（2016年11月至2017年1月）

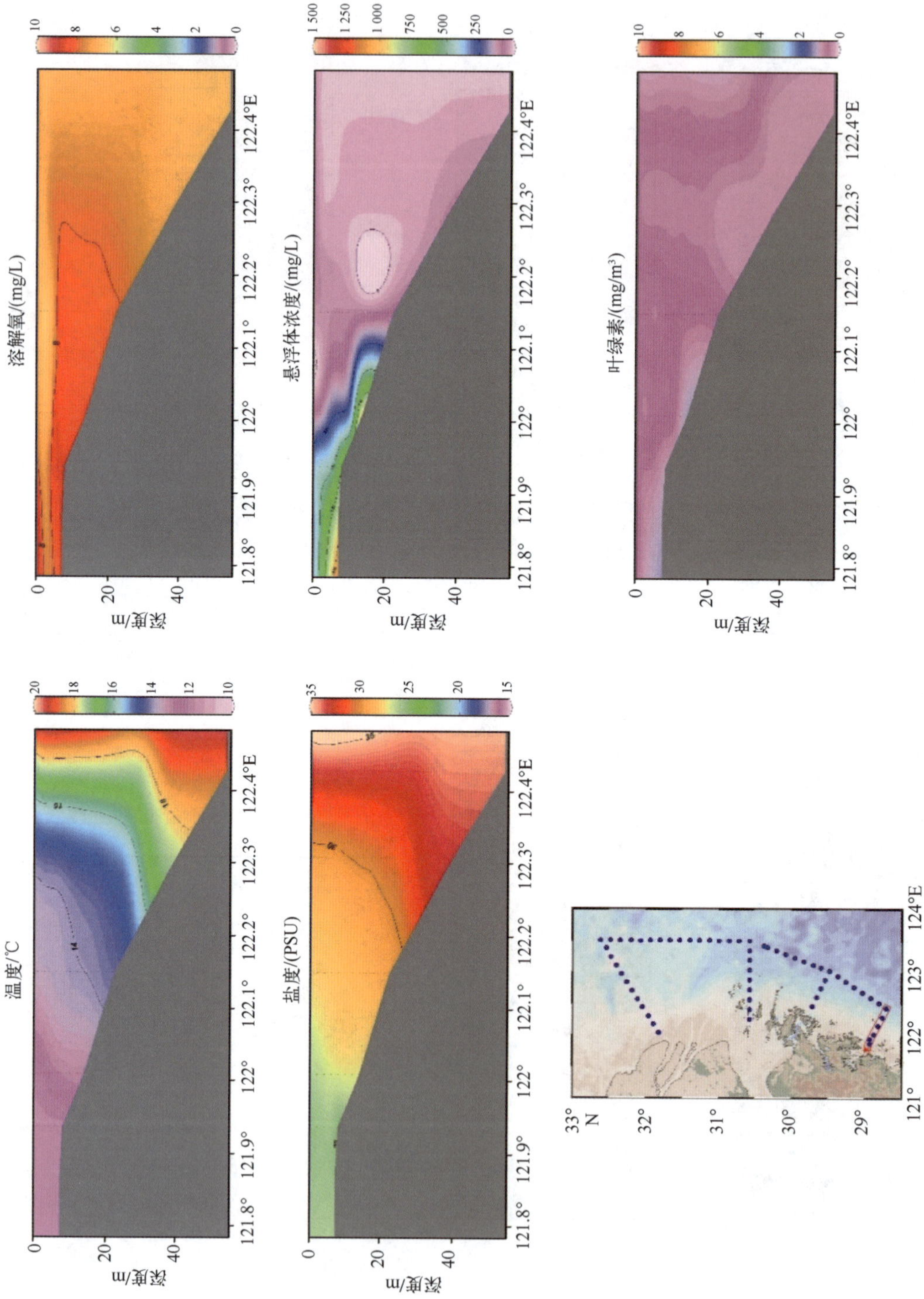

图 7-19　冬季H4断面水文要素分布（2016年11月至2017年1月）

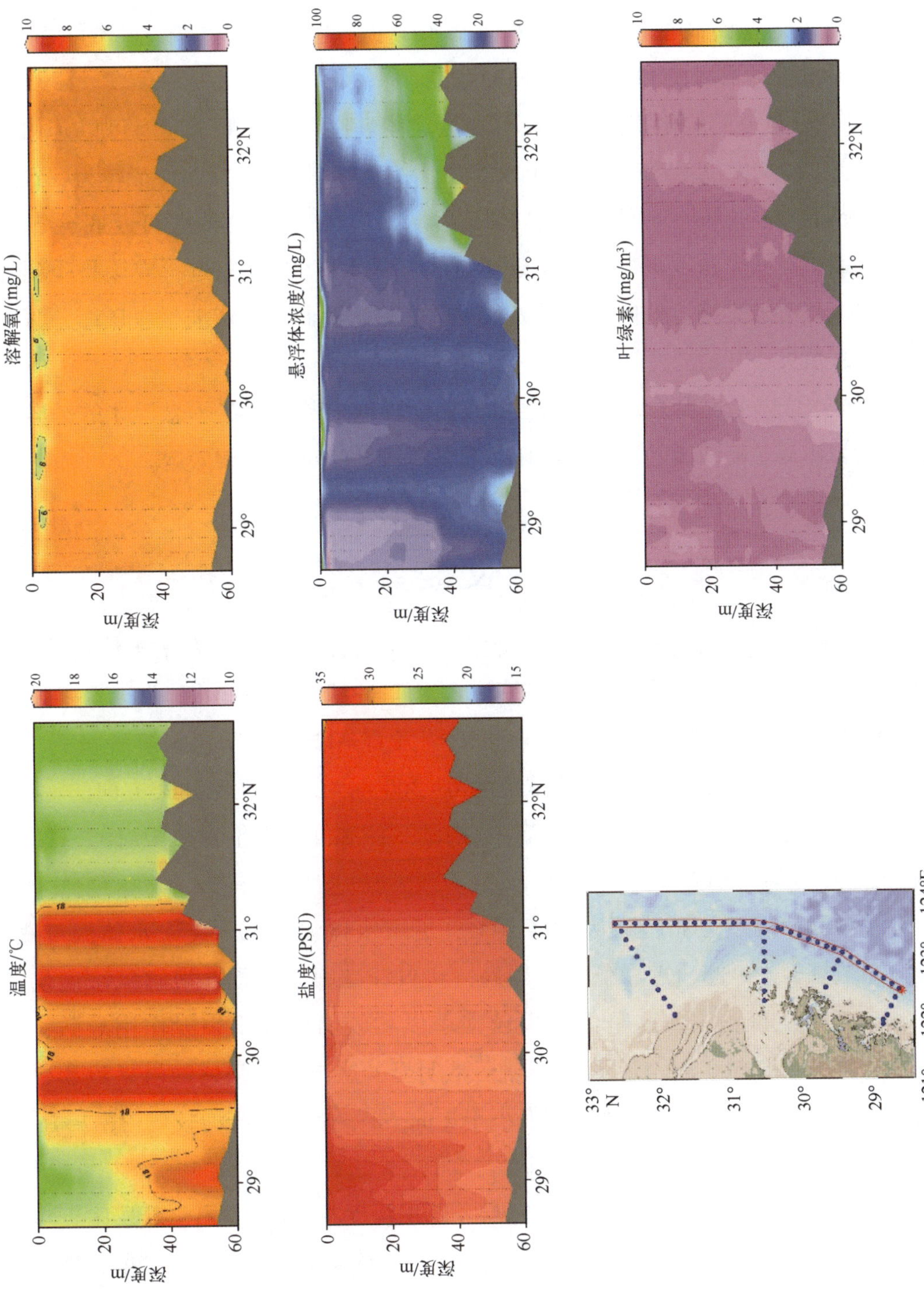

图 7-20　冬季L断面水文要素分布（2016年11月至2017年1月）

H2 断面：高悬浮体浓度区分布在靠近河口的底层，显示河流入海沉积物沿岸搬运的特征。夏季的高浓度区可以延伸到 123°E，但冬季受黑潮北上的锋面影响，向南沿岸搬运限制在 122.5°E 以西的范围。

H3 断面：夏季的层化特征更为显著，悬浮体近底搬运，夏季向海可以延伸至 122.7°E，但冬季以 122.5°E 以西的范围为主，控制机制与 H2 断面特征较为一致。

H4 断面：夏季悬浮物的浓度总体不高，表现为明显的层化和近底分布特征，在断面上有两个浓度中心：一是近岸区，二是水深 40 m 附近，应该是受到陆架黑潮北上环流的影响。低值区与低氧区对应。冬季锋面进一步向近岸压缩，深水区高浊度区消失。

L 断面：总体上表现为悬浮体浓度由北向南降低的趋势，冬季悬浮体的垂向混合作用更为明显。跨断面的沉积物的搬运反映了沉积物的跨陆架搬运。

7.2 长江三角洲实测水文要素断面分布

夏季各断面温度分布范围为 15～35℃，近岸水体温度高，离岸水体温度低；盐度分布范围为 15～35，近岸低，离岸高，受河口冲淡水与高盐水体混合影响发育有河口锋面，垂向上受高强度太阳辐射影响发育有温、盐跃层；溶解氧为 0～10 mg/L，位于跃层以下；悬浮泥沙浓度为 0～300 mg/L，可做跨陆架方向的输运；叶绿素 a 浓度为 0～10 mg/m^3，位于河口锋向陆一侧和跃层以上水体中(图 7-11 至图 7-15)。

冬季各断面温度分布范围为 10～20℃，近岸水体温度低，离岸水体温度高；盐度分布范围为 15～35，近岸低，离岸高，河口锋变得非常弱；溶解氧浓度均大于 6 mg/L，低氧区消失，这是由冬季较强季风和较弱的太阳辐射作用导致；悬浮泥沙浓度为 0～1 500 mg/L，跨陆架输运不明显，这与冬季强盛的沿岸流和台湾暖流切变作用密切相关；叶绿素 a 浓度小于 2 mg/m^3，初级生产力较弱(图 7-16 至图 7-20)。

H1 断面：夏季在外海表现出强烈跃层，跃层深度在 10 m 左右，跃层附近也是初级生产力旺盛的区域，同时跃层的存在阻碍了溶解氧和悬浮泥沙的扩散，低氧区发育。H1 断面位于河口区，河口锋朝河口一侧跃层消失，这是咸淡水混合的结果，同时河口锋也控制了低氧区的向岸扩散和初级生产力的范围(图 7-11)。

冬季温、盐跃层消失，近岸水体水深小，受气温影响大，温度低于高温高盐的台湾暖流作用的离岸水体，河口锋减弱(图 7-16)。

H2 断面：夏季同 H1 断面类似，不同的是 H2 断面距离河口较远，河口水体中旺盛的初级生产力在 H2 断面浅水区并不存在，悬浮泥沙的跨陆架搬运能够到达 40 m 水深处，低氧程度不如 H1 断面，推测这与河口锋面的减弱有关(图 7-12)。

冬季同 H1 断面类似，不同的是 H2 断面距离河口较远，不存在河口锋，但发育切变锋，锋面两侧温度、盐度、悬浮体浓度差异很大，锋面阻碍了悬浮泥沙的跨陆架输运，最大扩散水深为 20～25 m，悬浮体主要在沿岸流作用下向南输运(图 7-17)。

H3 断面：同 H2 断面类似，不同的是在此断面处夏季泥沙的跨陆架输运可以到达 60 m 水深处，但冬季仅为 20 m(图 7-13，图 7-18)。

H4 断面：同 H3 断面各要素分布情况接近，但 H4 断面水深梯度较大，夏季低氧强度较大，初级生产力旺盛，此处赤潮频发(图 7-14)。

L 断面：该断面位于 60 m 水深处，沿 60 m 等深线向北延伸至黄东海交界处，主要特点是跃层的发育和台湾暖流水的入侵，基本比较稳定，夏季可到达 31°N 附近，冬季可到达 31.2°N 附近，夏季表现为高盐、低温特征(图 7-15)，冬季表现为高盐、高温特征(图 7-20)。

7.3　长江口、红河口邻近海域水动力环境特征模拟结果对比

基于收集的资料和数值模拟结果，开展长江口及红河口邻近海域水文环境、河流入海物质搬运、沉积的对比研究。

7.3.1　水文环境

长江年均径流量与输沙量分别为红河的 7 倍与 5 倍(表 7-1)；受地理位置影响，长江口及邻近海域海水温度低于红河口及邻近海域，长江口形成明显的低盐水舌向外输运，而红河口邻近海域低盐水主要沿岸分布(图 7-21，图 7-22)。

表 7-1　长江口与红河口及邻近海域水文环境对比

要素	长江口海域		红河口海域	
	夏季	冬季	夏季	冬季
风速/(m/s)	4.3	5.2	4.5	7.0
流速/(m/s)	7.8	7.0	3.2	2.4
有效波高/m	0.8	0.9	0.3	0.6
潮汐性质	不正规半日潮		全日潮	
最大潮差/m	4.6		4.0	
2009 年径流量/(m^3/s)	24 794		3 550	
2009 年输沙量/(t/s)	3 520		755	

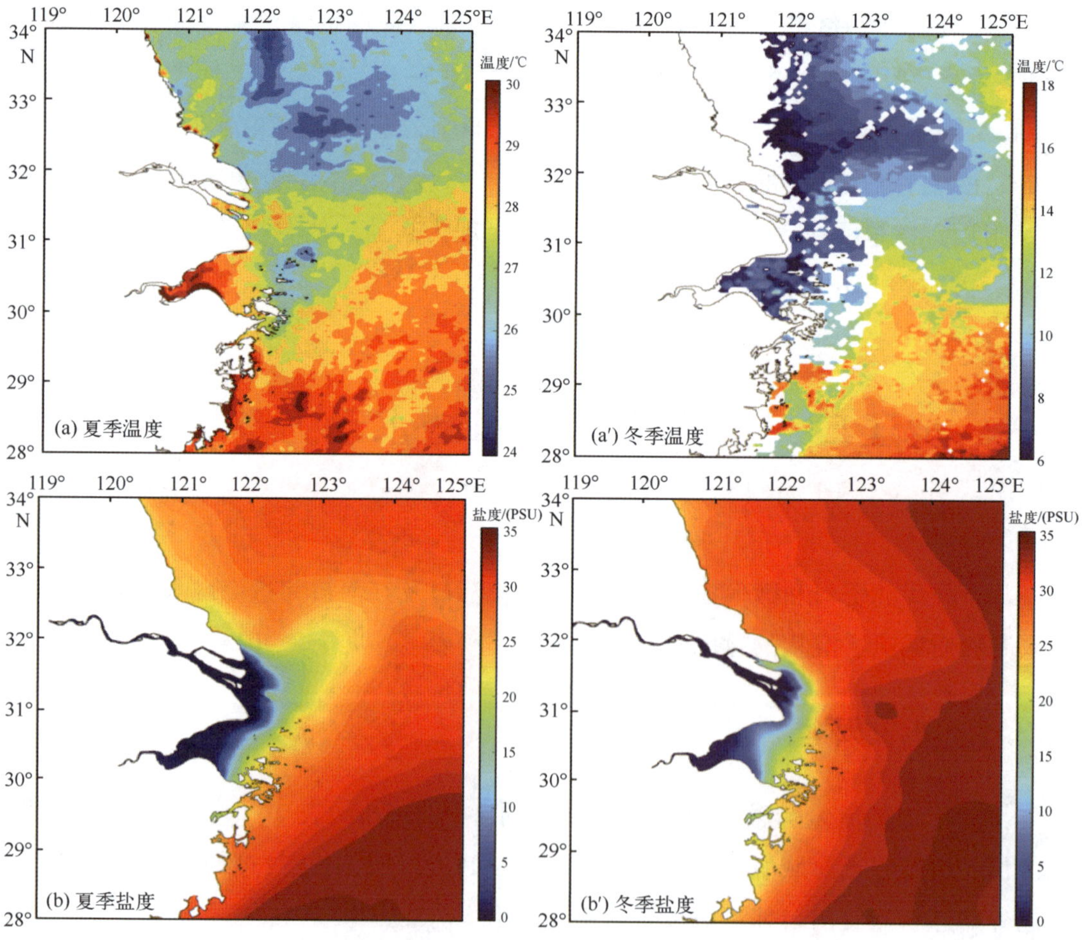

图 7-21　长江口海表温度和盐度

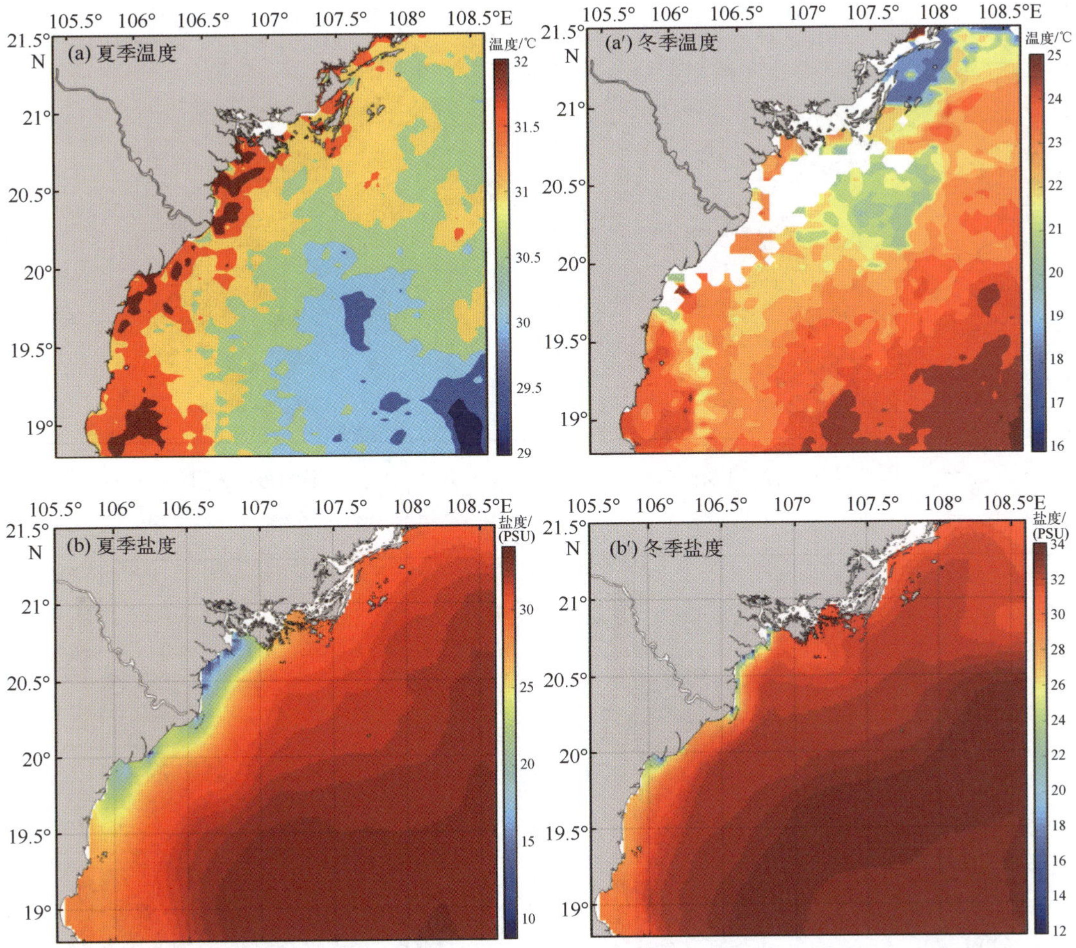

图 7-22　红河口海表温度和盐度

7.3.2　水动力环境

长江口及邻近海域以不正规半日潮为主，而红河口及邻近海域以全日潮特征为主；长江口海域海流流速明显强于红河口海域(图 7-23，图 7-24)。

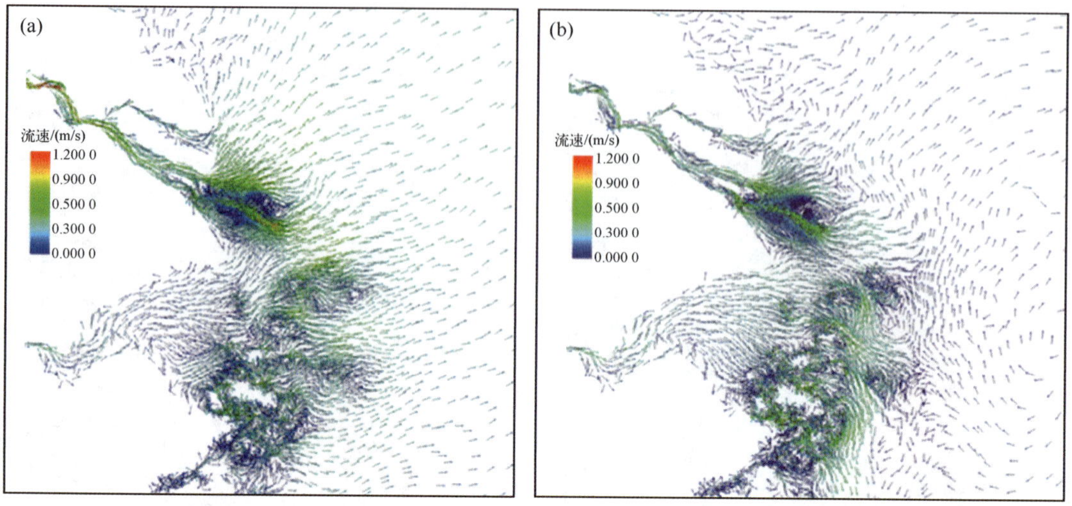

图 7-23　长江口及邻近海域夏季(a)与冬季(b)表层流场的模拟结果

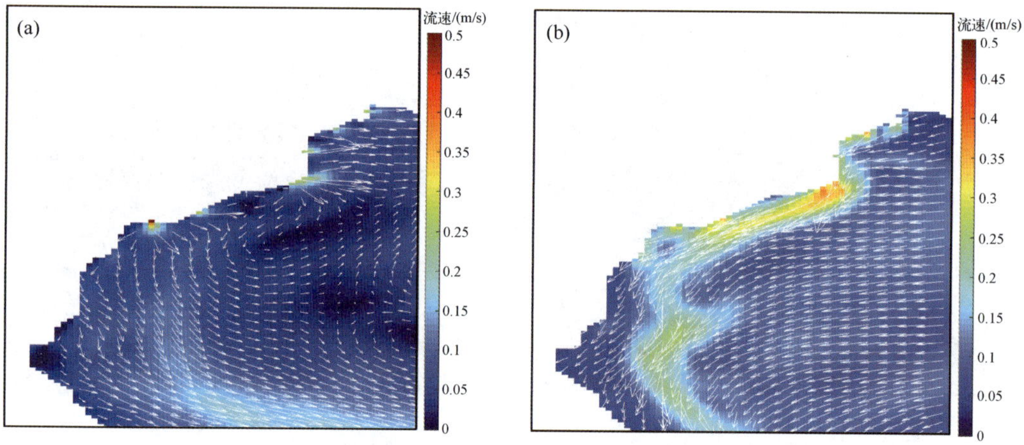

图 7-24　红河口及邻近海域夏季(a)与冬季(b)月均表层流场分布

7.4　长江口、红河口邻近海域悬浮体输运数值模拟结果对比

7.4.1　悬浮体分布特征对比

基于 2002—2017 年 MODIS 卫星数据，反演长江口、红河口及邻近海域表层悬浮体浓度(图 7-25 至图 7-28)。

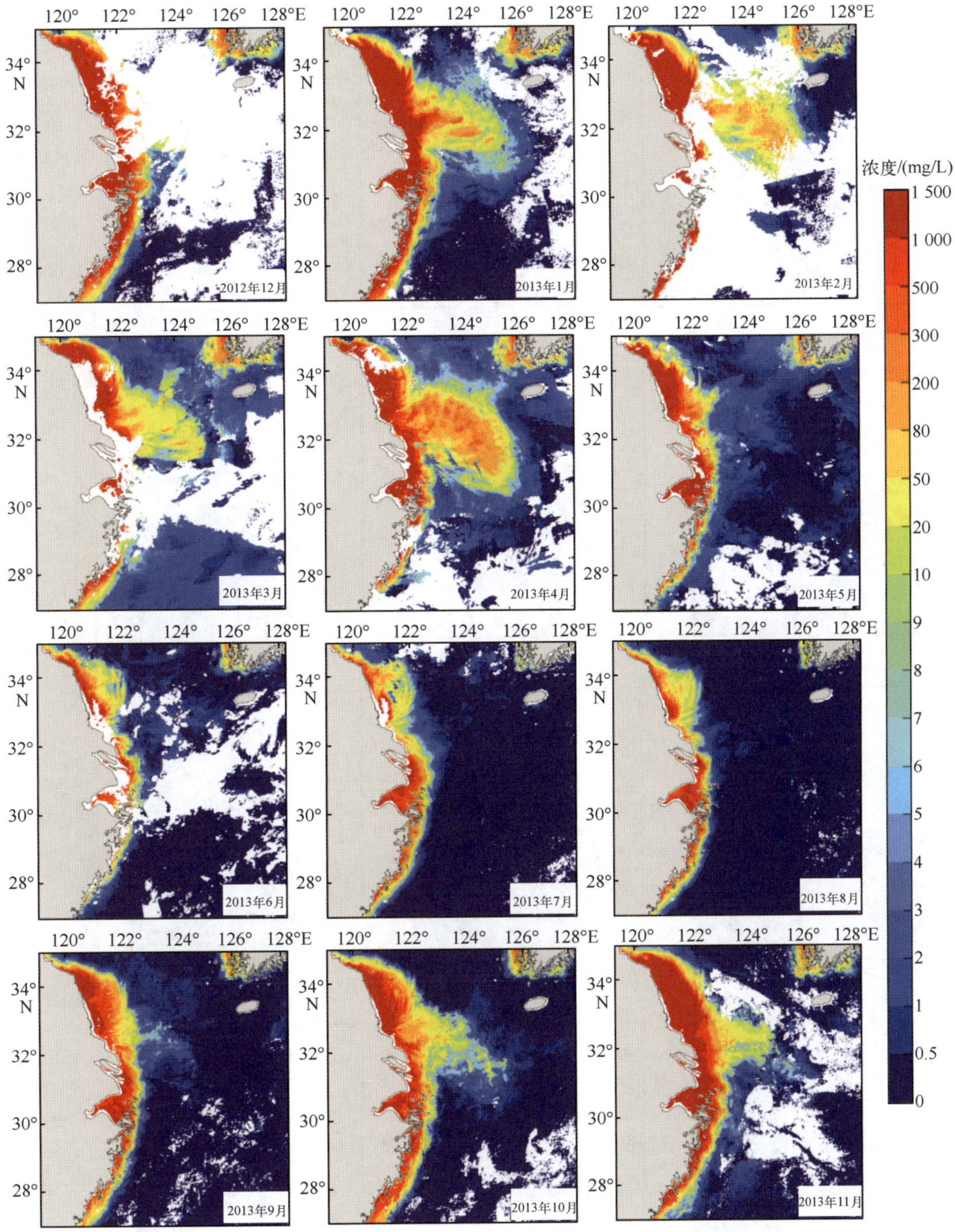

图 7-25　长江口及邻近海域表层悬浮体浓度分布年度变化

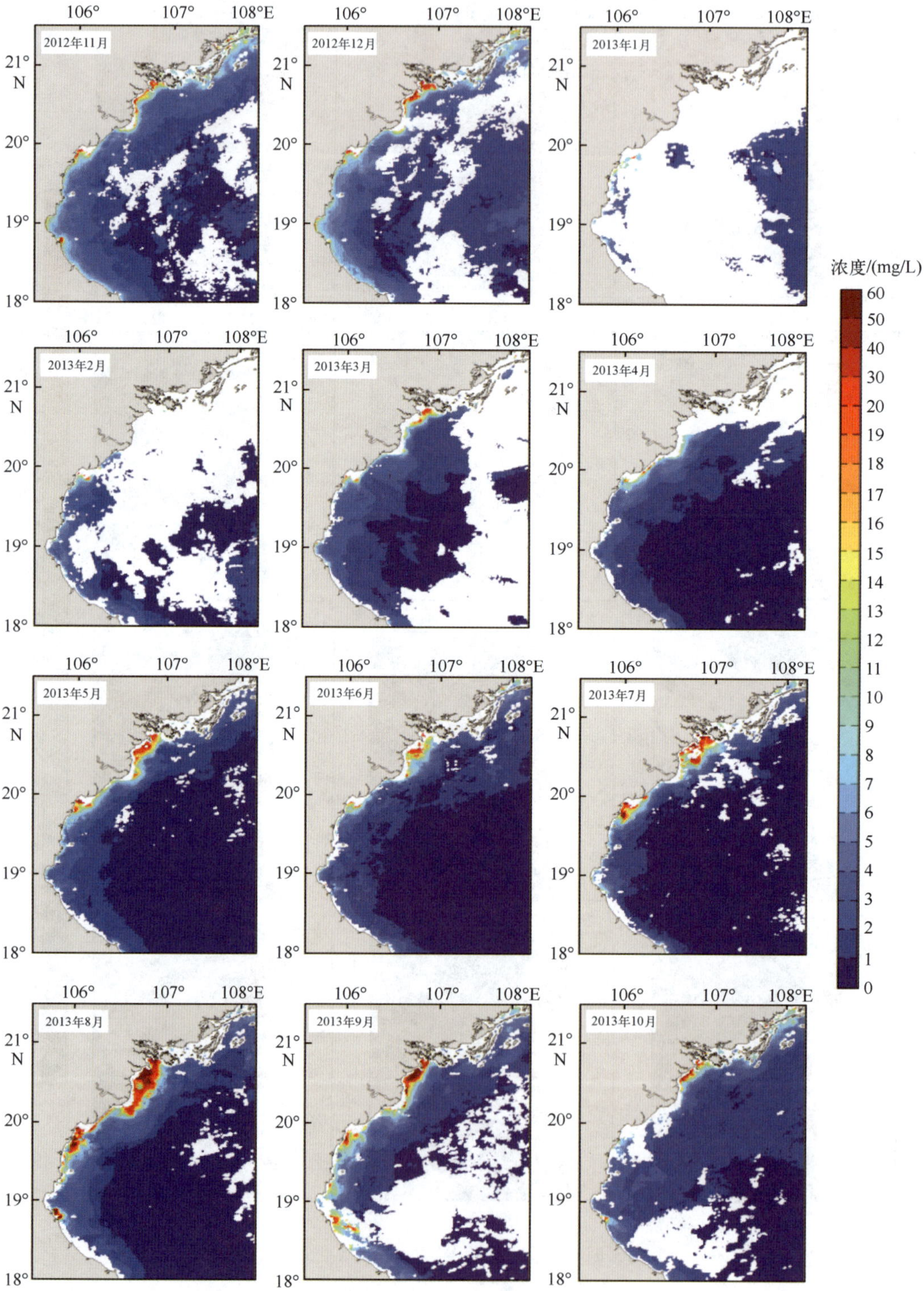

图 7-26　红河口及邻近海域表层悬浮体浓度分布年度变化

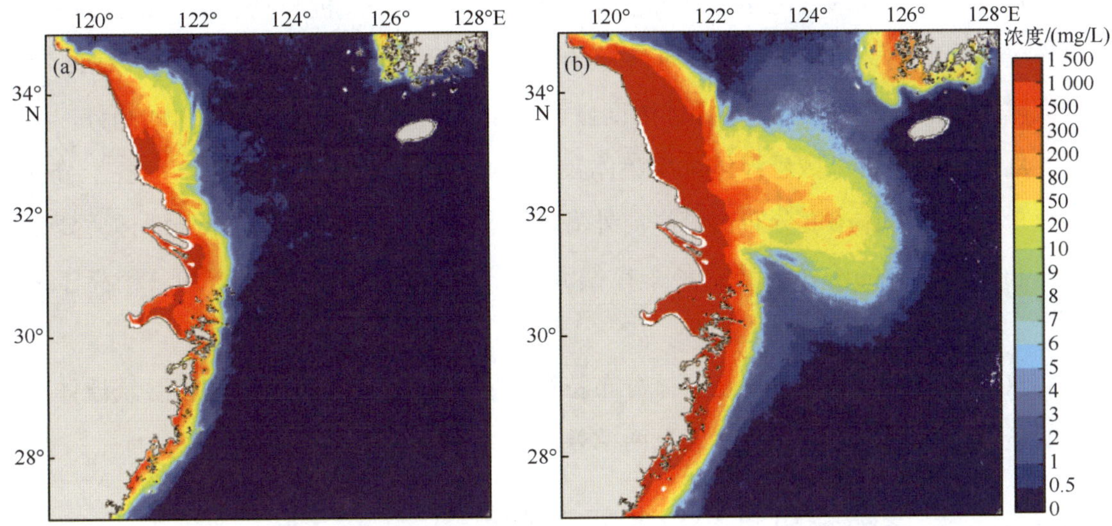

图 7-27　长江口及邻近海域多年平均夏季(a)和冬季(b)表层悬浮体浓度分布

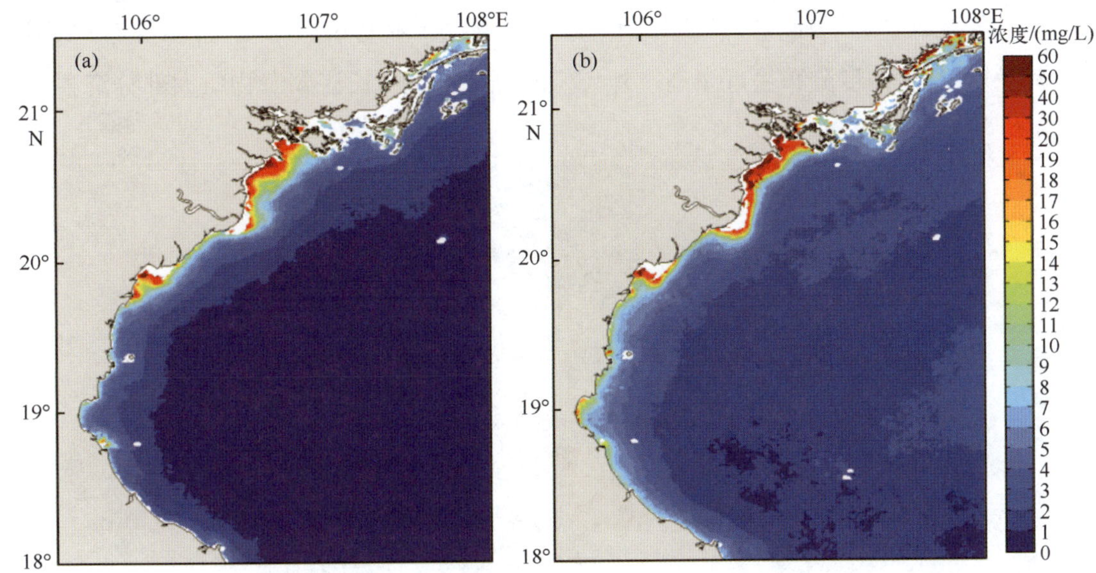

图 7-28　红河口及邻近海域多年平均夏季(a)和冬季(b)表层悬浮体浓度分布

结果显示，长江口海域悬浮体浓度分布冬季高于夏季，整体上呈现出近岸高、远岸低的趋势，高浓度区主要分布在苏北近岸、长江口、杭州湾、浙闽沿岸区域。夏季受南风影响，长江口悬浮体向东北方向输送，但基本都被控制在123°E以西；冬季因风浪和沿岸流的强盛，悬浮体浓度显著增加，呈向南和东南方向输送的趋势。

红河口及邻近海域悬浮体浓度整体较低，高浓度区域主要集中在红河各个分支入海口处。悬浮体浓度分布由沿岸向外海地区呈递减趋势。夏季近岸悬浮体主要呈向东和东北方向的输送趋势；冬季在偏北风作用下，悬浮体浓度增加，稍高于夏季，呈向南和西南方向输送趋势。

从多年平均的夏、冬季悬浮体分布特征来看，红河口及邻近海域表层悬浮体浓度明显低于长江口海域，且冬、夏两季差异相对较小。

7.4.2 悬浮体输运沉积控制机制对比

建立最高分辨率可达400 m的长江口-东中国海数值模型，设置1组控制实验、11组敏感性实验以开展河口羽状锋对长江入海物质搬运的影响及相关机制研究(图7-29)。结果显示，长江入海物质受羽状锋的影响，被限制在长江口-舟山群岛-浙闽近岸海域，悬沙浓度分布呈近岸高、外海低的分布形态；长江入海物质大部分沉积于杭州湾。

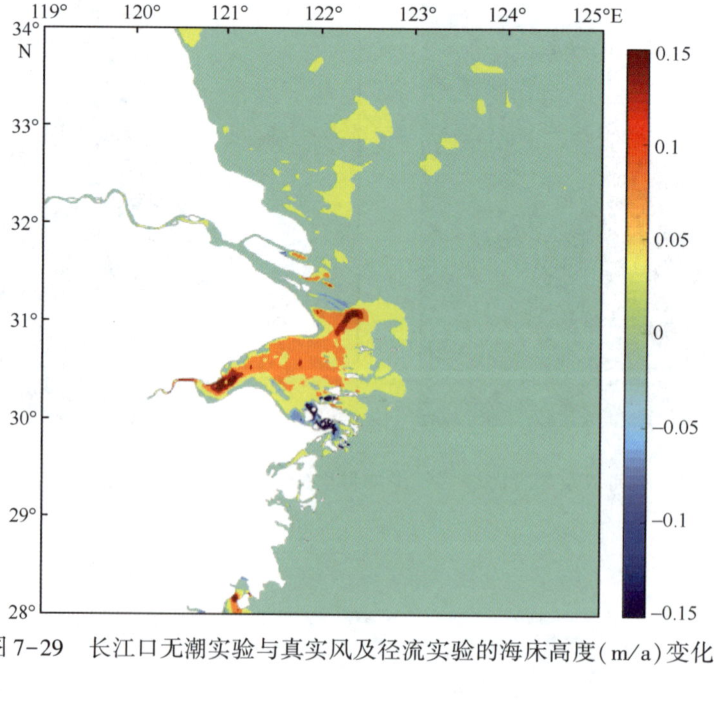

图7-29　长江口无潮实验与真实风及径流实验的海床高度(m/a)变化

对于羽状锋的分布，波浪在水平和垂直方向上的混合增强效应，有利于羽状锋的东向移动，相应地增加了长江入海物质东向输运的强度；风的方向会显著影响长江口羽状锋的形态和扩展范围，同时也会影响长江入海物质的分布；连续的大风过程对于长江口外羽状锋的影响并不显著，但是由于沿岸流的影响，苏北浅滩向东南方向的盐度锋面向东扩展。

从海床厚度变化来看，潮流是长江口泥沙输运沉积最主要的机制，其次是季风。排在第三位的是风向的变化，从悬浮体浓度来看，西北风的影响要大于东南风，但是东南风引起的冲淤变化要强于西北风。排在第四位的是波浪，冬季波浪的影响要大于夏季。而影响最小的是长江径流，径流量较大时，长江冲淡水将泥沙带离统计区域，泥沙浓度降低，底床冲刷略强；径流量较小时，泥沙更多沉积在统计区域，泥沙浓度升高，底床略有淤积。

建立、验证北部湾海域三维悬浮体输运数值模型。模拟的调和常数、海流、海表高度、盐度等与实测数据对比较好。设置 1 组控制实验和 10 组敏感性实验开展红河入海物质搬运的控制机制研究(图 7-30)。结果显示，红河入海泥沙主要沉积

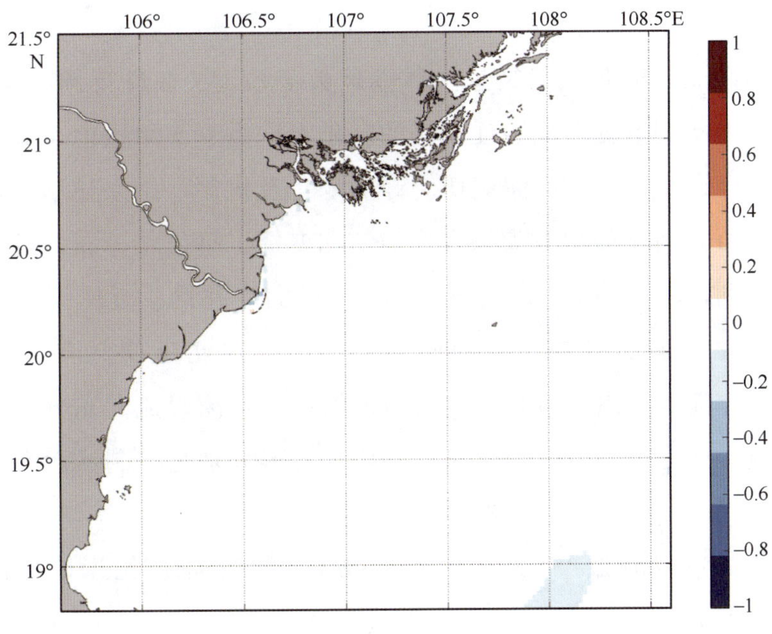

图 7-30 红河口冬季风枯水期实验与真实风及径流实验的海床高度(m/a)变化

在河口附近海域，河流径流和输沙量的变化影响范围较小，仅限河口附近有限海域；河口及其周边海域的悬沙浓度主要为再悬浮所致。

季风、波浪以及潮汐潮流对于该海区物质输运和沉积具有重要影响。季风是红河口泥沙输运最主要的机制，从悬浮体浓度来看，东北风的影响要大于西南风，冬季海床冲淤也给出了类似的结果；次之的是潮汐以及波浪过程，波浪垂向混合及搅拌作用、潮汐潮流的混合作用有助于增强泥沙再悬浮过程，二者在冬季导致的海床冲淤变化量值接近，但对红河河口附近区域悬浮物浓度贡献来看，潮汐过程要较波浪更为重要，冬季波浪的影响要大于夏季。而影响最小的是红河径流，仅限河口海域。

7.4.3 东海浙闽近岸海流切变锋及控制机制

冬季在偏北风作用下，浙闽近岸被南下的浙闽沿岸流控制，表现为低温低盐特征，而 60 m 等深线附近海域被向北运动的台湾暖流控制，表现为高温高盐特征。2018 年 1 月在浙闽沿岸设置两个同步观测站，38 h 连续测流数据表明，10~30.5 m 水深层位存在浙闽沿岸流和台湾暖流的海流反向切变，形成海流切变锋。

建立中国东部陆架海域三维悬浮体输运数值模型，在进行调和常数、海流、悬浮体浓度等与实测数据对比验证较好的基础上，设置 5 组数值实验，研究冬季浙闽沿岸流与台湾暖流形成的海流切变锋的变化及机制。结果显示，在气候态东北风作用下，50 m 等深线以东海域存在海流切变锋，呈带状分布，且从表到底锋面逐渐向陆倾斜(图 7-31)。大风条件下，锋面向海移动，近岸泥沙向海输送趋势增强；没有温盐斜压效应，锋面向岸移动，且向北延伸，锋面阻碍作用增强，有利于近岸泥沙在沿岸沉积；改变地形坡度，台湾暖流向东分支消失，锋面形态发生改变，而强度不变。因此风、温盐和地形分别是控制锋面强度和形态的重要因素。

在长江入海口以南 26°—29°N，水深 90 m 以浅的浙闽沿岸地带存在东海内陆架泥质区，呈楔状覆盖于末次冰期海侵界面之上，自长江口向南绵延达 800 多千米，最宽处可达 100 km。海流切变锋面延伸到泥质区的外沿，说明锋面的屏障作用阻碍了近岸物质向外海输运，对内陆架泥质沉积体的发育有重要贡

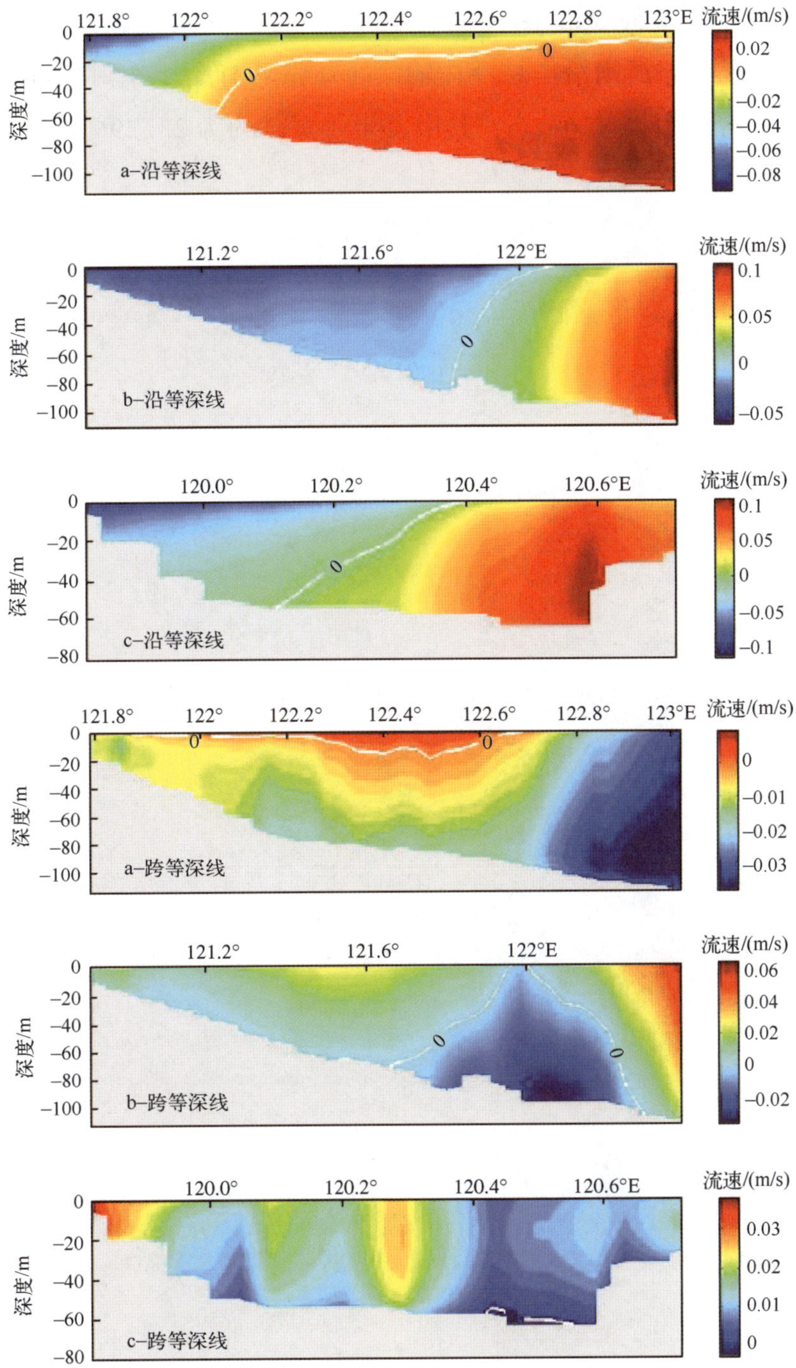

图 7−31　冬季气候态风况作用下浙闽沿岸海流切变锋断面垂直分布

献。基于2006年夏季和2007年冬季实测悬浮体浓度数据，以及海流数值模拟结果，定量估算了东海关键断面悬浮体运移通量及对泥质区的贡献。结果显示：正常海况下，浙闽沿岸悬浮体输运净通量均有利于东海内陆架泥质区的发育，净通量约为2.24×10^8 t/a，其中夏半年贡献约为23.29%，冬半年贡献约为76.71%。

第 8 章

全球变化和人类活动对河口三角洲演化影响研究

8.1 长江三角洲海岸带土地利用时空演化

收集了长江三角洲海岸带地区1995—2015年多期TM遥感影像，结合资源卫星数据、地形图、海图资料，通过现场验证，开展长江口海岸带土地利用现状和覆被特征解译，获得长江口海岸带1995—2015年土地利用变化数据(图8-1)。运用转移矩阵方法分析了长江三角洲海岸带土地利用变化、过程及空间分布。

1995年长江三角洲海岸带地区土地利用方式以耕地、林地和建设用地为主，所占比例分别为68.5%、15.3%和9.2%。至2015年，虽然主要的土地利用类型没有改变，但所占比例有所变化，耕地的比例降为55.7%，建设用地比例增至22.6%，成为主要的土地利用类型(图8-1)。1995—2015年，建设用地面积大幅度增长，共增加3 977 km^2，占海岸带土地面积的比例由1995年的9.2%增至22.6%；耕地面积减少3 472.9 km^2，是建设用地的主要来源，占总转移面积的92%。

建设用地的变化趋势代表了长江三角洲地区人类开发活动的演变趋势。近年来，长江三角洲海岸带城市建设用地扩张有以下几个特点。

(1)以城区为中心，环带状扩展。

城市土地利用和开发不断蔓延，最终展现出团状、环状、块状城市地区，尤其以市中心建设生活居住区的蔓延为显著，呈现出连片式发展和渐进式发展的态势(图8-2，图8-3)。在城市的辐射和带动作用下，位于城市边缘的城镇发展势头迅猛。

(2)以交通线为中心，放射状扩展。

城市的发展有自发形式和有意识地规划建设两种方式，其均依附于城市主体本身，逐步向周围地区放射扩展。比如对交通线路依附性强的工厂、仓库，它们一般沿公路、铁路或按规划建设，形成连续向外延伸的态势，呈现出“轴”向工业走廊的形态。

(3)农村城镇化点状扩展。

随着郊区经济不断提高和人口的增长，农村占地建房的发展速度不断加快，各乡镇、村庄居民点扩展迅速。如东县洋口港是上海港核心的北段，作为县级城市的如东县在“江海联动”作用下，带动了城镇和产业发展的用地需求，工业化与城镇化进程明显加快，建设用地迅速扩张(图8-4)。启东市台角村位于城乡结合处

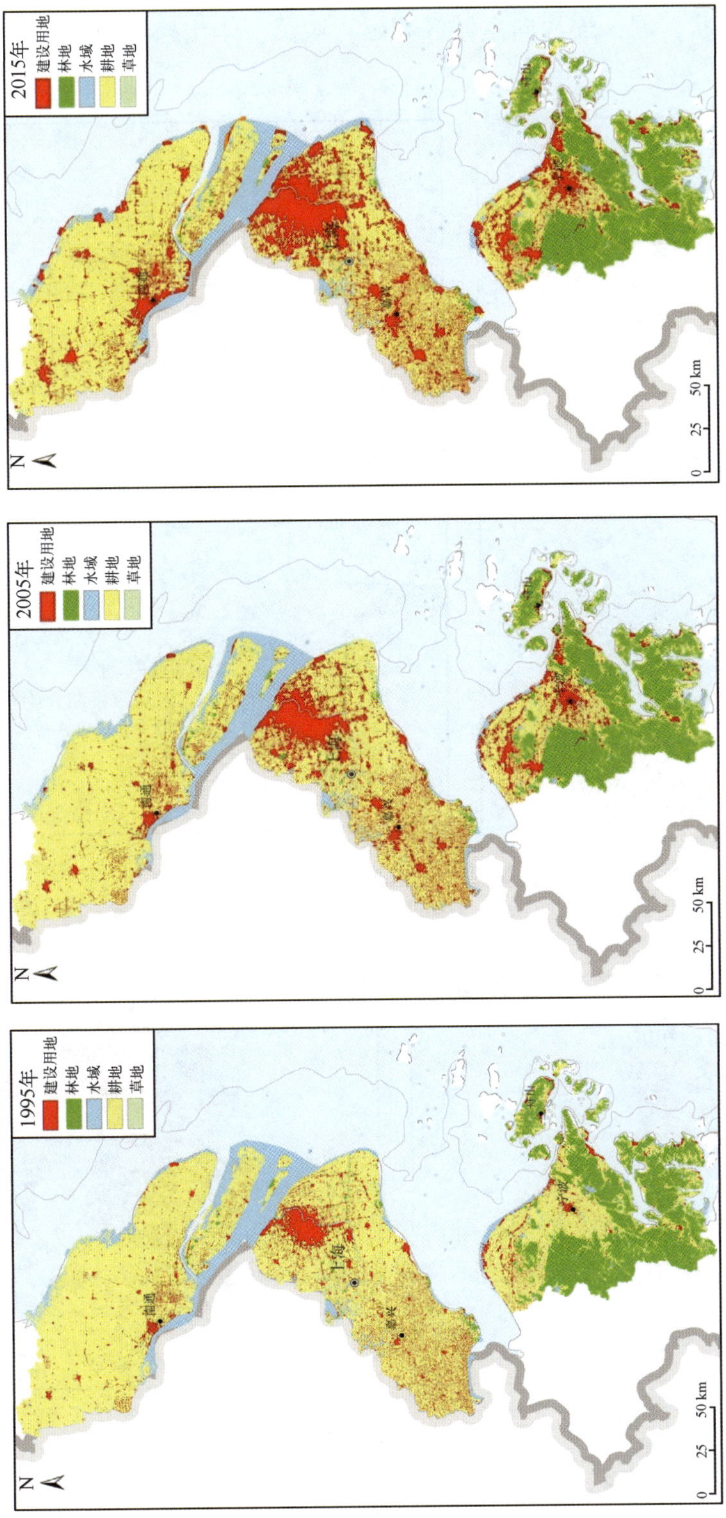

图 8-1　长江三角洲海岸带土地利用时空演化（1995—2015年）

（图 8-5），在启东科技创业园的带动下，受主城区的辐射影响力大大增强，建设用地呈现自身辐射状扩展，连片向主城区蔓延，城镇一体化趋势明显。

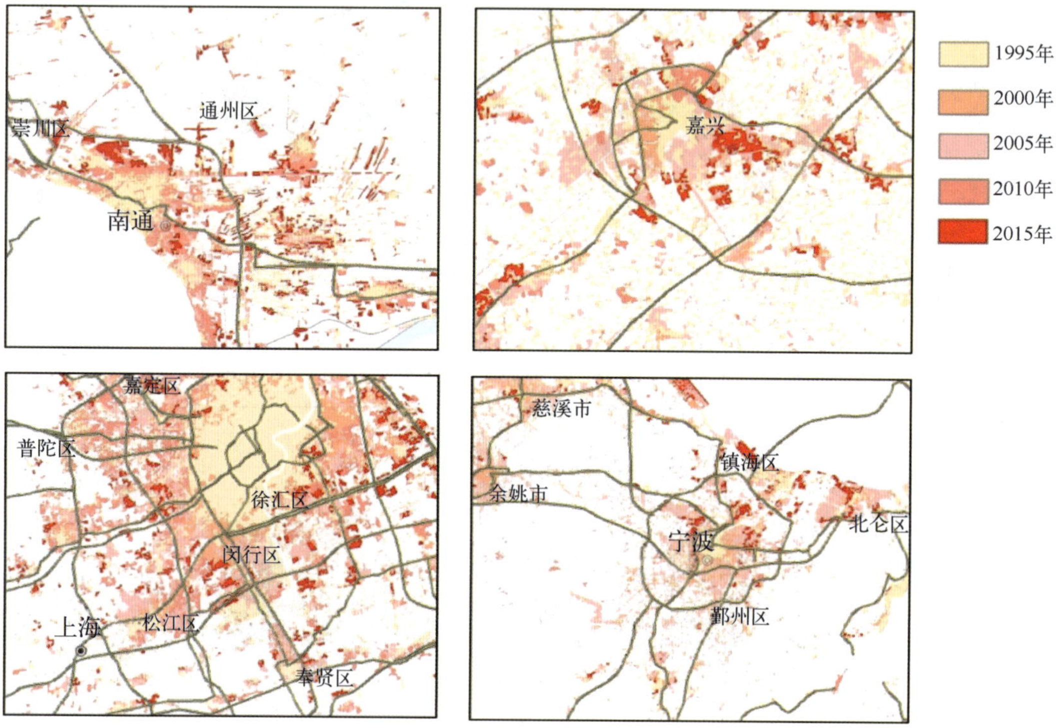

图 8-2　典型城市空间扩展

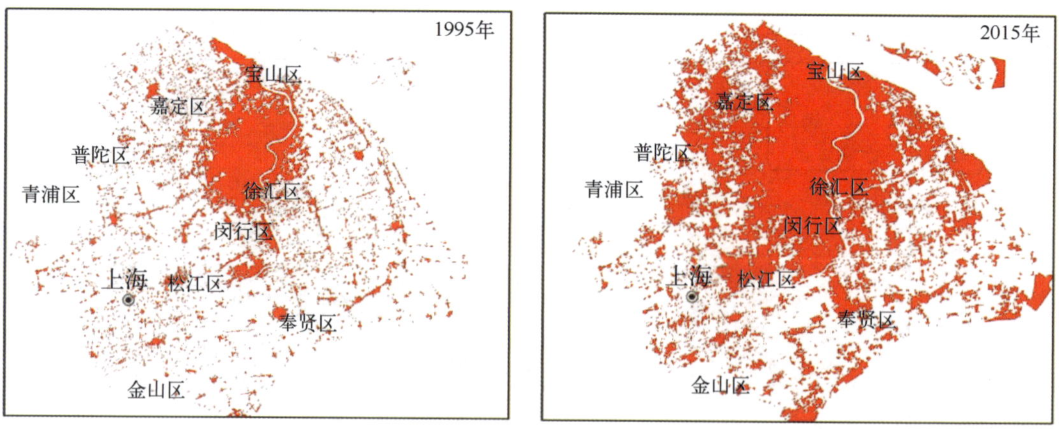

图 8-3　上海市 1995—2015 年建设用地演化

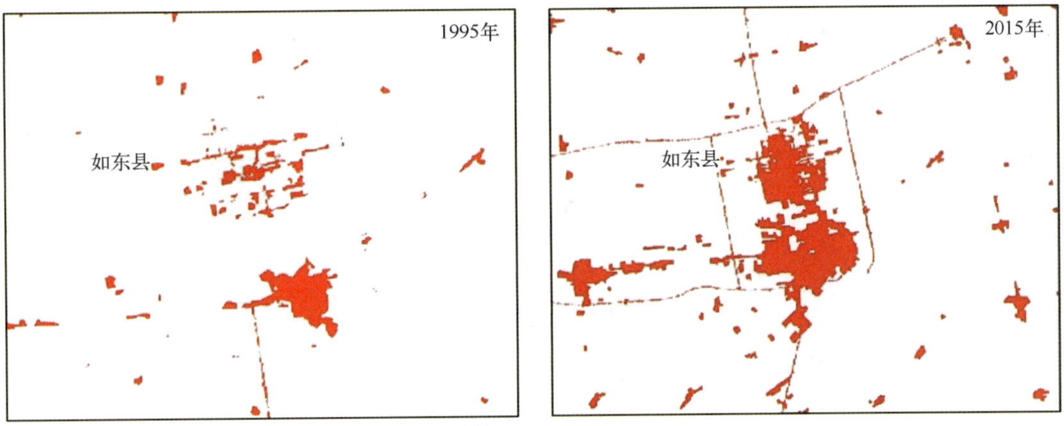

图 8-4 如东县 1995—2015 年建设用地演化

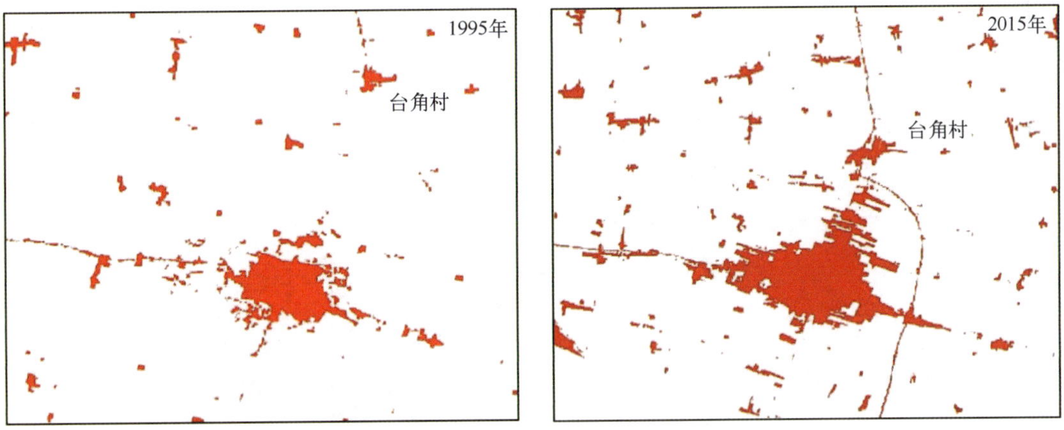

图 8-5 台角村 1995—2015 年建设用地演化

近年来，随着沿海经济的高速发展，人多地少的矛盾日益突出，围填海成为长江三角洲地区重要的土地补充形式。围填海是近半个世纪长江三角洲地区海岸线维持整体向海推进的主要原因。根据遥感数据分析，1995—2015 年南通、上海、嘉兴、宁波和舟山等地共围圈土地 1 622.7 km^2，上海市围垦面积最大，达到 596.7 km^2(图 8-6)。

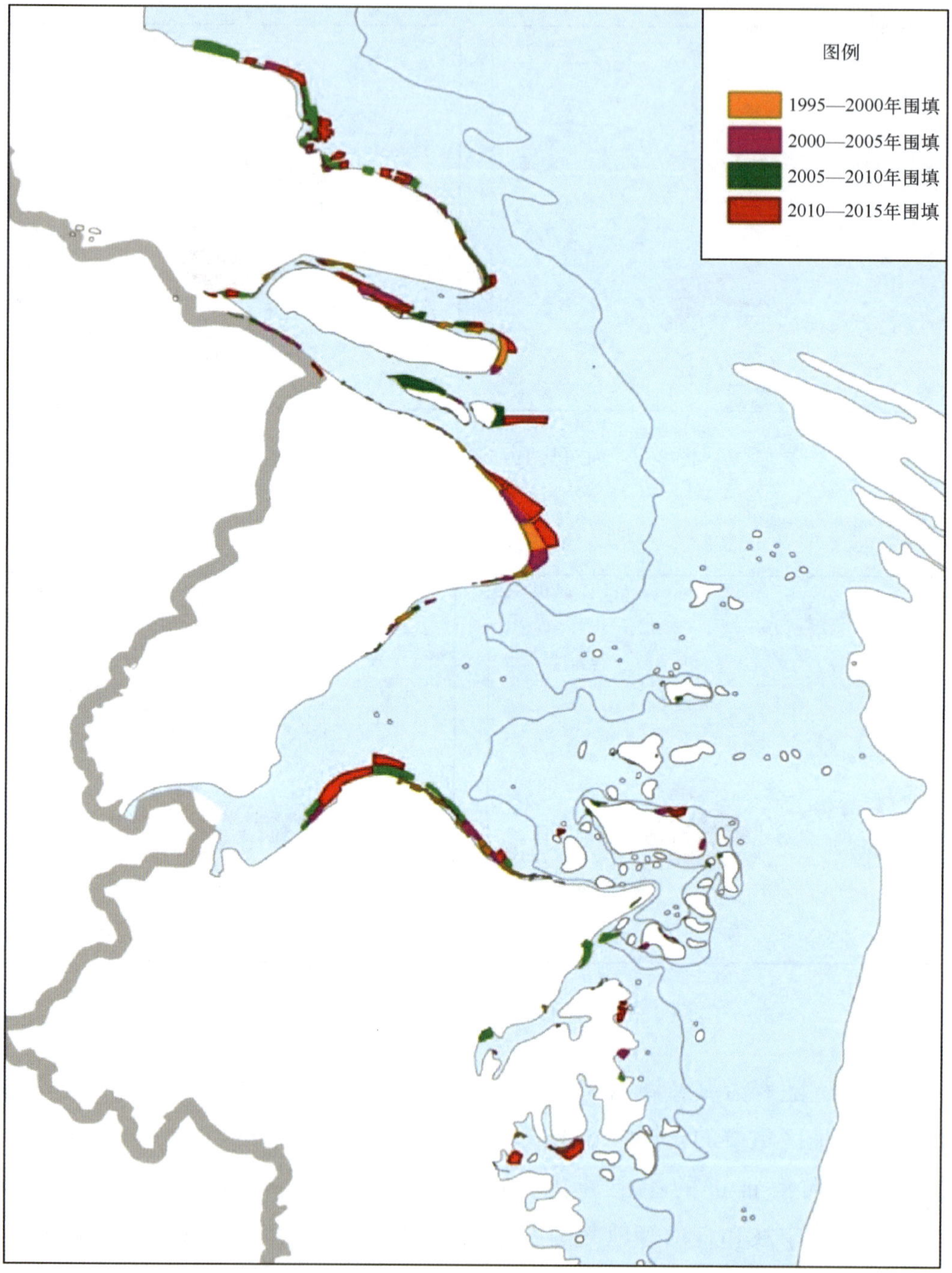

图 8-6　长江三角洲围填海发展态势(1995—2015 年)

8.2　长江河口三角洲近百年来沉积环境演变

8.2.1　1842—2004年长江口冲淤演化数据收集和处理

收集了长江口及其附近的海图共10张，包含1张1998年的工程测量图，海图年份分别是：1842年、1864年、1880年、1911年、1958年、1983年、1988年、1998年和2004年。

海图扫描后用地理信息系统(GIS)软件提取图上岸线、等深线及各测深点的位置与水深信息，建立地理信息系统数据库(GIS Database)。然后对同一时期所有水深数据进行Kriging插值，根据插值后的数据建立该时期的数字高程模型(DEM)，最后对模型进行计算。

由于1842年、1864年、1880年和1911年的4张海图原图为英国海军测量，基准面选用与现在不同，单位使用英尺，首先要进行单位和基准面换算。我国自1957年开始海图地理信息数据库分析计算数字高程模型均使用理论深度基准面，根据研究英军海图基准面比理论深度基准面高0.238 m，因此，实际水深等于图上水深减去0.238 m。根据这个关系把水深换算到同一基准面下。

8.2.2　河口拦门沙区冲淤变化趋势

河口拦门沙区的范围自西向东包括了岸线到10 m等深线之间区域，北至崇明东滩南半滩，南到南汇整个潮滩。在近期(1958年、1983年、2004年)的3张海图上包括陆地的小部分面积，而在更早的海图上几乎不包括陆地。由于陆地面积在整个研究区域内只占很小比例(大约5%)，因此本书忽略了由陆地面积产生的冲淤计算误差，在地形冲淤变化图(图8-7)上也不明确标注陆地的范围。

从冲淤图上可以看出，除了1880—1911年和1911—1958年两个时期的冲刷面积大于淤积面积外，其余几个时期的淤积范围明显超过冲刷。尽管冲刷的范围普遍较小，冲淤幅度上却表现出最大冲刷幅度大于最大淤积幅度。综合所有时期冲淤幅度得到：淤积最大厚度达16 m，而冲刷最大深度可以达到22 m。各时期冲淤特征如下。

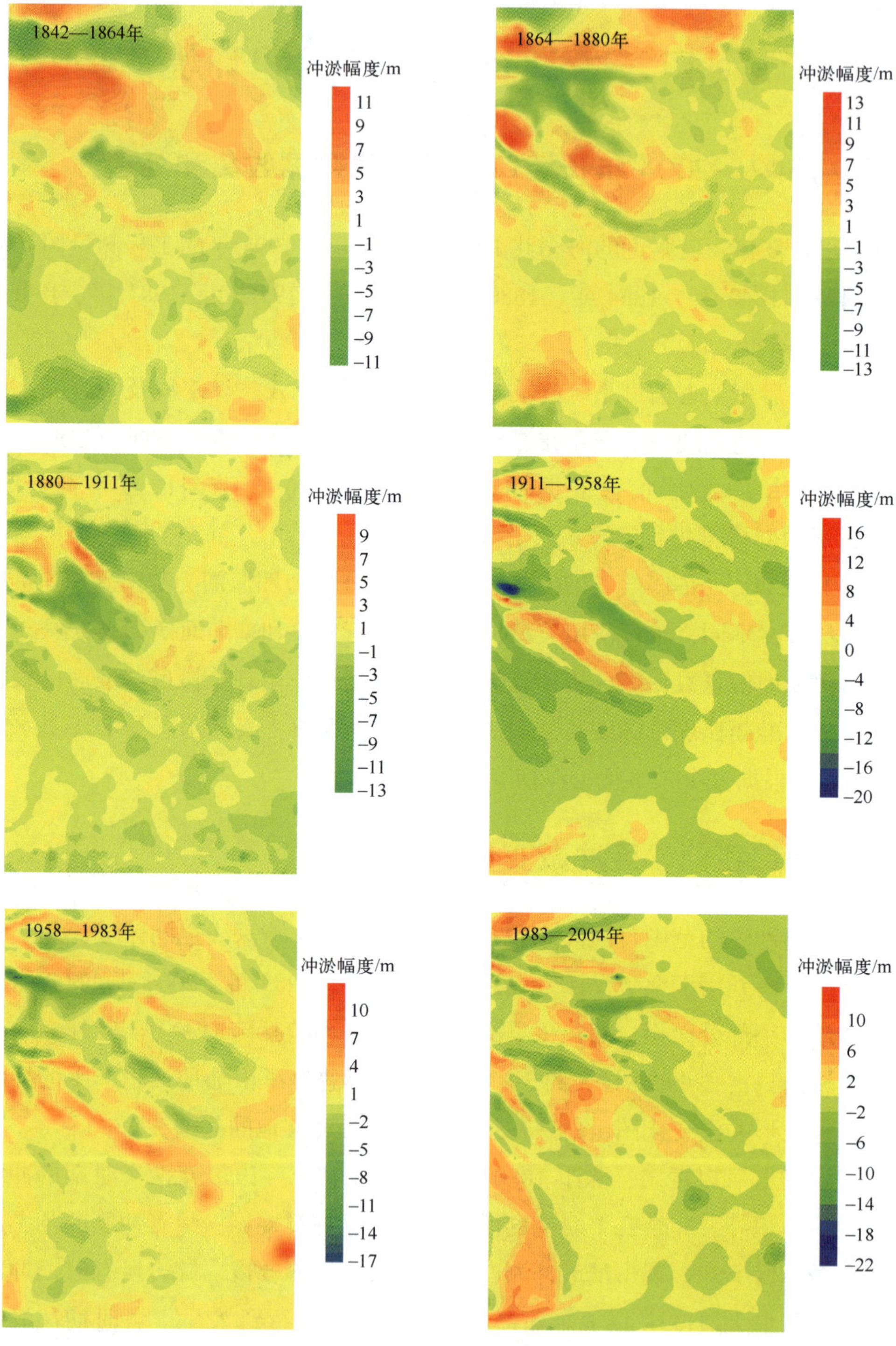

图 8-7　长江口浅滩各时期冲淤幅度

(1)1842—1864 年，淤积区的面积大于冲刷区，冲淤幅度相当。冲刷深度最大的区域是位于北部的崇明东滩附近，沿着北港形成一条冲刷带。淤积中心是与冲刷中心相邻的南侧区域，呈东西走向条状分布。

(2)1864—1880 年，整体看淤积区的面积较大，淤积中心分布在两个区域——最北部的崇明东滩附近和横沙东滩附近，冲淤最大幅度相当。上一阶段的剧烈冲刷带转变为淤积带，冲刷区域向南移动。

(3)1880—1911 年，冲刷和淤积的面积相当，没有明显的淤积中心，最大淤积幅度小于冲刷幅度。冲刷中心继上一时期又往南移动到横沙东滩，冲刷区域主要分布在南部。

(4)1911—1958 年，冲刷区面积明显大于淤积区，淤积区主要分布在北半部，冲刷区则主要分布在南半部。冲刷区域在南部连成一片(位于南汇边滩和南槽)，在南汇东滩形成大面积冲刷。

(5)1958—1983 年，淤积区恢复主导地位，虽然幅度较小，但是面积远大于冲刷区。冲刷区主要分散在北半部，形态以狭长带状为主。

(6)1983—2004 年，整个区域仍然以淤积为主，冲刷区主要分布在西侧，未形成大面积冲刷中心。

利用海图数字化建立河口拦门沙区数字高程模型(DEM)，分别计算出 1842—2004 年 6 个不同时期的淤积与冲刷面积、体积(表 8-1)。结果表明，浅滩冲淤是动态变化的，但具一定规律性，任一时期内都同时存在淤积区和侵蚀区，只是二者的面积有大小之分(表 8-1)。研究还表明，拦门沙坝在近 160 多年来净淤积，平均年淤积体积为 $0.51\times10^8\ m^3$。并且，拦门沙坝的冲淤显示出明显的三个阶段：1842—1880 年稳定快速堆积，淤积速率为 2.33～3.23 cm/a；1880—1958 年几乎冲淤平衡；1958—2004 年又恢复稳定堆积，速率也与之前相当，为 2.78～3.37 cm/a。

表 8-1　长江口河口拦门沙区冲(-)淤(+)体积、面积统计

时间段	体积变化/($\times10^8\ m^3$)				面积变化/($\times10^8\ m^2$)		平均淤积速率/(cm/a)
	淤积	冲刷	净冲淤	年均	淤积	冲刷	
1842—1864 年	+37.97	-19.52	+18.45	+0.84	21.66	-14.34	+2.33
1864—1880 年	+37.89	-19.31	+18.58	+1.16	21.24	-14.76	+3.23

续表

时间段	体积变化/($\times10^8$ m^3)				面积变化/($\times10^8$ m^2)		平均淤积速率/(cm/a)
	淤积	冲刷	净冲淤	年均	淤积	冲刷	
1880—1911 年	+15.61	-20.95	-5.34	-0.17	15.48	-20.52	-0.48
1911—1958 年	+27.52	-27.31	+0.21	0.00	16.40	-19.60	+0.01
1958—1983 年	+39.60	-9.29	+30.31	+1.21	27.55	-8.45	+3.37
1983—2004 年	+36.60	-15.61	+20.99	+1.00	22.87	-13.13	+2.78

8.2.3 南汇东滩河口拦门沙区冲淤变化趋势

由于地理格局的变化，在本研究时间范围内只有南汇潮滩地貌稳定演化，以淤涨蚀退为主要特征，因此对南汇潮滩的冲淤变化做了详细的研究探讨。

相似地，南汇边滩的每个时期内都同时存在冲刷区和淤积区，有些时期冲刷区面积大于淤积区，有些时期则相反(图 8-8)。并且南汇边滩冲淤的另一个特点是，某个时期的淤积区域在下一时期内则转变为冲刷区域，几乎在每两个相邻时期内都有这种对应关系。1842—1864 年南汇边滩整体上是高滩冲刷、低滩(2 m 等深线以下)淤积的特点；恰好与前一时期相反，1864—1880 年南汇边滩高滩淤积，低滩冲刷；1880—1911 年冲淤幅度都很小，整体以冲刷为主；1911—1958 年南汇边滩的冲淤态势为北滩、东滩整体冲刷，南滩总体淤积，表现为“北冲南淤”；1958 年之后的南汇持续淤积，幅度较大，尤其高滩围垦造成 1983—2004 年 0 m 等深线以上区域淤积最显著。

南汇边滩定量计算结果表明，其冲淤是动态变化的，但具一定规律性，任一时期内都同时存在淤积区和侵蚀区，只是二者的面积有大小之分，淤积期(净冲淤值为正)淤积区的面积是冲刷区的 2~5 倍；反之，冲刷期(净冲淤值为负)发生侵蚀的面积大于淤积的面积(表 8-2)。整个南汇边滩的平均淤积速率为-1.45~+6.71 cm/a。较早 100 年潮滩整体受到小幅度冲刷，速率为-0.33 cm/a；近 50 年快速淤积，速率为+3.90 cm/a；1842—1911 年的平均淤积速率仅为+0.87 cm/a。冲刷期和淤积期的多次交替是南汇边滩冲淤的一大特征。

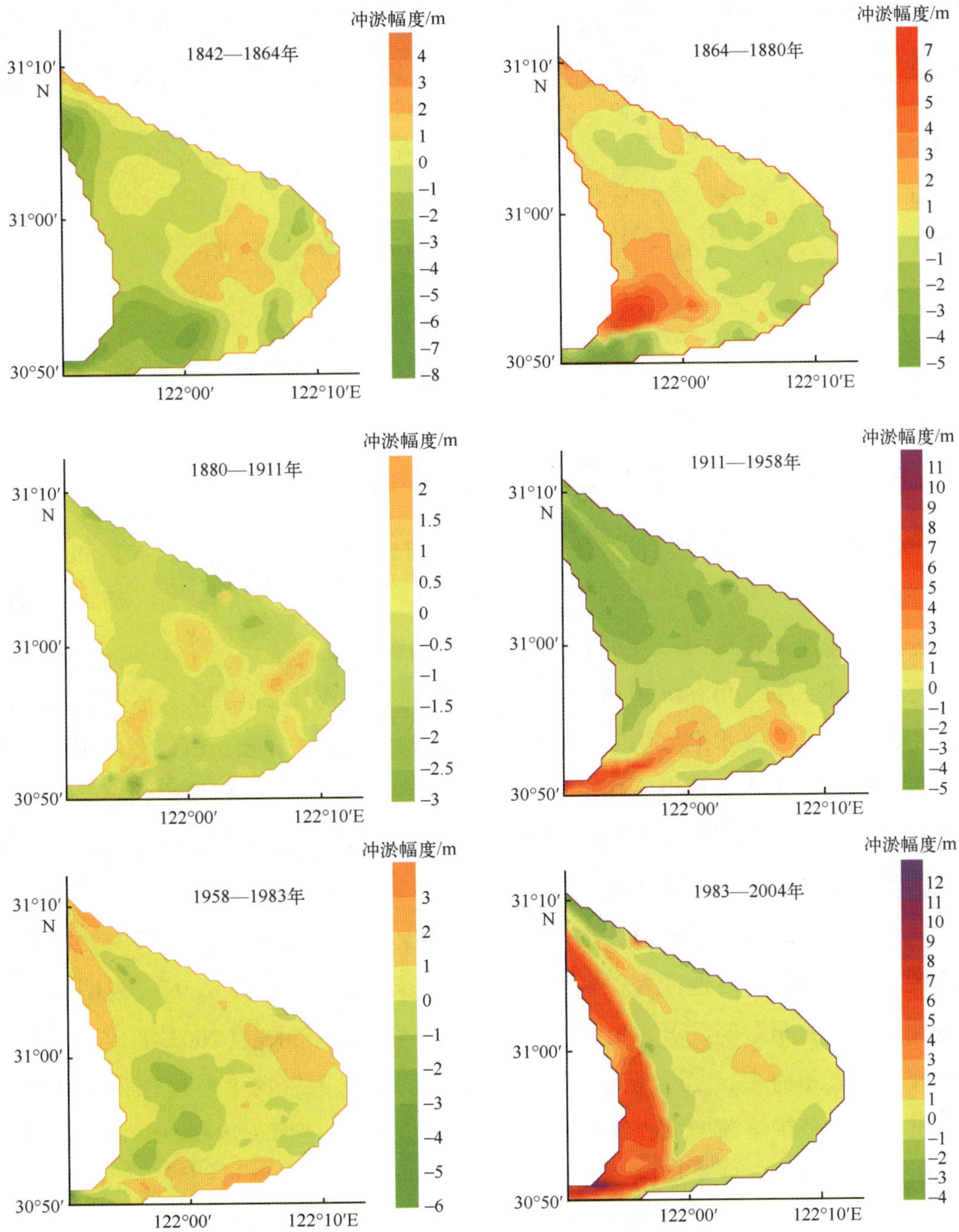

图 8-8　南汇边滩各时期冲淤幅度

表 8-2　南汇边滩冲(-)淤(+)体积、面积统计

时间段	体积变化/(×10⁸ m³)				面积变化/(×10⁸ m²)		平均淤积速率/(cm/a)
	淤积	冲刷	净冲淤	年均	淤积	冲刷	
1842—1864 年	+2.64	-4.89	-2.25	-0.10	3.11	3.94	-1.45
1864—1880 年	+7.11	-1.47	+5.64	+0.35	5.15	1.90	+5.00
1880—1911 年	+1.05	-3.12	-2.07	-0.07	2.33	4.71	-0.95
1911—1958 年	+3.28	-7.32	-4.04	-0.09	2.04	5.00	-1.22
1958—1983 年	+3.92	-1.21	+2.71	+0.11	5.13	1.92	+1.54
1983—2004 年	+10.76	-0.84	+9.92	+0.47	5.78	1.26	+6.71

8.2.4　长江河口和水下三角洲海床冲淤演化格局

2000 年以后上海市地质调查研究院、长江航道局等单位开展了长江口和水下三角洲的地形重复测量，通过多年监测数据的对比，分析长江三峡截流、河口航道整治、海岸和海洋工程对河口及水下三角洲变化的影响。

尽管现代水下三角洲沉积物存在一定压实和固结作用，但 2009 年以来对上海全市沿海海堤的二等水准监测结果显示年均沉降量不超过 2 cm，新建海堤工程自重导致的沉积物最大压实量也不超过 5 cm/a，且多在 3 年之内达到稳定状态，在水深数据误差范围(0.2 m)之内，说明研究区沉积物压实作用对研究区地形变化的贡献微弱，而水下地形的垂向变化基本代表了侵蚀淤积的程度。

通过对选定年份水下地形数据进行 DEM 叠加对比，发现长江口口内侵蚀淤积幅度明显较口门和口外地区大，且冲淤条带多平行岸线分布(图 8-9)，说明该区地形变化受岸线分布影响显著。更为明显的是，三峡工程蓄水前(2002 年)至 2007 年区域变化以淤积为主，尤其是口门和口外地区，2007 年后发生向侵蚀为主导的转变，且侵蚀区范围逐渐增大，2011—2013 年，全区侵蚀区面积达到 70%以上，说明近年来长江口海床侵蚀呈加剧趋势。

分区的变化特征为：①长江口北支近 20 年来呈不断衰退趋势，1999 年以来的分流量已减少至 1%以下，其主要受潮流作用控制，对长江来水来沙的响应不具显著意义；②杭州湾受强潮流作用主导，湾内细颗粒物质以反复搬运、净输运量小为特征，2002 年以来的水下地形变化也指示其冲淤变化基本处于平衡状态；

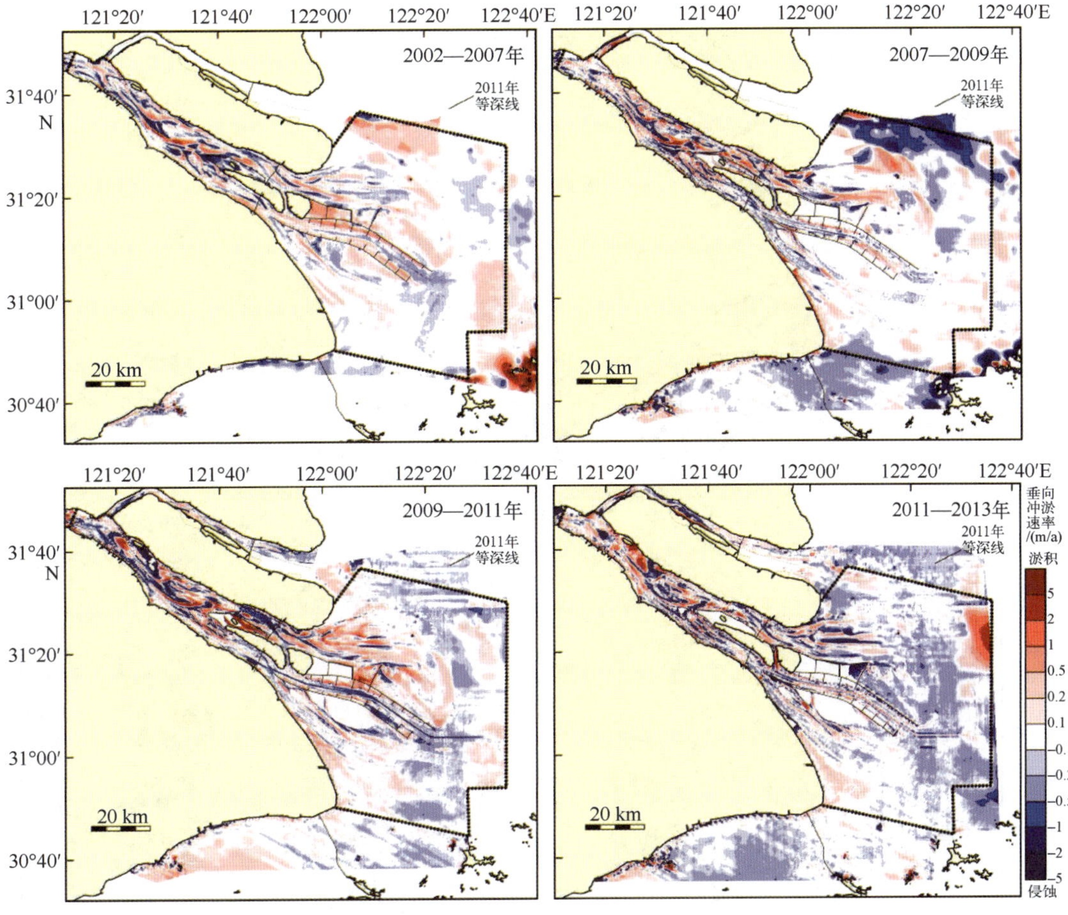

图 8-9　2002 年以来长江口水下侵蚀淤积对比(据黎兵等，2015)

③2002 年以来的区域侵蚀淤积图与 2009 年以来每年实测的水下地形剖面(包括崇明东部、横沙东部、九段沙东部和南汇东部)均显示，长江口外-20 m 等深线以深(东)地区水下地形年际变化程度多小于 0.2 m，说明其近年未受到长江输沙的明显影响。

对比 2013 年水下地形，2015 年河口河槽内北港和南港北侧-10 m 等深线略向北岸偏移，南港南侧变化较小，北槽深水航道内-10 m 等深线向两侧偏移，口外等深线变化较小，只在南汇东部-10 m 等深线偏移较大，等深线向河槽方向蚀退；口外-20 m 等深线变化较小，2013—2015 年波动变化较多，整体偏移较小(图 8-10)。

长江口南港-10 m 深河槽略变宽，北港河槽中上段整体向北偏移，下段向南偏

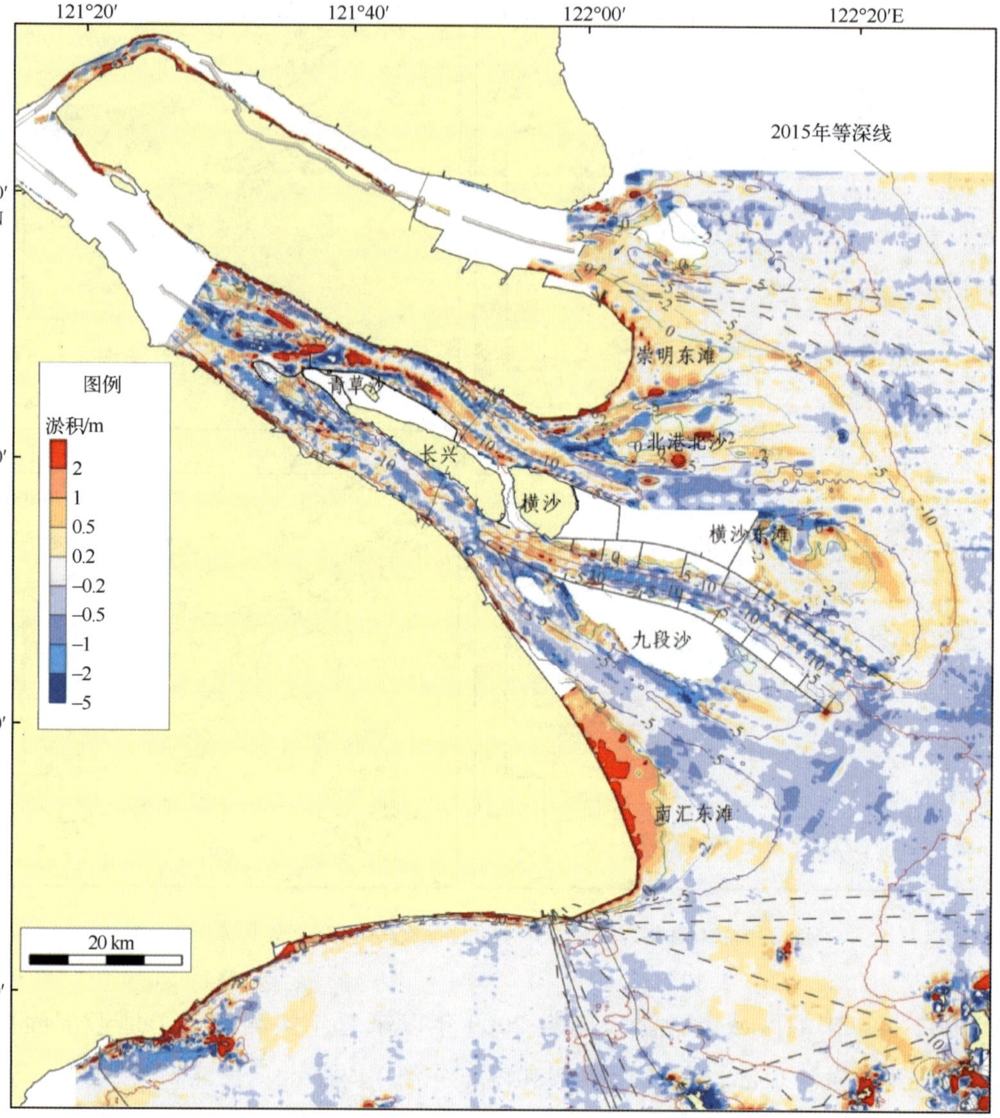

图 8-10　上海海岸带 2013—2015 年冲淤态势

移，北槽深水航道由于航道内的清淤作用，−10 m 深河槽变宽。口外南汇东部及小洋山海域，等深线整体向东侧偏移，这与 2011—2013 年变化趋势一致。

长江口口内北支淤积较为明显，由于部分地区数据缺失，北支靠岸线部分淤积较为明显，平均淤积 1 m 左右，最大淤积 2 m，北支口门拦门沙河段呈淤积态势，口外区域冲刷明显。南支河槽两侧淤积明显，中央呈冲刷态势，南北港分流口呈冲刷态势，北港整体呈淤积态势，尤其是北港上段部分，75%淤积区域淤积厚度达 2 m 左右。北港下段拦门沙河段淤积较弱，北港北汊冲刷明显。北港北侧淤积明显，南侧呈冲刷态势，北港口外整体淤积大于冲刷。北槽深水航道整体呈冲刷态势，局部区域如深水航道上段呈淤积态势，北槽口外冲刷明显。崇明东滩及横沙东滩外均呈淤积态势。南槽河槽中央呈冲刷态势，南侧南汇东滩淤积明显，最大厚度约 2 m。北侧九段沙附近略淤积。南槽口外区域呈冲刷态势，但变化较小。大洋山、小洋山和金山深槽附近冲淤变化剧烈，局部地区冲淤变化频繁。

2013—2015 年河槽冲淤变化跟往年相近，区域口外侵蚀，口内北支和北港淤积，北槽和南槽冲刷，基本为“北淤南冲”的变化特征。这种一致性的变化态势可能是由于科氏力的作用及北侧区域大量河口工程建设导致，这种变化对上海市城市安全有较大的不利影响，也对未来岸线防护工程提出了更高的要求。

8.2.5　长江河口水下三角洲地貌演化的控制因素和机制

1) 河流来沙

根据大通站输沙量观测数据可知，1958—1983 年和 1983—2004 年两个时期长江年平均输沙量分别为 4.71×10^8 t 和 3.44×10^8 t，下降 27%。如果从淤积面积变化的角度来分析输沙量和三角洲冲淤的关系，差异较大。数据显示整个拦门沙浅滩在 1983—2004 年淤积区域的面积较 1958—1983 年减少了 1.2%，远低于输沙量降低幅度(27%)。而其他各分区的淤积面积变化并非减少而是全部增加，增大幅度从 1% 到 34%(表 8-3)。至 2003 年三峡大坝建成后，2003—2014 年大通站年均输沙量下降至 1.40×10^8 t [图 8-11(a)]。三峡大坝的建设造成长江入海泥沙量的锐减，导致水深大于 10 m 的三角洲前缘冲淤趋势由淤积逐渐转变为冲刷。研究发现随着长江入海泥沙量的减少，长江水下三角洲前缘发生了严重的冲刷，水下三角洲的年冲淤量几乎和平均年输沙量呈线性相关。并且该研究得出水深 5 m 以上的拦门沙坝保持淤涨趋势，与本书研究得出的拦门沙坝增长对于泥沙减少并不敏感的结论相一致，说明虽然长江输沙量锐减造成了三角洲前缘的冲刷，然而拦门沙坝区仍然维持稳定的淤积。最大浑浊带是长江口滩涂沉积物的主要来源，而径流中的沉积物是浑浊带的重要物源之一，但是，再悬浮的沉积物对最大浑浊带的形成有同等重要的贡献，也就是所谓的“潮泵效应”(陈吉余，1995)。因此，河流沉积物的输入并非控制南汇潮滩发育的唯一因素。

表 8-3 1958—1983 年和 1983—2004 年两个时期年淤积泥沙量变化以及长江输沙量变化

			1958—1983 年	1983—2004 年	降低比例/(%)
年平均输沙量/($\times 10^8$ t)			4.71	3.44	27
年平均淤积体积/($\times 10^6 m^3$) 面积/($\times 10^6 m^2$)	拦门沙坝	体积	121.24	99.96	18
		面积	110.22	108.89	1
	崇明东滩	体积	23.11	4.16	82
		面积	14.79	14.99	-1
	横沙东滩	体积	7.75	13.93	-80
		面积	17.69	21.17	-20
	九段沙	体积	32.95	30.23	8
		面积	16.86	19.44	-15
	南汇东滩	体积	10.85	47.28	-336
		面积	20.50	27.51	-34
	南港外浅滩	体积	39.17	-7.92	120
		面积	0.10	15.35	—

注:“-”代表升高。

2)长江主泓摆动

南汇东滩毗连长江口南槽，主要受长江河口流系控制，潮间带涨潮的历时、流速和含沙量均大于落潮，故单宽输沙量涨潮大于落潮，净输沙向岸，从低潮滩到高潮滩，涨潮优势沙逐渐增大。潮下带由于受潮滩落潮汇流和长江下泄径流的影响，落潮的历时、流速和含沙量均大于涨潮，单宽输沙量落潮大于涨潮，净输沙向海。在一个潮周期内，潮间带泥沙净向陆输移，而潮下带泥沙净向海输移形成一个顺时针方向的泥沙输移环流系统，使潮下带的泥沙有可能随涨潮流输向潮间带，促使潮滩淤涨(李九发，1990)。当长江主泓通过北港下泄时，径流使南槽主槽中的落潮流速和落潮单宽流均大于涨潮，水量和沙量净向口外输送(恽才兴，1983)。南汇边滩和九段沙因滩宽水浅，河床阻力较大，涨潮漫滩水量超过下泄径流量，为涨潮优势，水沙由口外向口内倒灌(恽才兴，1983)，致使南港外浅滩冲刷而南汇东滩淤积。然而，当长江主泓通过南港下泄时，径流加强会造成南港河槽的扩展，并且使部分浅滩中落潮优于涨潮，水沙由口内净向口外输送，造成南汇东滩冲刷而南港外浅滩淤积。由长江主泓摆动在很大程度上控制着南港外潮滩和南汇东滩的冲淤可以看出，对潮控型河口的岸滩冲淤起主要作用的是河口河势和流场，它们的变化引起的水沙再分配是塑造潮滩的主要因素，而上游来沙量的影响并不明显。因此，局部

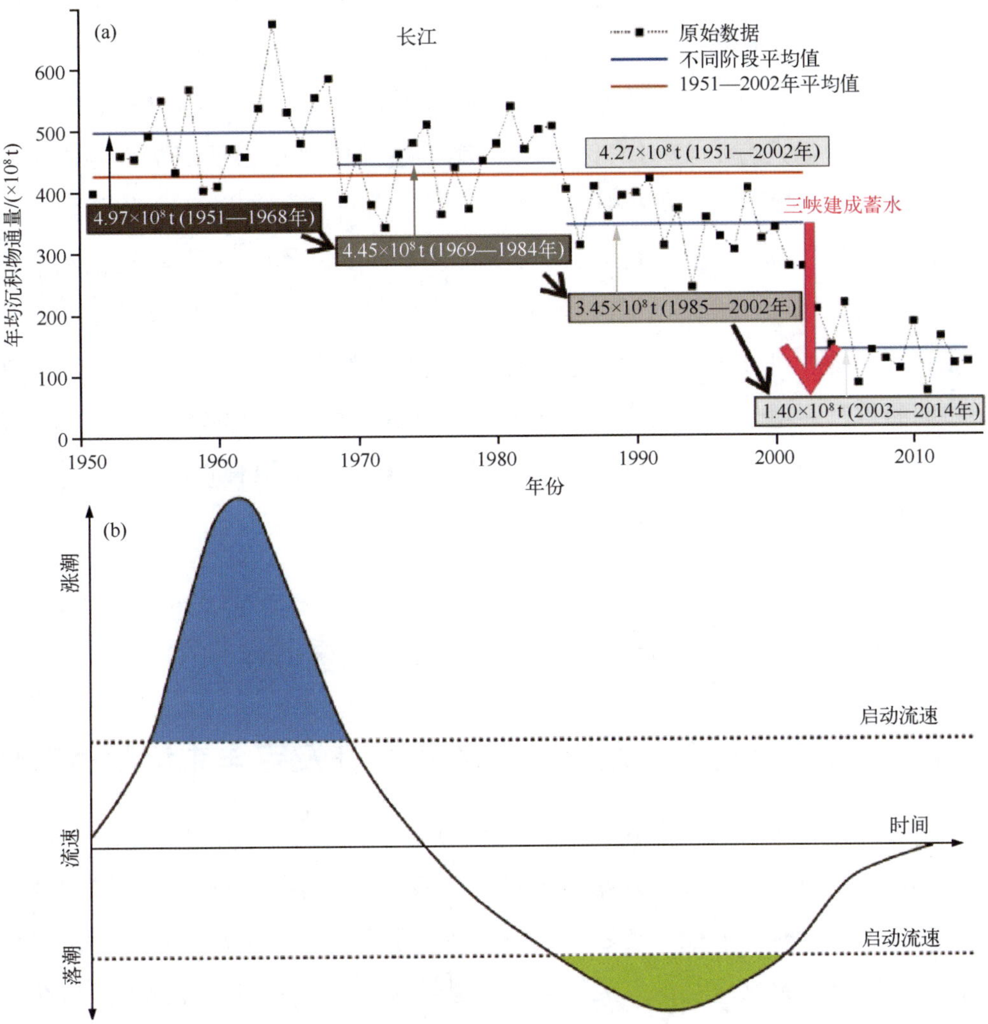

图 8-11　2003 年三峡建成前后大通站沉积通量阶段性变化(a)和涨潮流为主导潮泵效应示意(b)
(蓝色面积大于绿色，沉积物向陆输运)

岸滩的冲淤变化不能反映流域来沙量的变化。

3) 河口工程

长江口曾实施的两个重大工程北槽深水航道工程和滩涂促淤围垦工程对河口三角洲泥沙分配造成了无法忽视的影响。以南汇东滩促淤围垦工程为例，起初围海造地一般是在 3. 8~4 m 的高滩上，后来逐渐发展到中滩、低滩围垦。1993 年起开始在 0 m 等深线处围垦，2003—2004 年首次在 2 m 等深线处围垦。现在的围垦造地工程一般采用先促淤后围堤的方法，即先修建较低的半潜堤促淤，一两年促淤堤内滩面可淤厚约 1 m 沉积物，3 年可完成圈围成陆，然后吹填到 4 m 高程。1994—2003 年圈围面积大约 122 km^2，平均淤厚 2 m，淤积泥沙量约 3.2×10^8 t，年平均泥沙量为 0.32×10^8 t，是 1994—2003 年长江年平均输沙量(3.05×10^8 t)的 10%。然而 2004 年长江入海泥沙量只有 1.47×10^8 t，那么仅南汇边滩围垦促淤所需的泥沙量就占了 21%。如果按相同的方法计算，1950—1994 年近 50 年间，造陆所淤积的泥沙量仅 2.59×10^8 t，年平均泥沙量为 0.06×10^8 t。而 1842—1950 年，南汇陆地面积不但没有增加反而有所减少，被侵蚀泥沙量为 1.23×10^8 t。在自然演变的规律下，海岸有时淤涨有时后退。但是人工围海造地打破了自然规律，使泥沙不断地淤积在近岸，陆地面积迅速增长。这也成了输往三角洲前缘深水区的入海泥沙减少的一个重要原因。研究表明，南汇地区的圈围工程对南汇潮滩的淤积有强烈的促进作用(付桂等，2007；夏海峰等，2008)。

8.3 水下三角洲地区^{210}Pb 沉积速率估算

8.3.1 长江口–浙闽泥质区^{210}Pb 剖面特征及百年来沉积速率估算

长江是世界闻名的大河，也是受人类活动影响最为显著的河流之一。自 1950 年以来，长江流域已建设近 5 万座水电设施，极大地改变了流域的水沙输运模式；河口处兴修了大量航道工程，与之相关的水动力条件变化、疏浚及抛泥活动对区域沉积物分布有显著影响。其他人类活动，如退耕还林、潮滩围垦等都或多或少地改变着现代水下三角洲的建设过程。

为探索人类活动影响下长江口及浙闽沿岸沉积速率分布模式，结合前人研究数据，本书共搜集^{210}Pb 剖面研究数据 197 件。其中，潮滩区域^{210}Pb 数据 13 件；水深 0~10 m 区域^{210}Pb 数据 49 件；水深 10~20 m 区域^{210}Pb 数据 30 件；水深 20~50 m 区域^{210}Pb 数据 84 件；水深大于 50 m 区域^{210}Pb 数据 21 件。

根据已有的调查成果，结合前人在长江三角洲地区开展的沉积速率研究表明，长江水下三角洲现代沉积速率和空间分布由于物质供应和沉积环境的不同而表现出较大的差异。在近岸地区，大致以 50 m 等深线为界，向岸方向沉积速率普遍大于 1 cm/a，向海方向沉积速率迅速降低，不足 1 cm/a。长江口及邻近水下三角洲具有最高的沉积速率，一般在 2 cm/a 以上，最大值可达 6 cm/a 以上。崇明岛东滩、南汇边滩、杭州湾中部潮滩、南岸庵东潮滩以及曹娥江河口潮滩由于沉积动力较弱，泥沙供应充足，长期处于淤积状态，沉积速率较高，为 3～4 cm/a。从长江口往南北两侧方向延伸，沉积速率都呈逐渐降低的趋势。在江苏潮流沙脊地区，由于潮流冲刷能力强，泥沙亏损，沉积速率很低。在长江口以南，广阔发育的浙闽沿岸泥质区被认为是长江远端物质搬运沉积的结果，沉积动力弱而稳定，物质供应相对充足。高沉积速率(沉积速率为 1～2 cm/a)区基本平行海岸分布，大致与泥质区的分布范围相一致。

为探讨长江水下三角洲不同^{210}Pb 剖面类型分布情况及其潜在影响因素，为后续沉积通量估算工作做铺垫，结合本研究实测数据及搜集前人报道的长江水下三角洲^{210}Pb 剖面，依据文献中的相关描述并结合衰变剖面形态将其分为四类进行统计：衰变、不规则、快速堆积和无沉积(表 8-4 至表 8-5，图 8-12 至图 8-13)。

表 8-4　长江水下三角洲^{210}Pb 柱状样分布及沉积速率

岩芯编号	纬度(N)	经度(E)	^{210}Pb 速率/(cm/a)
DV2	29.34°	122.45°	0.94
DV3	27.90°	121.80°	1.10
DV4	27.54°	120.87°	0.97
DV6	26.88°	120.75°	1.04
DV7	25.93°	119.77°	0.24
DV8	25.54°	119.95°	0.61
DV9	25.13°	119.83°	0.89
DV10	24.79°	118.90°	0.71
V6	28.97°	122.55°	0.65
V7	27.43°	121.24°	1.06
V8	26.82°	120.43°	1.48
V9	25.89°	120.13°	0.58
V10	25.54°	120.21°	0.62

表 8-5　长江水下三角洲不同剖面类型特征及数量统计

剖面类型	数量	剖面特征
衰变	142	衰变剖面能拟合出较好的指数衰变结果
不规则	35	剖面波动较大，指数衰变拟合结果不理想
快速堆积	13	剖面几乎竖直，^{210}Pb 活度较高
无沉积	7	剖面几乎竖直，^{210}Pb 活度较低，接近区域本底

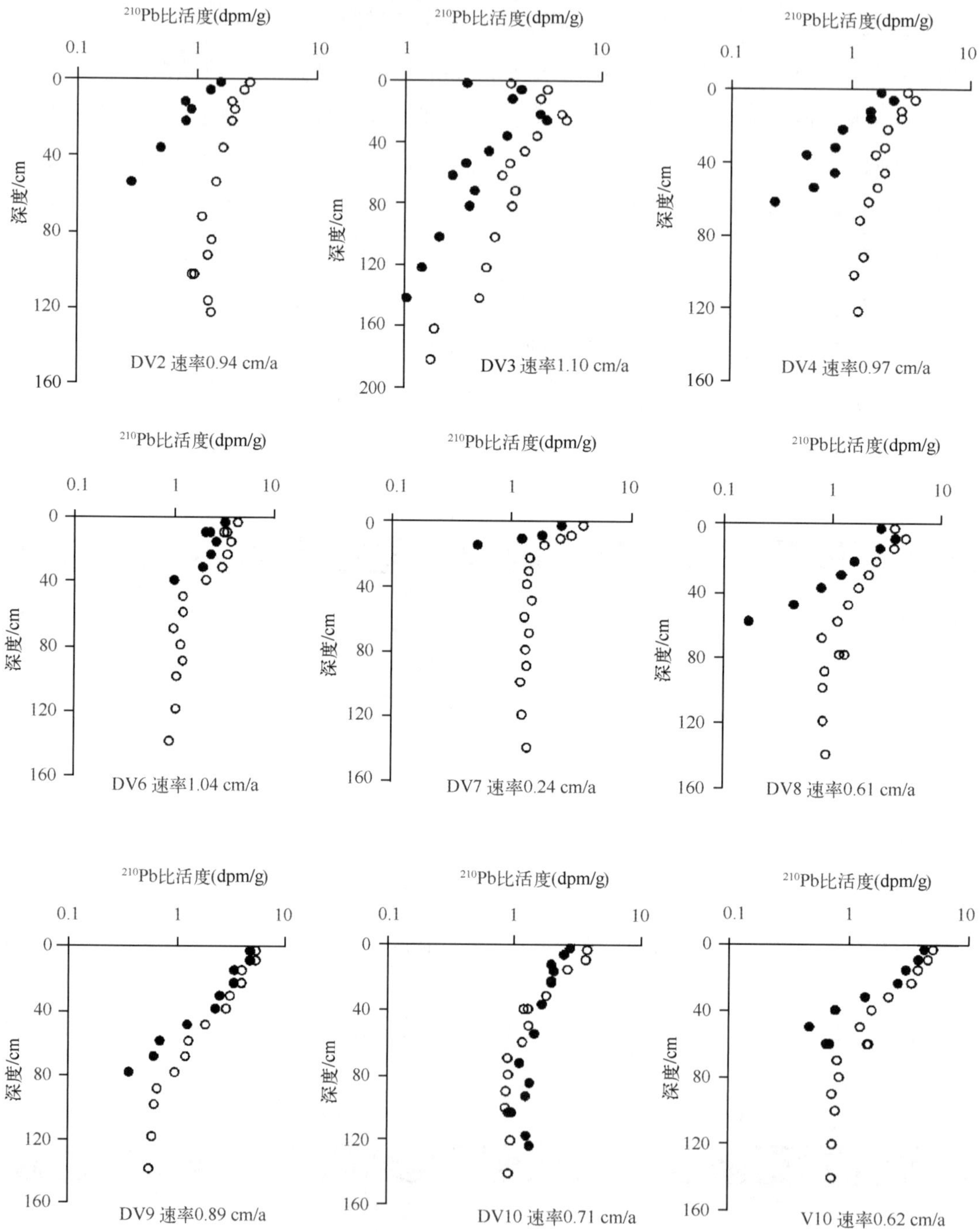

图 8-12　长江三角洲^{210}Pb 柱状样测试结果及沉积速率

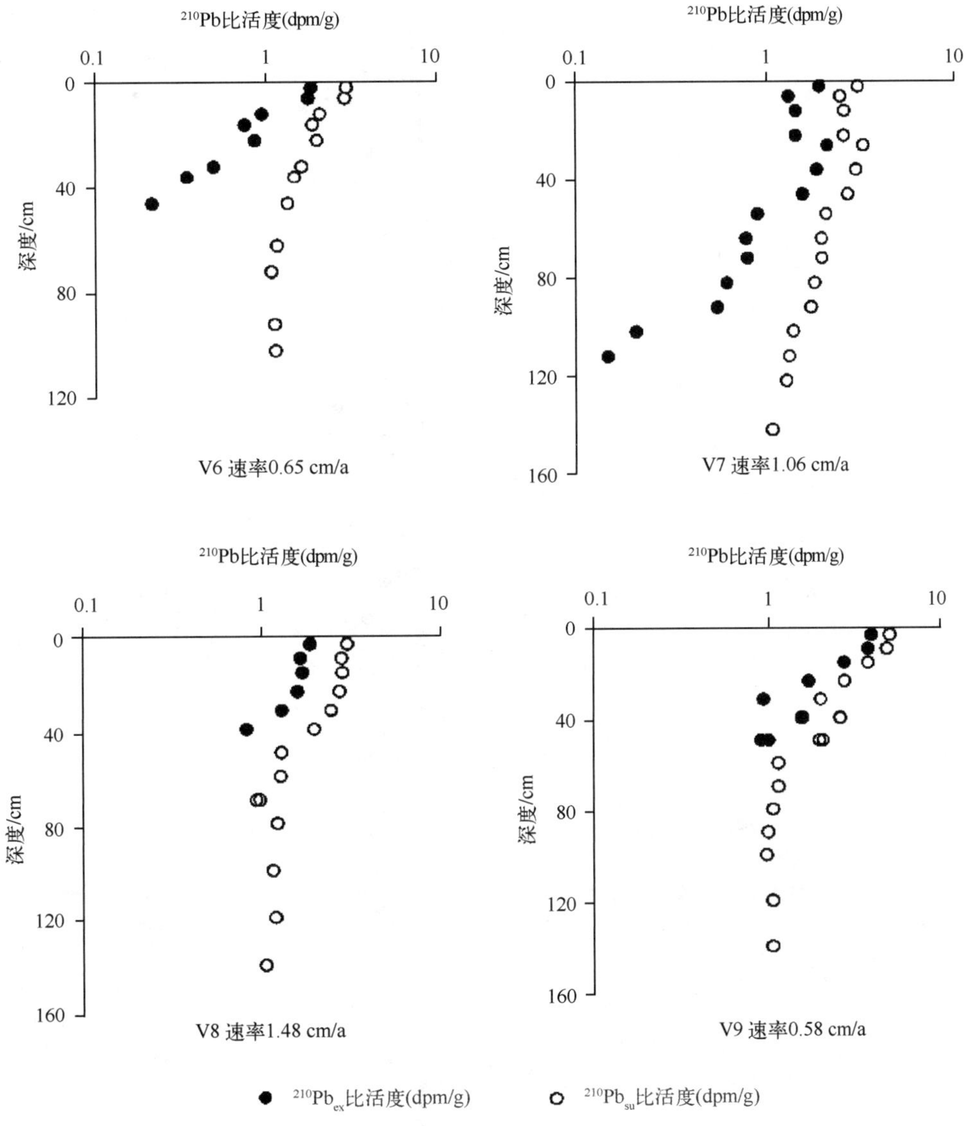

图 8-12　长江三角洲 ^{210}Pb 柱状样测试结果及沉积速率(续图)

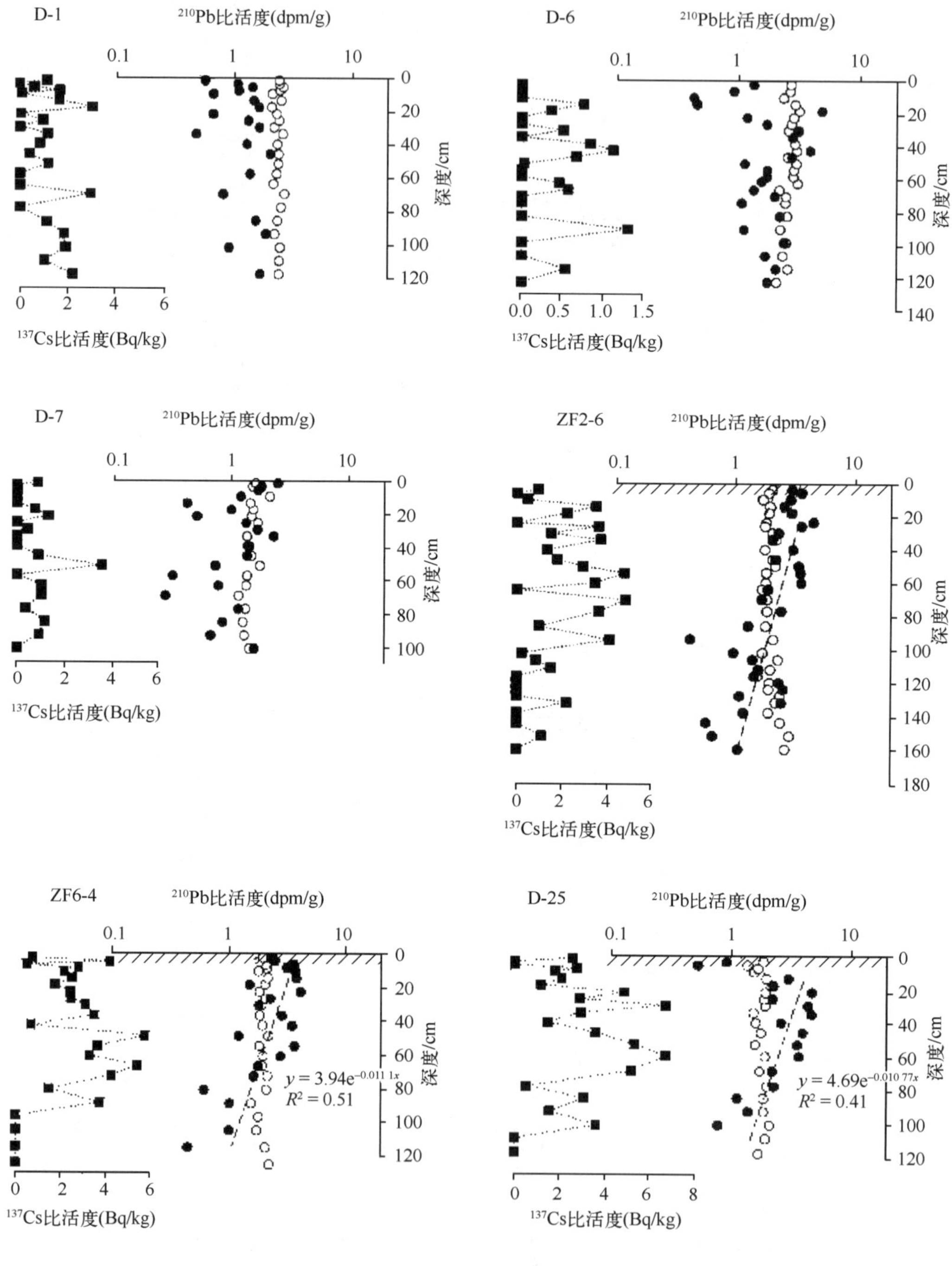

图 8-13 长江口和浙闽沿岸泥质区重力柱状样^{210}Pb、^{137}Cs 测试结果

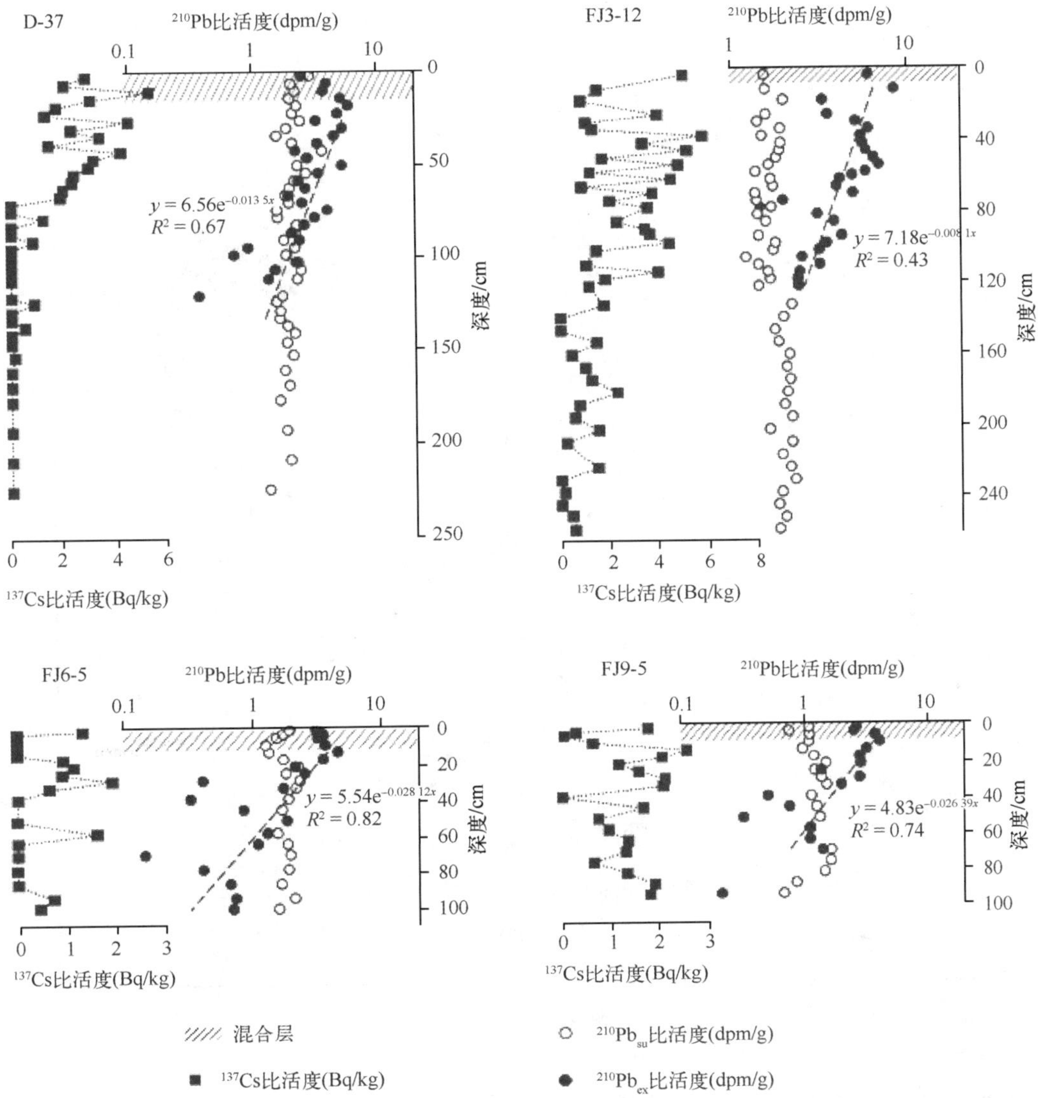

图 8-13　长江口和浙闽沿岸泥质区重力柱状样 ^{210}Pb、^{137}Cs 测试结果(续图)

8.3.2　越南红河水下三角洲沉积速率特征

本研究对采自红河三角洲沿岸的 6 根沉积物柱状样(图 8-14)进行了 γ 能谱分析，共测试样品 132 件，并获得其 ^{210}Pb 与 ^{137}Cs 垂向活度剖面。研究区 ^{210}Pb 本底比活度在 1.47～2.49 dpm/g，由陆向海逐渐减小。受取样深度限制，所有柱状样均未测至 ^{210}Pb 衰变本底。其中，core 1 和 core 4 取自红河口外。core 1 的 $^{210}Pb_{ex}$

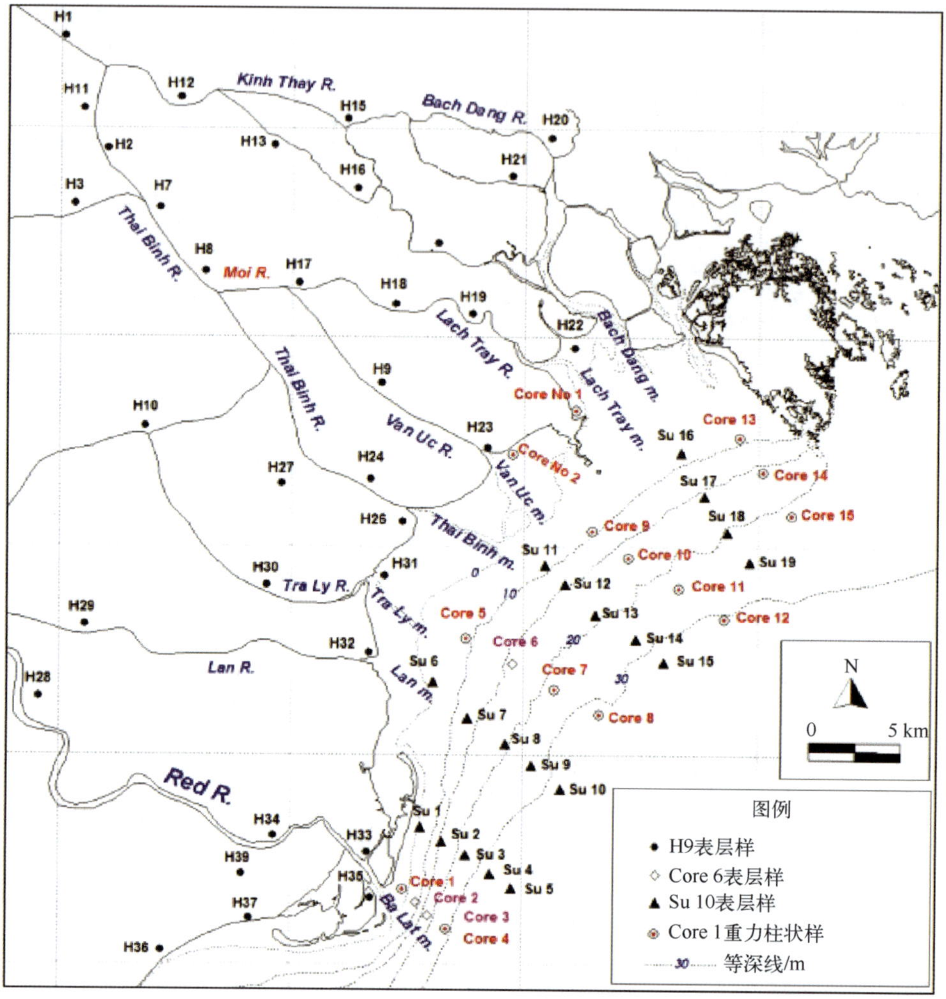

图 8-14　越南红河三角洲取样站位

剖面拟合结果不理想。若以 ^{137}Cs 峰值作为 1963 年时标可算得沉积速率为 0.42 cm/a，考虑到未取样至 ^{137}Cs 起始层位，实际 1963 年峰可能更深，因此推断 core 1 沉积速率应大于 0.42 cm/a。core 4 位于 core1 向海侧，^{210}Pb 本底较低，其 ^{210}Pb 与 ^{137}Cs 结果较为吻合，沉积速率约为 1.20 cm/a。core 9、core 10、core 11 和 core 12 取自太平江口外，由陆向海 ^{210}Pb 本底比活度依次降低。靠陆侧的 core 9 和 core 10 的 $^{210}Pb_{ex}$ 剖面拟合结果不理想，只能依据 ^{137}Cs 穿透深度推算其沉积速率下限。core 11 和 core 12 的 ^{210}Pb 与 ^{137}Cs 结果较为吻合，但由于取样过短很可能导致计算结果存在偏差。整体而言，太平江外沉积速率具有由陆向海变慢的趋势（图 8-15，表 8-6）。

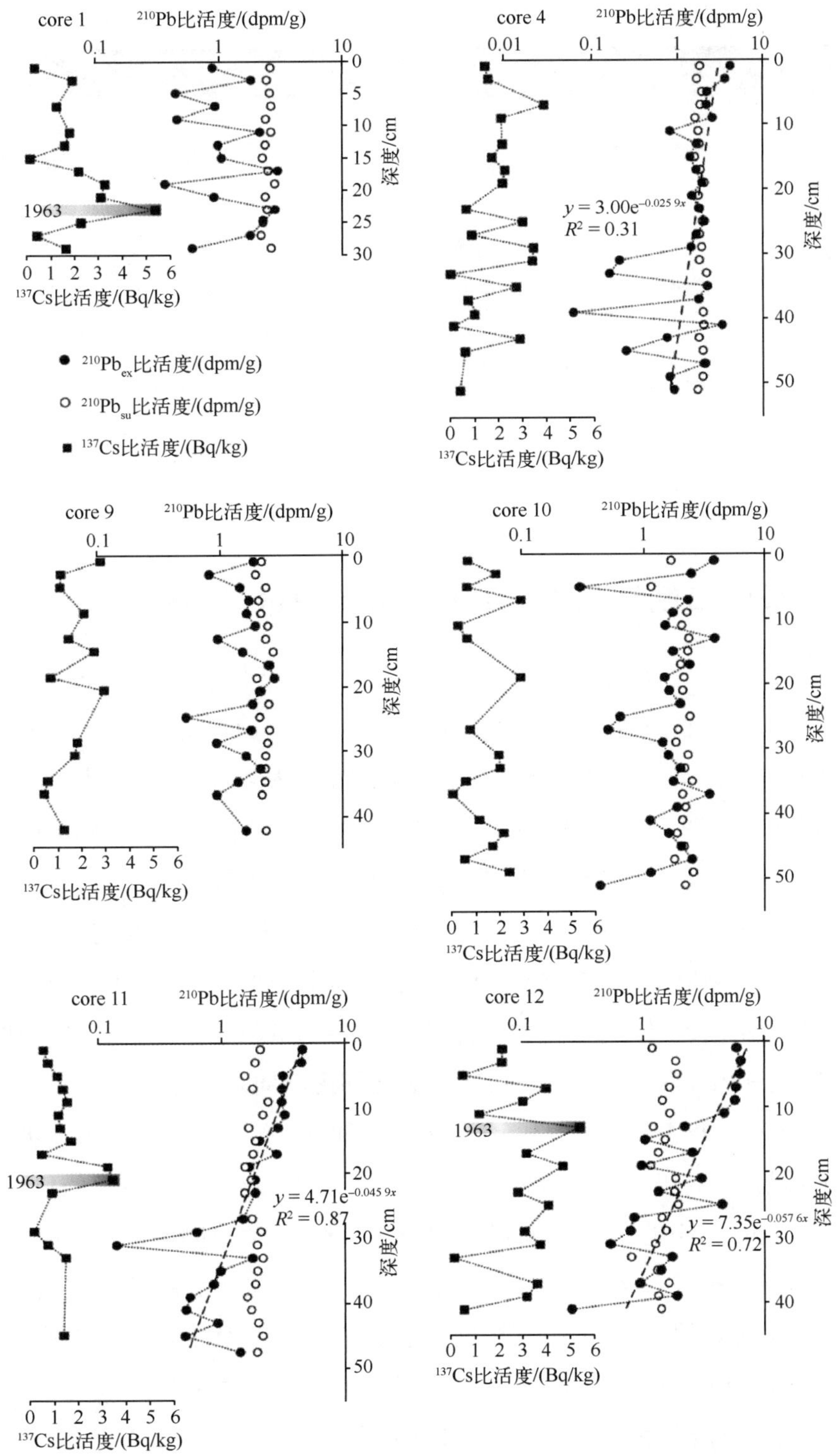

图 8-15　越南红河三角洲部分重力柱状样 ^{210}Pb、^{137}Cs 测试结果

表 8-6　越南红河三角洲部分重力柱状样 ^{210}Pb 与 ^{137}Cs 沉积速率

岩芯	^{210}Pb 本底/(dpm/g)	^{210}Pb 沉积速率/(cm/a)	^{137}Cs 沉积速率/(cm/a)
core 1	2.49	—	> 0.42
core 4	1.87	1.20	> 0.83
core 9	2.32	—	> 0.69
core 10	2.13	—	> 0.80
core 11	1.86	0.68	0.40
core 12	1.47	0.54	> 0.67

8.4　长江口低氧区沉积记录重建

8.4.1　长江口低氧区 1980 年以来沉积记录重建

长江口是世界上近海季节性底层低氧区的典型代表。氧化还原敏感性元素(RSE)如 Mo、V、U 等在自然界中具有多种价态，因而在氧化和还原条件水体中的溶解度明显不同，由于 RSE 倾向于在还原环境的沉积物中富集，因此被广泛用于水体氧亏损条件的沉积记录重建。由于大部分 RSE 表现出一定的近岸富集趋势，故本研究利用 RSE/Al 比值，有效剔除了陆源输入的波动性影响。

从整体趋势上来看(图 8-16)，E1 和 E4 孔的 RSE/Al 值变化趋势不明显，E2 孔中 U/Al 向上轻微富集，而 Mo/Al、V/Al 值有向上变小的趋势，E3 孔则明显呈上升趋势。各孔记录的差异可能反映了较长时间尺度上低氧区中心位置的变化，表现在本研究的 4 个孔中是在 122°30′—122°45′E 之间逐渐向东偏移。此外，在 E1、E2 和 E3 孔中均出现两处 Mo/Al 值的峰值。在 E2 和 E3 孔中，峰值出现的时间大约是 2005 年前后与 1990 年前后；E1 孔没有建立可靠的年龄框架，故仅假设两处峰值与其他孔中出现时间相近。现代观测也记录了 2002 年和 1990 年两处严重的低氧事件，低氧面积均超过 2×10^4 km^2(宋国栋，2008)，故 Mo/Al 峰值的出现可能与此有关。另外值得注意的是，E4 孔虽然也处于历史低氧常发区域，但并没有表现出整体 RSE/Al 富集趋势或是事件性的低氧记录，这很有可能是因为盖孔取样位置接近残留砂区域，整体粒度较粗，现代沉积记录受残留砂区域老物质稀释所致。因而对该孔沉积记录的解读尚需进一步研究。

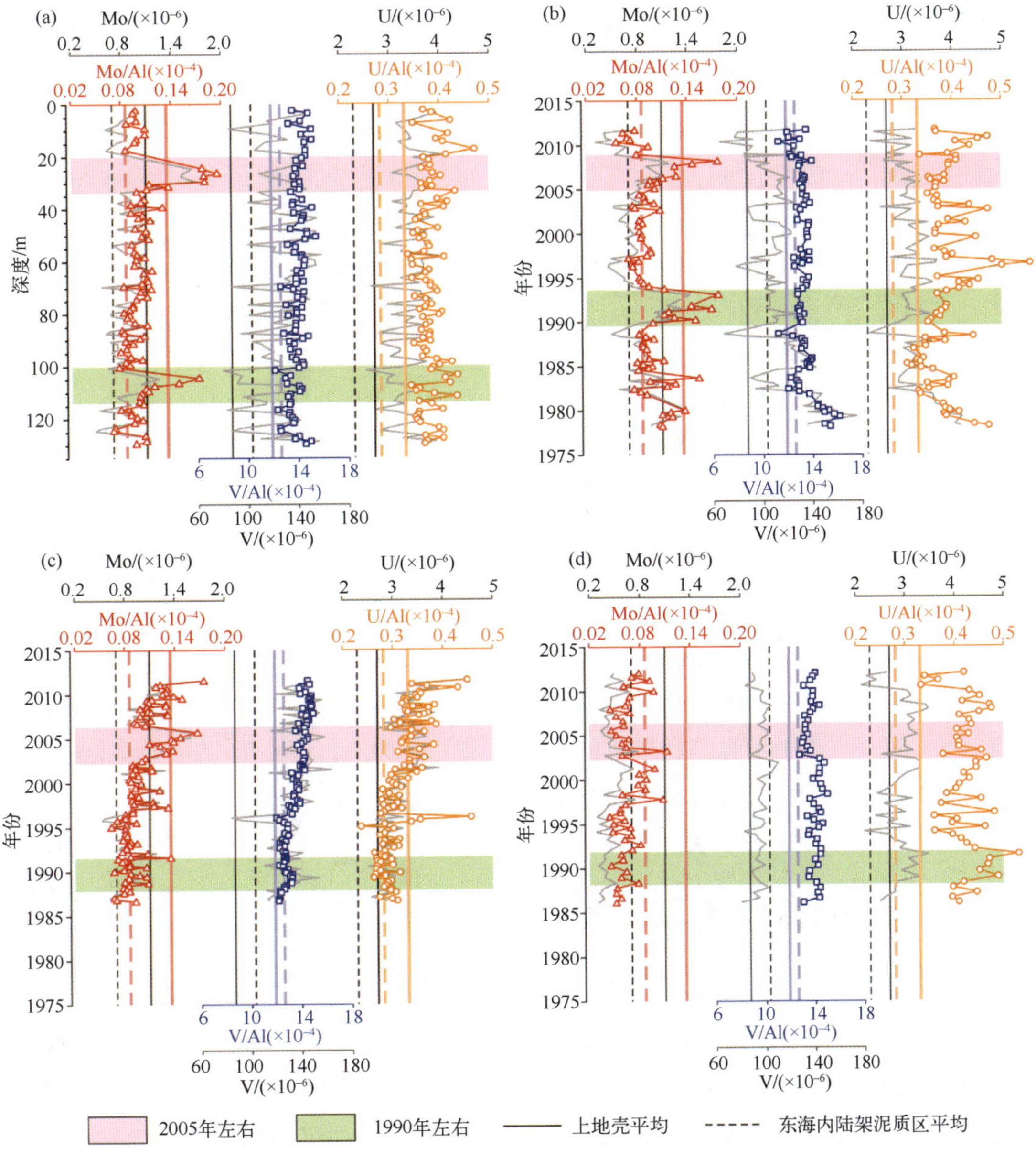

图 8-16　E1(a)、E2(b)、E3(c)和 E4(d)孔 Mo/Al、V/Al 和 U/Al 剖面

补充 E2、E3 钻孔 Mo 同位素分析后发现，相较于平均大洋海水 $\delta^{98/95}Mo_{MOMo}$，钻孔中 $\delta^{98/95}Mo_{MOMo}$一般在-2.04‰~-1.81‰，高于氧化条件下沉积物 $\delta^{98/95}Mo_{MOMo}$组成(-2.9‰~ -2.7‰)，表明两孔中均存在一定程度的还原成因 Mo 元素自生富集。E3 孔中 $\delta^{98/95}Mo_{MOMo}$整体较 E2 孔偏正，表明该区域还原成因 Mo 元素自生富集现象

更为显著。同时，E3 孔中 $\delta^{98/95}Mo_{MOMo}$ 具有向上逐渐变正的趋势，指示该区域 1980 年以来低氧程度存在加重趋势，该趋势与氧化还原敏感性元素体现的富集趋势一致，同时与现代观测结果也具有较好的吻合性(图 8-17)。

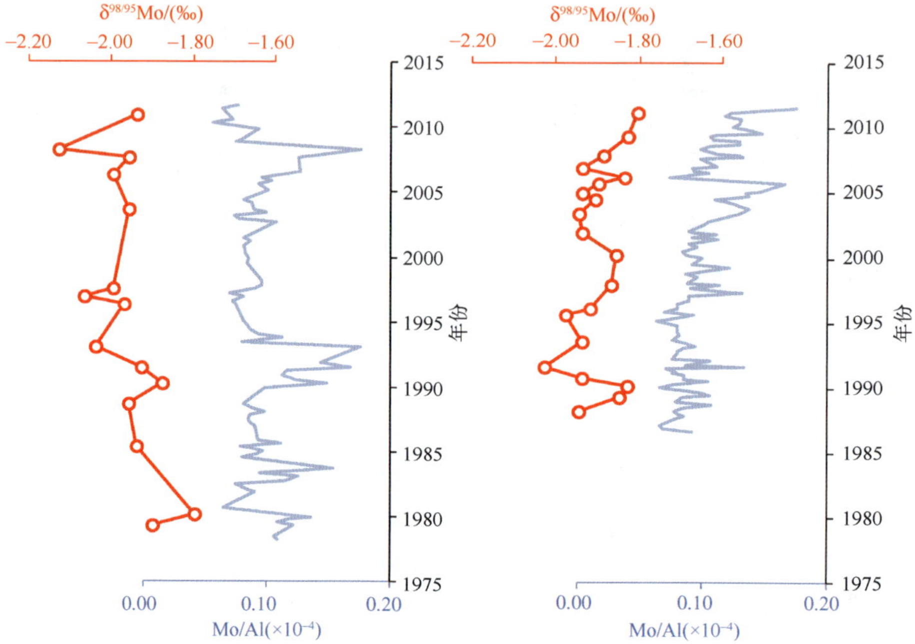

图 8-17　E2(左)和 E3(右)孔 Mo/Al 及 Mo 同位素剖面

8.4.2　全新世以来长江口低氧记录重建

低氧会影响到沿海地区人们的生产活动及近岸的生态系统，已引起国内外学者的广泛关注，对其进行深入研究有助于预测未来低氧的变化趋势，指导人们的经济生产和环境保护。和世界上许多低氧区相比，长江口低氧区具有季节性低氧(夏季)的显著特点。对 2014 年夏季长江口外陆架 75 个站位表层沉积物中的底栖有孔虫生物群和埋葬群分别进行鉴定和统计，结合现场观测数据和粒度分析结果讨论底栖有孔虫生物群和埋葬群的环境控制因子异同，为建立区域水体低氧指标提供依据。共鉴定底栖有孔虫 37 443 枚，其中 15 218 枚活体有孔虫分为 60 属 96 种，20 133 枚死体有孔虫分为 54 属 91 种，另有 2 092 枚全群有孔虫。不同底栖有孔虫生物群属种分布的环境控制因素不同，初步分析表明，*Nonionella jacksonensis* 的分布主要受底质和盐度、水深控制；*Verneuilinulla advena*、*Bolivina striatula*、*Cribrononion subincertum* 主要受底质和温度影响；*Florilus decorus* 主要受底质和温度控制；*Ammonia compressiuscula* 主要受水深和含氧量控制；*Florilus atlantics* 主要受含氧量和盐度控制；*Polskiammina asiatica* 和 *Portatrochammina* sp. 主要受含氧量和水深影响；*Cancris auriculus* 主要受温度和水深影响。埋葬群和生物群同一属种的含量分布不尽相同，具体差异因属种而异。如 *Ammonia compressiuscula* 埋葬群的含量分布与生物群基本一致，而 *Nonionella jacksonensis* 埋葬群的含量分布却与生物群相差很多。此外，有孔虫生物群中胶结质壳体种属的含量显著高于埋葬群，很可能是由于结质壳有孔虫在搬运和埋藏过程中更易发生壳体破损、溶解现象，较玻璃质和瓷质壳体有孔虫更难于保存。

对历年低氧核心区域钻孔 YD0902 孔进行沉积相划分，自下而上分为潮汐河流相、河口湾相、浅海相与三角洲相，对全孔进行 XRF 岩芯扫描元素分析，并结合 AMS ^{14}C 年龄取顶部 3 cal ka BP 三角洲相与浅海相顶部 93 个沉积物样品进行有孔虫种属鉴定，共计鉴定有孔虫 26 146 枚，其中浮游有孔虫 6 526 枚，底栖有孔虫 58 属 107 种 19 620 枚(图 8-18)。

结果表明，底栖有孔虫丰度在 6.87 cal ka BP 以前较小，之后开始明显增大，并逐渐达到现在水平，其中在 3.26~2.56 cal ka BP 有所减小；分异度在早全新世时期明显偏低，中晚全新世逐渐增大，并达到现在水平，其中在 3.26~2.56 cal ka BP期间也有所减小；砂质壳百分含量整体较小，只有在 1.00 cal ka BP 以来稍有增大；瓷质壳百分含量在早全新世时明显偏低，中全新世以来呈波动变化，在 3.26~2.56 cal ka BP 明显偏高；玻璃质壳百分含量整体上都处于较高水平，在三大类壳体中明显处于主体地位。

根据耐低氧有孔虫组合 LOFA 与好氧有孔虫组合 OFA 的变化趋势将 YD0902 孔记录的低氧演化历史分为三段：①2.5 cal ka BP 前底层水体氧亏损不明显；②0.6~2.5 cal ka BP 间 LOFA 丰度显著升高，同时 OFA 急剧降低，显示明显遭受低氧威胁；③0.6 cal ka BP 之后 OFA 含量有所回升，可能是低氧程度减弱或季节性加强所致。结合沉积环境演化与元素分析探讨转变节点的成因，认为沉积相分析、S 元素与有孔虫丰度变化共同指示 2.5 cal ka BP 左右 YD0902 孔区域处由浅海向三角洲环境转化，此时具有一定水深、沉积环境稳定，同时三角洲不断进积带来充足的营养盐与有机质供应，形成了利于低氧形成的环境。而 0.6 cal ka BP 的转变则可能与气候变化耦合，此时中国气候整体由暖湿向干冷转变，并经历明清小冰期，降水的减少削弱了水体层化，同时人类农业活动的衰退亦在一定程度上导致了营养盐、有机质的供给减少，双重影响之下低氧有所减弱。

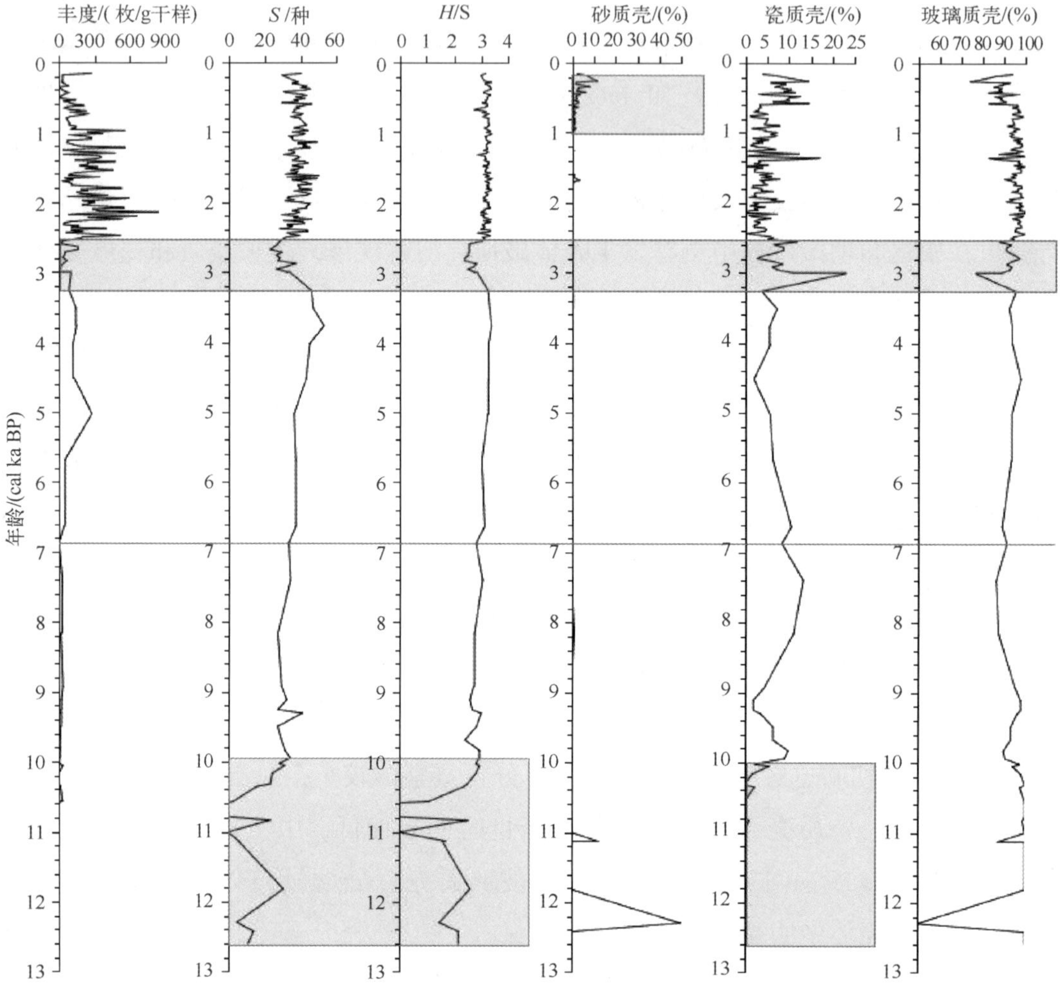

图 8-18　YD0902 孔基本指标及三大类壳体百分含量变化

第 9 章

结　论

1) 地貌演化特征

两大三角洲全新世以来地貌演化大致可划分为四个阶段。①阶段一(~9 ka BP前)新仙女木事件以后，海平面快速上升，两大河谷迅速被海水淹没，早期河流沉积体系转变为河口湾体系。②阶段二(9~6 ka BP)，海平面上升速率减缓，长江古河口湾和红河古河口湾分别大约在8 ka BP达到最大，长江形成以镇江-吕四-泰州为界，而红河河口湾沉积已经出现在现今河内附近。在古河间地上都开始发育潮滩沉积，红河古河间地以大量的红树林湿地沉积为特征。随着海侵达到最大，两大河口湾开始转化为三角洲沉积特征，其中长江三角洲主要以河口沙坝的形式不断向前推进，而红河三角洲则是以河口湾湾顶三角洲的形式开始对细长的古河口进行充填，该阶段两大河口湾都是以加积为主。虽然长江沉积物通量大于红河，但由于古河口湾规模的差异，前者海岸线推进速率远不及后者。③阶段三(6~2 ka BP)，该阶段海平面上升基本停止，海平面高度已达到现今海平面甚至更高，从堆积速率上来看，该时期都以缓慢的前积或者加积为特征，长江三角洲可能因气候变化，例如4.2 ka BP冷事件的影响，沉积物供应较少，加之长江沉积物大量在下游湖泊区域堆积，导致该阶段长江三角洲进积速率较低。而红河三角洲除了上述可能变化外，最主要特征是在该阶段细长的古河口湾基本被填平，古海岸线由原来的喇叭形转变为近似平直海岸，强烈的海洋动力作用使得该阶段沉积保存率较低，此时红河三角洲沿岸沉积地貌东北部以红树林滩地为主，沉积中心主要在中南部地区，形成一系列沿岸沙坝。④阶段四(2 ka BP以来)，由于流域人类活动增强导致入海泥沙剧增，三角洲进入快速建设阶段，岸线迅速向海推进；其中，长江三角洲近期(近200年来)由于河口工程影响，三角洲面积增长速率达到最大；红河三角洲沉积中心依然集中在南侧，至少发育了3个亚三角朵体，而北侧在500 a BP岸线基本趋于稳定；近百年来受人类活动影响，出现不同区域大冲大淤的海岸地貌变化，红树林面积显著减少，海岸侵蚀加剧。

2) 层序地层特征

长江三角洲地区末次冰盛期时海平面下降120~125 m，形成了宽60~70 km，深60~90 m，呈“U”形或“V”形的古长江下切河谷。

高分辨率浅地层剖面揭示了东海陆架地区4个主要的地震反射界面(从上到下定名为T0~T4)，这些地震界面之间的地震单元从上到下命名为：SU1、SU2(可进一步划分为上部的SU2-1和下部的SU2-2两个亚单元)、SU3、SU4和SU5。SU1

为全新世高海面以来形成的水下三角洲，其前积层倾角由北向南先变小后变大。

末次冰消期以来，东海内陆架河口三角洲发育过程主要经历三个阶段：① 15.4~12.9 ka BP 阶段的河流-潮坪沉积；② 12.9~8.0 ka BP 阶段的滨岸沉积；③ 8.0 ka BP 以来的浅海沉积。特别是 7 ka BP 以来，由于沉积不平衡，形成 7~4 ka BP、2~0 ka BP 的高沉积速率时期和 4~2 ka BP 的低沉积速率时期。

约 8 ka BP 以来东海陆架经历了 16 个明显的气候变冷时期：8.2~8.1 ka BP、7.6~7.5 ka BP、7.2~7.1 ka BP、6.7~6.5 ka BP、6.2~6 ka BP、5.8~5.6 ka BP、5.2~5 ka BP、4.8~4.3 ka BP、3.6~3.5 ka BP、2.8~2.7 ka BP、2.2 ka BP 前后、1.8 ka BP 前后、1.4~1.3 ka BP、0.8 ka BP 前后、0.4 ka BP 前后和 0.2 ka BP 前后，并且与 GISP2$\delta^{18}O$、敦德冰芯 $\delta^{18}O$、红原泥炭 $\delta^{18}O$ 曲线变化具有一致性。

红河三角洲地区在 15 cal ka BP 以前，发育下切河谷，主要以河道沉积和河漫滩沉积为主。随着海侵影响，到 9~8 cal ka BP，红河三角洲开始发育，9 cal ka BP 至今大致可划分为三个阶段：①河口湾沉积(9~6 cal ka BP)；②浅海陆架沉积(6~4 cal ka BP)；③三角洲沉积(4~0 cal ka BP)。

3)全新世岸线变化特征

长江三角洲南翼人地相互作用可分为三个阶段：① 2 ka BP 以前以被动适应为主，自然条件决定了人类活动与居住地的分布，自然灾害频发，大的灾害可引发断层活动；② 近 2 000 年人类开始主动适应自然条件的发展，主要方式是系统地修筑海堤来保护耕地和居住地，但大的风暴潮灾害仍频发，直至 1994 年前海堤修筑都是选在平均高潮线附近，对潮滩的自然环境和冲淤演变未产生明显的影响；③ 1994年以来开始采用低潮围涂造地方式，极大地改变了潮滩的动力地貌条件，进入了人类活动影响超过自然因素总和阶段。

红河三角洲近 4 ka BP 古岸线演化是综合一系列沙坝、历史资料和人类活动的证据才得以重建。红河三角洲海岸快速进积主要集中在 4~2 ka BP，且主要发生在中南部地区。而后进积中心逐渐北移，整体相对比较平均。到 0.5 ka BP，北部海岸线基本趋于稳定。三角洲南部海岸线近 500 年则不断变化，虽然依旧以进积为主，然而据报道 Hai Hau 地区海岸线在 19 世纪末期遭受严重的侵蚀(Pruszak et al., 2002)。因此，从红河三角洲古海岸线千年尺度上来看，主要以快速淤积为主，局部存在侵蚀。

全新世以来，长江三角洲和红河三角洲经历了类似的演化过程，都是从河口湾逐渐转变为三角洲。不同的是，长江三角洲自始至终基本上保持着以河口沙坝的方式向前堆积，而红河三角洲早期为湾顶三角洲形式，后期转变为浪控型朵叶体三角洲的进化模式。海平面变化和沉积物供应在三角洲演化中起了至关重要的作用，但是，对于红河三角洲后期的水动力条件同样对三角洲演化起到关键的控制作用。

4）*表层沉积物特征*

整体来看，长江口及近海海域，以31°N线为分界线，南部以粉砂为主，中值粒径5~7，分选较差，北部以砂、粉砂质砂为主，中值粒径1~4，分选较好。长江口口门南侧分布有少量的泥；长江口外主要分布有砂和粉砂质砂；大量的砂主要分布在苏北潮流沙脊区，同时舟山群岛岛间潮流通道主要发育砂和砾；杭州湾大部分为粉砂，但在北部上海近岸主要是泥、粉砂和砂质粉砂的混合沉积；钱塘江口有少量的砂、粉砂质砂；杭州湾南部至研究区最南端，被大面积粉砂所覆盖，向外海延伸至50 m等深线，沉积物也逐渐变为泥质砂，近岸如象山湾、椒江口沉积了少量的泥。总而言之，以31°N线为分界线，表层沉积物呈现出北粗南细的分布特征。

表层沉积物分布特征与物源和沉积动力环境密切相关，一般而言，海洋动力强的区域沉积粗颗粒物质，动力弱的区域沉积细颗粒物质，同时受控于物源供应的影响，强动力区处于高物源区，也会出现临时“汇”的情况。由北向南，由于长江入海物质，在科氏力和局部环流的作用下，主要向南输运，苏北潮流沙脊区在强潮流和低物源的影响下，细颗粒物质向陆架外输运，留下了大量的粗颗粒如砂、粉砂质砂；而杭州湾北部的混合沉积区，虽然动力很强，但受到长江物源的物质供应，因此该区域沉积物类型多变；钱塘江口的粗颗粒沉积主要受涌潮的作用影响；杭州湾南部水动力减弱，发育有粉砂，同时受切变锋的阻挡，这部分细颗粒物质只有少量可以进行跨陆架输运，因此以50 m等深线为分界线，向外主要是残留砂和现代细颗粒的混合体。

红河口及近海沉积物较粗，主要分布砂、砂质粉砂和粉砂。

5）*沉积动力特征*

长江口及其邻近海域在冬季气候态风况东北风作用下，存在浙闽沿岸流和台湾暖流反向海流切变锋，冬季风是其主要产生机制；入海物质受河口羽状锋影响，被限制在长江口-舟山群岛-浙闽近岸海域；正常海况下，浙闽沿岸悬浮体输运净通量有利于东海内陆架泥质区的发育，净通量约为 2.24×10^8 t/a，其中夏半年贡献约为 23.29%，冬半年贡献约为 76.71%。悬浮体跨陆架输运主要发生在夏季，冬季主要做沿岸输运；低氧事件发生在夏季，受太阳辐射咸淡水混合和地形的共同作用导致。

红河入海泥沙主要沉积在河口附近海域，河流径流和输沙量的变化影响范围仅限河口附近有限海域；河口及其周边海域的悬沙浓度主要为再悬浮过程所导致，冬季风下的物质输运对红河口泥质沉积区的形成有重要贡献。

长江年均径流量与输沙量分别为红河的 7 倍与 5 倍，受地理位置影响，长江口及邻近海域海水温度低于红河口及邻近海域，长江口形成明显的低盐水舌向外输运，红河口邻近海域低盐水主要沿岸分布。长江口及邻近海域以不正规半日潮为主，红河口邻近海域以全日潮特征为主，长江口海域海流流速明显强于红河口海域。两个河口及邻近海域悬浮体分布均为近岸高、远岸低，冬季高、夏季低，且具有显著的季节性变化特征，但长江口及邻近海域季节性变化特征更为明显。两个河口及邻近海域泥沙输运控制机制存在明显差异，长江口表现为潮控河口，潮流是长江口泥沙输运沉积最主要的机制，其次是季风；而红河口北部以潮控为主，南部以浪控为主，季风是红河口泥沙输运最主要的机制。受上游水沙输送量变化的影响，导致河口区域岸线产生明显变化，1987—2015 年红河口海岸线变化以部分岸段快速增生和强烈侵蚀交替变化模式为特征；长江口岸线整体呈淤进趋势，且在崇明岛变化最为明显。

6) 全球变化和人类活动对三角洲发育的影响

长江三角洲海岸带地区土地利用方式以耕地、林地、建设用地为主。研究区内的建设用地面积由 1995 年的 2 635.3 km^2递增到 2015 年的 6 491.3 km^2，年平均增加 192.8 km^2。近 20 年来，耕地是建设用地的主要来源，占总转移面积的 92%。城镇建设用地的年扩展速率自 2010 年以后呈现出逐渐递减的趋势，说明长江三角洲海岸带地区资源环境承载力已经出现阶段性饱和，建设用地蔓延趋势得到有效遏制，开发强度得到显著控制。

1995—2015 年，长江三角洲海岸带地区围填海活动频繁，上海市为围填规模最大的城市。不同时期的土地利用状况有一定差异，1995—2000 年水产养殖是主要的用地类型，占新围填土地的 61%；2000—2005 年建设用地是主要的用地类型，占新围填土地的 54.33%；2005—2010 年，建设用地和水产养殖面积分别占该时段新围填面积的30.62%和37.22%；2010—2015年，未利用土地和水产养殖面积分别占该时段新围填面积的51.26%和36.76%。研究区围填海利用类型逐步从农业用地转移至水产养殖用地，然后再到建设用地为主。

长江水下三角洲现代沉积速率和空间分布由于物质供应和沉积环境的不同而表现出较大的差异。在近岸地区，大致以50 m等深线为界，向岸方向沉积速率普遍大于1 cm/a，向海方向沉积速率迅速降低，不足1 cm/a。长江口及邻近水下三角洲具有最高的沉积速率，一般在2 cm/a以上，最大值可达6 cm/a以上。崇明岛东滩、南汇边滩、杭州湾中部潮滩、南岸庵东潮滩以及曹娥江河口潮滩由于沉积动力较弱，泥沙供应充足，长期处于淤积状态，沉积速率较高，为3~4 cm/a。从长江口往南北两侧方向延伸，沉积速率都呈逐渐降低的趋势。在江苏潮流沙脊地区，由于潮流冲刷能力强，泥沙亏损，沉积速率很低。在长江口以南，广阔发育的浙闽沿岸泥质区被认为是长江远端物质搬运沉积的结果，沉积动力弱而稳定，物质供应相对充足。高沉积速率(沉积速率为1~2 cm/a)区基本平行海岸分布，大致与泥质区的分布范围相一致，说明长江三角洲地区沉积物输运沉积模式在百年尺度和千年尺度上是基本一致的。红河三角洲由于取样过短导致计算存在偏差，整体推测太平江外沉积速率具有由陆向海变慢的趋势。

自全新世以来，有孔虫指示长江口低氧区主要发育时间集中在2.5~0.6 ka BP。结合沉积环境演化与元素分析，认为钻孔区域低氧环境的变化与浅海向三角洲环境转化、气候整体由暖湿向干冷转变、降水减少、人类农业活动的综合变化引起的营养盐和有机质供应量增减有关。而20世纪80年代以来，氧化还原敏感元素揭示低氧区大致发育时间为2005年前后和1990年前后，与现代记录相吻合。

参考文献

陈报章，李从先，业治铮，1991. 长江三角洲北翼全新统底界和“硬黏土层”的讨论[J]. 海洋地质与第四纪地质(2)：37-46.

陈吉余，1995. 长江口拦门沙及水下三角洲的动力沉积和演变[J]. 长江流域资源与环境(4)：348-355.

付桂，李九发，应铭，等，2007. 长江河口南汇嘴潮滩近期演变分析[J]. 海洋通报(2)：105-112.

胡广韬，1984. 汉中盆地河床发育的天然过程失调性变化——一项环境工程地质问题[J]. 长安大学学报(地球科学版)(2)：60-69.

黄广，陈沈良，胡静，2008. 南汇东滩沉积物粒度特征及其与水动力的关系[J]. 海洋湖沼通报(1)：32-38.

黄慧珍，1981. 长江口外沉积物的分布规律[J]. 海洋地质研究(2)：77-81.

劳金秀，2009. 江都—镇江高桥地区沉积特征与岩相古地理环境演变[D]. 长春：吉林大学.

黎兵，严学新，何中发，等，2015. 长江口水下地形演变对三峡水库蓄水的响应[J]. 科学通报，60(18)：1736-1745.

李保华，2005. 冰后期长江下切河谷体系与河口湾演变[D]. 上海：同济大学.

李保华，李从先，沈焕庭，2002. 冰后期长江三角洲沉积通量的初步研究[J]. 中国科学(D 辑：地球科学)(9)：776-782.

李保华，王强，李从先，2010. 长江三角洲亚三角洲地层结构对比[J]. 古地理学报，12(6)：685-698.

李从先，郭蓄民，许世远，等，1979. 全新世长江三角洲地区砂体的特征和分布[J]. 海洋学报(中文版)(2)：252-268.

李从先，汪品先，1998. 长江晚第四纪河口地层学研究[M]. 北京：科学出版社.

李广雪，刘勇，杨子赓，2009. 中国东部陆架沉积环境对末次冰盛期以来海面阶段性上升的响应[J]. 海洋地质与第四纪地质，29(4)：13-19.

李九发，1990. 长江河口南汇潮滩泥沙输移规律探讨[J]. 海洋学报(中文版)(1)：75-82.

李小艳，翦知湣，石学法，等，2012. 全新世东海内陆架泥质区有孔虫特征及其古环境意义[J]. 海洋地质与第四纪地质，32(4)：61-71.

李小艳，赵泉鸿，姚政权，等，2015. 渤海百万年以来的海侵记录：BH08 孔有孔虫和介形类证据[J]. 海洋地质与第四纪地质，35(6)：93-108.

林春明，张霞，邓程文，等，2016. 江苏南通地区晚第四纪下切河谷沉积与环境演变[J]. 沉积学报，34(2)：268-280.

宋兵，李珍，李杰，等，2009. 越南红河水下三角洲北区表层沉积物类型及分布特征初探[J]. 海洋通报，28(6)：78-83.

宋兵，2014. 全新世长江三角洲初始发育及其主要影响因素探讨[D]. 上海：华东师范大学.

宋国栋，2008. 东海溶解氧气候态分布及海洋学应用研究[D]. 青岛：中国海洋大学.

苏建锋，范代读，冷伟，等，2017. 冰后期以来长江水下三角洲层序地层特征及沉积环境演化[J]. 古地理学报，19(3)：541-556.

覃建雄，杨作升，梁卫，等，1998. 东海陆架全新统高分辨率层序地层学研究[J]. 岩相古地理，18(6)：11-26.

王靖泰，郭蓄民，许世远，等，1981. 全新世长江三角洲的发育[J]. 地质学报(1)：67-81.

王张华，赵宝成，陈静，等，2008. 长江三角洲地区晚第四纪年代地层框架及两次海侵问题的初步探讨[J]. 古地理学报(1)：99-110.

吴华林，2001. 器测时期以来长江河口泥沙冲淤及其入海通量研究[D]. 上海：华东师范大学.

夏海峰，张玮，2008. 南汇东滩及浦东国际机场外沿围海造地工程潮流数学模型研究[J]. 水道港口(1)：25-30.

肖尚斌，李安春，蒋富清，等，2004. 近 2 ka 来东海内陆架的泥质沉积记录及其气候意义[J]. 科学通报(21)：2233-2238.

肖尚斌，李安春，蒋富清，等，2005. 近 2 ka 闽浙沿岸泥质沉积物物源分析[J]. 沉积学报(2)：268-274.

徐涛玉，2013. 全新世以来长江三角洲高分辨率层序地层学研究[D]. 青岛：中国科学院海洋研究所.

恽才兴，1983. 长江河口潮滩冲淤和滩槽泥沙交换[J]. 泥沙研究(4)：43-52.

战庆，王张华，2014. 利用盐沼泥炭重建长江三角洲北部全新世中期海平面[J]. 古地理学报，16(4)：548-556.

张军宏，孟翊，2009. 长江口北支的形成和变迁[J]. 人民长江，40(7)：14-17.

张瑞虎，谢建磊，刘韬，等，2011. 长江口水下三角洲沉积物记录的古环境演化[J]. 海洋地质与第四纪地质，31(1)：1-10.

张在秀，赵泉鸿，陈荣华，等，2010. 东海泥质沉积区 8 千年来的有孔虫 Mg/Ca 和 δ-(18)O 记录及其古环境意义[J]. 海洋地质与第四纪地质，30(3)：79-86.

张志忠，邹亮，杨振京，等，2015a. 东海北部海域 DZS1 钻孔孢粉记录与古环境研究[J]. 海洋通报，34(5)：499-507.

张志忠，邹亮，杨振京，等，2015b. 舟山北部海域 DZS2 钻孔孢粉记录与古环境[J]. 海洋地质与第四纪地质，35(4)：125-132.

赵宝成，2013. 长江三角洲前缘晚第四纪层序特征及冰后期海平面波动沉积响应[J]. 上海国土资源，34(2)：50-54，63.

赵娟，范代读，李从先，2004. 苏北海岸带潮成辐射砂脊群的形成及其古地理意义[J]. 古地理学报(1)：41-48.

朱诚，史威，于世永，等，1996. 上海马桥地区6000年来环境演变的沉积学研究[J]. 应用基础与工程科学学报(1)：5-11.

朱玉荣，1999. 潮流在长江三角洲形成发育过程中所起作用的探讨[J]. 海洋通报(2)：1-10.

邹亮，张志忠，韩月，2015. 长江口外海区DZS2孔第四纪磁性地层[J]. 海洋地质与第四纪地质，35(2)：43-52.

ALLEN G P，POSAMENTIER H W，1993. Sequence stratigraphy and facies model of an incised valley fill：the gironde estuary，France[J]. SEPM Journal of Sedimentary Research，63.

BIRD M I，AUSTIN W E，WURSTER C M，et al.，2010. Punctuated eustatic sea-level rise in the early mid-Holocene[J]. Geology，38(9).

BOYD W E，LAM D D，2004. Holocene elevated sea levels on the north coast of vietnam[J]. Australian Geographical Studies，42(1).

CATUNEANU O，ABREU V，BHATTACHARYA J P，et al.，2009. Reply to the comments of W. Helland-Hansen on "Towards the standardization of sequencestratigraphy" by Catuneanu et al. [Earth-Sciences Review 92(2009)1-33][J]. Earth Science Reviews，94(1).

CATUNEANU O，GALLOWAY W E，KENDALL C G S T C，et al.，2011. Sequence stratigraphy：methodology and nomenclature[J]. Newsletters on Stratigraphy，44(3)：173-245.

CATUNEANU O，KHALIFA M A，WANAS A A，2006. Sequence stratigraphy of the lower cenomanian bahariya formation，bahariya oasis，western desert，Egypt[J]. Sedimentary Geology，190(1).

CHEN Z Y，SONG B P，WANG Z H，et al.，2000. Late Quaternary evolution of the sub-aqueous Yangtze Delta，China：sedimentation，stratigraphy，palynology，and deformation[J]. Marine Geology，62(2).

CHOI K S，DALRYMPLE R W，2004. Recurring tide-dominated sedimentation in Kyonggi Bay (west coast of Korea)：similarity of tidal deposits in late Pleistocene and Holocene sequences [J]. Marine Geology，212(1).

DUC D M，NHUAN M T，NGOI C V，et al.，2006. Sediment distribution and transport at the nearshore zone of the Red River delta，Northern Vietnam[J]. Journal of Asian Earth Sciences，29(4)：558-565.

DUC D M，NHUAN M T，NGOI C V，2011. An analysis of coastal erosion in the tropical rapid accretion delta of the Red River，Vietnam[J]. Journal of Asian Earth Sciences，43(1).

FAN D D，CAI G F，SHANG S，et al.，2012. Sedimentation processes and sedimentary characteristics of tidal bores along the north bank of the Qiantang Estuary[J]. Chinese Science Bulletin，57(13).

FAN Y Y，LI Y T，YANG Y P，et al.，2017. Vertical velocity structure distribution in the Sansha area of the Yangtze Estuary, China[J]. Journal of Marine Science and Technology, 22(2).

FUNABIKI A, HARUYAMA S, QUY N, et al., 2006. Holocene delta plain development in the Song Hong (Red River) delta, Vietnam[J]. Journal of Asian Earth Sciences, 30(3).

FUNABIKI A, SAITO Y, PHAI V V, et al. , 2012. Natural levees and human settlement in the Song Hong (Red River) delta, northern Vietnam[J]. The Holocene, 22(6): 637-648.

GEYH M A, STREIF H, KUDRASS H R, 1979. Sea-level changes during the late Pleistocene and Holocene in the Strait of Malacca[J]. Nature, 278.

HANEBUTH T J J, STATTEGGER K, BOJANOWSKI A, 2008. Termination of the Last Glacial Maximum sea-level lowstand: the Sunda-Shelf data revisited[J]. Global and Planetary Change, 66(1).

HANEBUTH T, STATTEGGER K, GROOTES P M, 2000. Rapid flooding of the sunda shelf: a Late-Glacial sea-level record[J]. Science, 288(5468): 1033-1035.

HARUYAMA S, VU V P, 2002. Coastal change in the Southern Song Hong Delta[J]. Journal of Geography (Chigaku Zasshi), 111(1).

HORI K, SAITO Y, ZHAO Q H, et al., 2002. Architecture and evolution of the tide-dominated Changjiang (Yangtze) River delta, China[J]. Sedimentary Geology, 146(3).

HORI K, SAITO Y, ZHAO Q H, et al., 2001a. Progradation of the Changjiang River delta since the mid-Holocene[J]. Science in China Series B: Chemistry, 44(1).

HORI K, SAITO Y, ZHAO Q H, et al., 2001b. Sedimentary facies and Holocene progradation rates of the Changjiang (Yangtze) delta, China[J]. Geomorphology, 41(2).

HORI K, SAITO Y, ZHAO Q H, et al., 2001c. Sedimentary facies of the tide-dominated paleo-Changjiang (Yangtze) estuary during the last transgression[J]. Marine Geology, 177(3-4).

HORI K, TANABE S, SAITO Y, 2003. Delta initiation and Holocene sea-level change: example from the Song Hong (Red River) delta, Vietnam[J]. Sedimentary Geology, 164(3).

KOUTAVAS A, STIEGLITZ J L, 2003. Glacial-interglacial dynamics of the eastern equatorial Pacific cold tongue-Intertropical Convergence Zone system reconstructed from oxygen isotope records[J]. Paleoceanography, 18(4).

LI C X, CHEN Q Q, ZHANG J Q, et al., 2000. Stratigraphy and paleoenvironmental changes in the Yangtze Delta during the Late Quaternary[J]. Journal of Asian Earth Sciences, 18(4).

LI C X, WANG P, SUN H P, et al., 2002a. Late Quaternary incised-valley fill of the Yangtze delta (China): its stratigraphic framework and evolution[J]. Sedimentary Geology, 152(1).

LI G X, LI P, LIU Y, et al., 2014. Sedimentarysystem response to the global sea level change in the East China Seas since the Last Glacial Maximum[J]. Earth-Science Reviews, 139.

LI L, XU J D, CAI R S, 2002b. Trends of sea level rise in the South China Sea during the 1990s: an altimetry result[J]. Chinese Science Bulletin, 47(7): 582-585.

LIU H, HE Q, WANG Z B, et al., 2010a. Dynamics and spatial variability of near-bottom sediment exchange in the Yangtze Estuary, China[J]. Estuarine, Coastal and Shelf Science, 86(3).

LIU J P, MILLIMAN J D, 2004. Reconsidering melt-water pulses 1A and 1B: global impacts of rapid sea-level rise[J]. Journal of Ocean University of China, 3(2).

LIU J, SAITO Y, KONG X H, et al., 2010b. Sedimentary record of environmental evolution off the Yangtze River estuary, East China Sea, during the last -13 000 years, with special reference to the influence of the Yellow River on the Yangtze River delta during the last 600 years [J]. Quaternary Science Rivews, 29: 2424-2438.

LIU L, LONDERGAN J T, WALKER G E, 1989. Proton-induced production of eta on nuclei[J]. Physical Review. C, Nuclear Physics, 40(2).

LI Y, JI R, FRATANTONI P, et al., 2014. Beardsley. Wind-induced interannual variability of sea level slope, along-shelf flow, and surface salinity on the Northwest Atlantic shelf[J]. Journal of Geophysical Research: Oceans, 119(4): 2462-2479.

MILLIMAN J D, HSUEH Y, HU D X, et al., 1984. Tidal phase control of sediment discharge from the Yangtze River[J]. Estuarine, Coastal and Shelf Science, 19(1): 119-128.

MILLIMAN J D, SHEN H T, YANG Z S, et al., 1985. Transport and deposition of river sediment in the Changjiang estuary and adjacent continental shelf[J]. Continental Shelf Research, 4(1-2).

POSAMENTIER H W, 1988. Sequences, systems tracts, and eustatic cycles: ABSTRACT [J]. AAPG Bulletin, 72.

PRUSZAK Z, SZMYTKIEWICZ M, HUNG N M, et al., 2002. Coastal processes in the Red River Delta Area, Vietnam[J]. Coastal Engineering Journal, 44(2).

SAITO Y, YANG Z, HORI K, 2001. The Huanghe (Yellow River) and Changjiang (Yangtze River) deltas: a review on their characteristics, evolution and sediment discharge during the Holocene[J]. Geomorphology, 41(2).

SONG B, 2012. Initiation of Changjiang (Yangtze) delta: implication from sedimentary facies, radiocarbon dates and fossils information of the cores PK01 and XJ03[J]. Quaternary International, 279-280(C).

SONG B, LI Z, SAITO Y, et al., 2013. Initiation of the Changjiang (Yangtze) delta and its response to the mid-Holocene sea level change[J]. Palaeogeography, Palaeoclimatology, Palaeoecology, 388.

TANABE S, HORI K, SAITO Y, et al., 2003. Song Hong (Red River) delta evolution related to millennium-scale Holocene sea-level changes[J]. Quaternary Science Reviews, 22(21).

TANABE S, SAITO Y, VU Q L, et al., 2005. Holocene evolution of the Song Hong (Red River) delta system, northern Vietnam[J]. Sedimentary Geology, 187(1).

VAN THAO N, THANH T D, SAITO Y, et al., 2013. Monitoring coastline change in the Red River Delta using remotely sensed data[J]. Vietnam Journal of Marine Science and Technology, 13(2): 151-160.

VAN WAGONER J C，赵江天，1990. 层序地层学基础和关键定义概述[J]. 地质科学译丛(2)：19-24.

VINH V D，OUILLON S，THANH T D，et al.，2014. Impact of the Hoa Binh dam (Vietnam) on water and sediment budgets in the Red River basin and delta[J]. Hydrology and Earth System Sciences，18(10).

WANG J，PAN B T，ZHANG G L，et al.，2013. Late Quaternary glacial chronology on the eastern slope of Gongga Mountain，eastern Tibetan Plateau，China[J]. Science China (Earth Sciences)，56(3)：354-365.

WANG X W，XIE H J，KE Y A，et al.，2013. A method to automatically determine sea level for referencing snow freeboards and computing sea ice thicknesses from NASA IceBridge airborne LIDAR[J]. Remote Sensing of Environment，131.

WELLNER R W，BARTEK L R，2003. The effect of sea level，climate，and shelf physiography on the development of incised-valley complexes：a modern example from the East China Sea[J]. Journal of Sedimentary Research，73(6).

WINKEL LENNY H E，PHAM THI KIM TRANG，VI MAI LAN，et al.，2011. Arsenic pollution of groundwater in Vietnam exacerbated by deep aquifer exploitation for more than a century[J]. Proceedings of the National Academy of Sciences of the United States of America，108(4).

WOODROFFE S A，2009. Testing models of mid to late Holocene sea-level change，North Queensland，Australia[J]. Quaternary Science Reviews，28(23-24).

XUE C T，2014. Missing evidence for stepwise postglacial sea level rise and an approach to more precise determination of former sea levels on East China Sea Shelf[J]. Marine Geology，348.

XUE H M，MA F，CAO G Y，2015. Geochronology and petrogenesis of shoshonitic igneous rocks，Luzong volcanic basin，middle and lower Yangtze River reaches，China[J]. Journal of Asian Earth Sciences，110.

XU G，LIU J，GUGLIOTTA M，et al.，2020. Link between East Asian summer monsoon and sedimentation in river-mouth sandbars since theearly Holocene preserved in the Yangtze River subaqueous delta front [J]. Quaternary Research，95：84-96.

XU T Y，SHI X F，WANG G Q，et al.，2013. Sedimentary facies of the subaqueous Changjiang River delta since the late Pleistocene[J]. Chinese Journal of Oceanology and Limnology，31(5).

XU T Y，WANG G Q，SHI X F，et al.，2016. Sequence stratigraphy of the subaqueous Changjiang (Yangtze River) delta since the Last Glacial Maximum[J]. Sedimentary Geology，331.

ZBIGNIEW P，MAREK S，NGUYEN M H，et al.，2002. Coastal processes in the Red River delta area，Vietnam[J]. Coastal Engineering Journal，44(2).

ZHAN W，YANG S Y，LIU X L，et al.，2010. Reconstruction of flood events over the last 150 years in the lower reaches of the Changjiang River[J]. Chinese Science Bulletin，55(21).

ZHOU X, JIA N, CHENG W H, et al., 2013. Relocation of the Yellow River estuary in 1855 AD recorded in the sediment core from the northern Yellow Sea[J]. Journal of Ocean University of China, 12(4): 624-628.

ZONG Y Q, 2004. Mid-Holocene sea-level highstand along the southeast coast of China[J]. Quaternary International, 117(1): 55-67.

后　　记

在中越双方外交部门的指导下，中国地质调查局与越南科学技术翰林院有关专家在上一轮磋商中提出“红河三角洲及邻域海洋地质灾害合作研究”项目，这是在“长江三角洲与红河三角洲全新世沉积演化对比研究”项目成功实施的基础上，为深化研究成果而开展的新一轮中越海上低敏感领域合作项目，旨在进一步拓展研究区域和领域，提升中越两国共同应对海洋地质灾害问题的能力。该项目以长江三角洲和红河三角洲作为研究区，选择海洋地质环境脆弱、地质灾害多发的红河三角洲为重点研究区域，开展海水入侵、岸线侵蚀、地面沉降等方面的调查、监测与研究，进行地质环境演化过程、成因机制和对策研究，为中越两国海洋综合管理和可持续发展提供地质科学依据。